普通高等教育信息技术类系列教材

# 大学计算机应用基础

主　编　姚文亮　徐立波　范　彬

副主编　于修理　王星苹　张慧明

科 学 出 版 社

北　京

## 内 容 简 介

本书以科技自立自强为指导思想，旨在培养具备计算机应用技术和综合素养的应用型人才。本书以微软Windows 10操作系统和WPS系列应用软件为主要教学内容，从企业及行业办公需求出发，全面且系统地介绍了计算机的基础知识、基本操作与应用。本书共6章，内容涵盖计算机基础、操作系统、WPS文字处理软件、WPS电子表格处理软件、WPS演示文稿处理软件，以及网络安全和计算机网络应用。

本书提供了大量典型案例，注重理论知识与实际情景的结合，既可作为应用型本科院校、职业院校计算机基础课程的教材，也可作为计算机培训机构的参考书。

**图书在版编目（CIP）数据**

大学计算机应用基础 / 姚文亮，徐立波，范彬主编. -- 北京 ：科学出版社，2024. 8. --（普通高等教育信息技术类系列教材）. -- ISBN 978-7-03-079076-7

Ⅰ. TP3

中国国家版本馆 CIP 数据核字第 2024MH4135 号

责任编辑：宋　丽　吴超莉 / 责任校对：马英菊

责任印制：吕春珉 / 封面设计：东方人华平面设计部

科 学 出 版 社 出版

北京东黄城根北街 16 号

邮政编码：100717

http://www.sciencep.com

三河市中晟雅豪印务有限公司 印刷

科学出版社发行　　各地新华书店经销

*

2024 年 8 月第　一　版　　开本：787×1092　1/16

2024 年 8 月第一次印刷　　印张：15 3/4

字数：373 000

**定价：46.00 元**

（如有印装质量问题，我社负责调换）

销售部电话 010-62136230　编辑部电话 010-62135397-2032

# 前　言

随着信息技术与计算机科学的飞速发展，计算机应用已渗透到社会的各行各业，计算机在人们的工作和生活中扮演着越来越重要的角色。因此，熟练运用计算机进行信息处理成为大学生的基本计算机素养。

“大学计算机应用基础”是我国高等院校非计算机专业的一门公共必修课。本书依据大学计算机基础课程教学基本要求，以科技自立自强为指导思想编写而成。本书结合行业、企业对从业人员的信息技术创新应用和计算机应用水平及综合素养的需求，制定学生的培养目标和课程目标，体现了教材的科学性和严谨性，并贴近科技创新前沿发展。本书强化了信息技术的创新应用和学生信息素养的培养，增强了学生的信息应用创新意识。同时，设计了“必修”与“选修”相结合的内容体系，既能使学生掌握基本的计算机系统知识，又能满足不同专业对计算机应用的实际需求。此外，本书还配置了相关网络教学资源，并结合思政要素，以增强学生的科技自立自强意识，培养学生的爱国情怀。

第 1 章　计算机基础。主要讲解计算机的发展简史，计算机的特点、分类与发展方向，计算机系统的组成，计算机前沿技术，以及我国信息技术的应用创新等。

第 2 章　操作系统。主要讲解麒麟操作系统、统信 UOS 操作系统和 Windows 10 操作系统，以及 Windows 10 操作系统的基本操作、文件管理、系统设置等。

第 3 章　WPS 文字处理软件。主要讲解 WPS 文字的文档编辑、文档排版、图文混排、表格处理等功能。

第 4 章　WPS 电子表格处理软件。主要讲解 WPS 电子表格的基本操作、电子表格的数据运算、处理及图表设计等功能。

第 5 章　WPS 演示文稿处理软件。主要讲解 WPS 演示的基本操作、修饰幻灯片、设计幻灯片、放映幻灯片等功能。

第 6 章　网络安全和计算机网络应用。主要讲解计算机网络基础、网络安全及实践应用等。

本书不仅为非计算机专业的学生提供了扎实的计算机应用基础知识，而且为有志深入信息技术领域的学生提供了拓展和深化的平台。通过学习本书，学生能够掌握坚实的计算机应用能力，为未来的学术探索和职业发展奠定基础。

本书由姚文亮、徐立波、范彬担任主编，于修理、王星苹、张慧明担任副主编。具体编写分工如下：姚文亮编写第 1 章；王星苹编写第 2 章；范彬编写第 3 章；徐立波编写第 4 章；于修理编写第 5 章；张慧明编写第 6 章的 6.1～6.4 节，刘洋编写第 6 章的 6.5 节，宛春阳编写第 6 章的 6.6 节。姚文亮负责全书整体结构设计与统稿，刘震负责审稿。

本书提供配套素材，读者可登录 http://www.abook.cn 自行下载。

由于编者学识和经验有限，书中难免存在不足之处，敬请读者批评指正。

# 目　录

# 第 1 章　计算机基础

【技能目标】

1）历史知识：了解计算机的发展历程，包括早期的计算设备、计算机的发明者及里程碑事件。

2）技术演变：理解计算机硬件和软件是如何随着时间发展和进步的。

3）重要人物：认识对计算机科学有重大贡献的人物，如艾伦・麦席森・图灵、约翰・冯・诺依曼等，并了解他们的贡献。

4）早期应用：了解早期计算机的应用场景，如计算机在科学研究、军事、商业等领域的使用。

5）创新思维：通过学习计算机的起源和发展，激发学生的创新思维和用计算机解决问题的能力。

6）跨学科联系：理解计算机科学与其他学科（如数学、工程学、物理学等）的联系。

7）未来趋势：鼓励学生思考计算机科学的发展趋势，以及他们如何在这个领域内做出贡献。

8）道德和社会责任：讨论计算机技术发展中的道德问题和社会责任，如隐私保护、数据安全等。

9）信息技术应用创新：结合新一代信息技术（如 5G、人工智能、物联网、云计算等）进行应用创新，推动安全可控技术在智慧城市、数字政府、智能制造等领域的深度融合与实践。

【思政育人目标】

1）通过技能目标的培养，可以为信息技术应用创新的实施提供坚实的人才支撑，加快实现信息技术基础设施和应用系统的国产化速度，保障国家信息安全和信息技术应用的可持续发展。

2）增强学生的国家意识和责任感，使他们认识到发展自主可控信息技术对维护国家信息安全、促进经济自主发展的重要性。

3）鼓励学生参与安全可控相关科研项目和技术挑战，激发他们的创新思维和实践动手能力，将理论学习与解决实际问题相结合，培养满足国家重大需求的技术人才。

## 1.1　计算机概述

### 1.1.1　计算机发展简史

随着人类文明的不断进步，计算工具经历了从简单到复杂、从低级到高级的发展过程，相继出现了算筹、算盘、手摇机械计算机、电动机械计算机等计算工具，它们在不同的历史时期发挥了各自的作用，也孕育了现代电子计算机的设计思想和雏形。

1. 计算机的起源

在原始社会时期，人类以氏族为单位，过着打猎采摘的生活。在经过一段时间的演化之后，物品的数量日益增长，纯粹的心算已不足以应对日益复杂的计数任务，于是人类开始借助辅助工具，如结绳、垒石、枝条和刻字等，进行计算和计数。

（1）原始计算时代

在春秋时期，人们创造了利用算筹计数的“筹算法”。

公元 6 世纪，算盘取代算筹成为新的计算工具，这是第一种完全采用十进制计算的工具。珠算盘更是中国计算工具史上的重大创举，其轻巧便携，与人们生活紧密相连。它起源于汉朝，经历时间的洗礼，逐渐成熟于元朝。这些计算工具的创新，一步一步地提高了计算能力，为推动社会进步做出了巨大贡献。

16 世纪，天文、航海、测量等领域相关技术的飞速发展产生了庞杂的数据，其中最具挑战性的莫过于乘除运算。这一时期，人们开始投入大量精力来解决这一难题。

1613 年，英文单词 computer 首次出现在理查德・布雷斯韦特（Richard Braithwait）的一本书中，那时并没有“计算机”这个词汇，当时该单词指的是从事计算工作的人。

1614 年，苏格兰人约翰・奈皮尔（John Napier）发明了对数，将幂运算转化为乘除运算，再转化为加减运算。对数的引入极大地简化了计算过程，并为微积分理论奠定了基础。约翰・奈皮尔在一篇论文中提到一种可进行四则运算和方根运算的精巧对数表装置，该装置后来经过不断改进，演变为现在以 10 为基底的常用对数。虽然约翰・奈皮尔的创新简化了计算方法，但仍需要参照对数表进行计算。

1620 年，英国数学家埃德蒙・甘特（Edmund Gunter）将对数刻在一把尺子上，将烦琐的数值改成直观的刻度，形成了甘特尺，这便是对数计算尺的雏形。

1625 年，威廉・奥特雷德（William Oughtred）运用两把甘特尺，创造了直线对数尺和圆形计算尺。这是对数计算尺发展进程的一个里程碑。

（2）机械计算机时代

1642 年，法国数学家布莱士・帕斯卡（Blaise Pascal）改进了威廉・奥特雷德的对数计算尺，创造了世界上第一台机械计算机，并将其命名为 Pascalene，其机体使用齿轮运作，能够进行 8 位计算，并实现了加法运算。

1668 年，英国人塞缪尔・莫兰（Samuel Morland）发明了一种可以进行加法和减法运算的机械计数器。

1673 年，著名的德国科学家、微积分发明人之一——戈特弗里德・威廉・莱布尼茨（Gottfried William Leibniz）对 Pascalene 进行了改良，创造了步进计算器，这是世界上第一台可以进行加减乘除四则运算的机械计算机。步进计算器的工作原理类似算盘，使用精密的齿轮和刻度盘取代算珠，每增加一个数，齿轮便转动一次，当达到最大值后又返回起始位置。虽然步进计算器在计算能力上仍然有限，但它的推出标志着人类在计算机领域又成功地迈进了一步。

1773 年，德国发明家菲利普·马托伊斯（Philipp Matthaus）制造并卖出了少量精确至 12 位的计算机器。

1820 年，法国人查尔斯·泽维尔托马斯·德·科尔马（Charles Xavier Thomas de Colmar）创造了世界上第一台成品计算机。

1822 年，英国数学家、发明家查尔斯·巴贝奇（Charles Babbage）制造了第一台差分机。这台差分机能够处理 3 个不同的 5 位数的函数表，计算精度可达 6 位小数。后来巴贝奇在论文《机械在天文与计算表中的应用》中详细介绍了差分机的设计原理和应用，并利用差分运算替代复杂的平方运算，展示了程序控制的概念。

"差分"就是把函数表的复杂算式转化为差分算式，用简单的加法运算代替平方运算。差分机的设计体现了程序控制的设计思想，它能够按照设计者的要求，自动处理不同函数的计算过程。

于是巴贝奇于 1823 年开始制造第二台差分机，并在接下来的 20 年里，试图制作和组装拥有 25000 个零件、总重接近 15t 的差分机，但这个项目最终被放弃。1991 年，历史学家根据巴贝奇的草稿成功还原了那台被其放弃的差分机，并成功运行。

在制造差分机的过程中，巴贝奇构想了一台更为复杂的机器。1832 年，他设计了一台名为"分析机"的计算设备，这是一台通用计算机。分析机不仅能执行特定的运算，还可以按照给定的数据顺序执行一系列操作，其中提到的存储和碾磨，就非常类似现代计算机中的内存和处理器。分析机使用 19 世纪约瑟夫·玛丽·雅卡尔（Joseph Marie Jacquard）发明的打孔卡进行输入和输出。它具有存储功能，可以临时存储计算的中间数据，甚至具备初步的打印功能。但是当时人们对分析机的出现并没有广泛接受，所以最终这个超前于时代的概念机并未成功推广。

随后，英国数学家阿达·洛夫莱斯（Ada Lovelace）为分析机编写了一份假想程序，并预言"未来会诞生一门全新的，强大的，专为分析所用的语言"。因此，她也成了世界上第一位程序员。

1848 年，英国数学家乔治·布尔（George Boole）创立了二进制代数法，他提出了一种基于逻辑运算符的代数系统，即布尔代数。这个新的数学体系通过使用与、或、非等逻辑运算符，以及基于真和假的二值逻辑，为我们提供了一种理解和操纵逻辑关系的工具，为现代二进制计算机的诞生铺平了道路。他的符号逻辑的思想为逻辑运算和信息处理奠定了坚实的数学基础，成为现代计算机逻辑设计和运算方式的基石。布尔的发现不仅推动了数学和计算机科学的发展，还对数理逻辑、电子工程和信息技术产生了深远的影响。

1890 年，大量移民的到来导致美国的人口急剧增长，当时美国法律规定每 10 年进行一次人口大普查以记录和分析美国各地的人口数据，从而有序调配各种社会资源。为了提高普查效率，美国人口普查局开始向全社会招标，希望能解决人工统计用时过长的问题，打孔卡片制表机的发明者赫尔曼·荷尔茨（Herman Hollerith）提出的方案从诸多方案中脱颖而出，他借鉴巴贝奇的发明，设计了一种用穿孔卡片存储数据的机器。结果仅仅用了 6 周就得出了准确的人口数据。荷尔茨的打孔卡片制表机大幅提升了人口普查的工作效率，其结构类似莱布尼茨的步进计算机，用机械结构计数，用电动结构连接其他组件，在相应的位置打孔来表示数据。例如，卡片上有一行代表当前人的性别，工作人员会提前在指定位置打孔，当打完孔的卡片插入机器中时，金属针会穿过打孔的位置，探入一小瓶汞中进行电路连通，驱动电机给性别为男或女的齿轮加 1。当时机器的速度是人工的 10 倍左右，结果就是美国人口大普查仅仅花费两年半就全部完成。荷尔茨于 1896 年组建了计算列表记录（Computing Tabulating Recording，CTR）公司。

2. 计算机的发展

（1）电子管计算机时代

在计算机发展的早期阶段，计算机主要基于机械的方式运行。尽管个别产品开始引入一些电学内容，但整体上仍然以机械驱动为主。这时的计算机还没有进入逻辑运算领域。随着电子技术的迅猛发展，计算机逐渐从纯机械向电子时代转变。电子成为计算机的主体，而机械逐渐变为从属部分。这标志着计算机进入了新的质的转变阶段。随着电子元件和电路的不断进步，计算机开始具备逻辑运算能力。电子元器件的快速开关和逻辑门电路的引入，使得计算机可以进行复杂的逻辑操作。计算机逐渐实现了自动化的数据处理和计算功能，标志着计算机从传统机械驱动向电子化和逻辑化方向的转变，为后续计算机科技的发展奠定了坚实的基础，开启了计算机科学的新纪元。

1906 年，美国发明家李・德・福雷斯特（Lee de Forest）发明了真空三极电子管，由此拉开了电子工业革命的序幕。

1924 年，托马斯・约翰・沃森（Thomas John Watson）将荷尔茨组建的 CTR 改名为国际商业机器公司（International Business Machines Corporation，IBM），一个具有划时代意义的公司——蓝色巨人 IBM 正式成立，沃森成为 IBM 第一任首席执行官。

1935 年，IBM 推出代号为 IBM 601 的穿孔卡片计算机，它能在 1s 内完成乘法计算，极大地提高了大宗数据的计算速度。这台机器无论在自然科学还是在商业意义上都具有极其重要的地位。该产品一经入市，便迅速抢占了美国计算机市场大部分的份额，IBM 公司也由此奠定了其在计算机领域内霸主般的地位。

1936 年，英国计算机科学家、数学家、逻辑学家、密码分析学家、理论生物学家、计算机先驱艾伦・麦席森・图灵（Alan Mathison Turing）提出一种抽象的计算模型，对人们使用纸笔进行数学运算的过程进行抽象，由一个虚拟的机器替代人类进行数学运算。1937 年，图灵在其发表的论文中提出了被后人称为“图灵机”的数学模型。

1937 年，美国科学家、爱荷华州立大学教授约翰・文森特・阿塔纳索夫（John Vincent Atanasoff）和他的学生克利福德・贝瑞（Clifford Berry）设计了一台能够解线性代数方程的计算机，并取名 ABC。其中，A、B 分别取两人姓氏的第一个字母，C 为单词 computer 的首字母。ABC 用电容作为存储器，用穿孔卡片作为辅助存储器，时钟频率为 60Hz，完成一次加法运算用时 1s，是世界上第一台电子计算机。ABC 不可编程，仅可用于求解线性方程组，并于 1942 年成功进行了测试。ABC 是业界公认的计算机先驱，为今天大型机和小型机的发展奠定了坚实的基础。后来约翰・威廉・莫奇利（John William Mauchly）和约翰・普雷斯伯・埃克特（John Presper Eckert）借鉴阿塔纳索夫的思想制作了第一台数字电子计算机——电子数字积分计算机（electronic numerical integrator and computer，ENIAC）。

阿塔纳索夫和克利福德·贝瑞发明的ABC直到1960年才得到业界的认可，并且陷入了谁才是第一台计算机之争。那时候，ENIAC 普遍被认为是第一台现代意义上的计算机，但是1973年，美国联邦地方法院判决撤销了ENIAC的专利，并得出结论：ENIAC的发明者是从阿塔纳索夫那里继承了电子数字计算机的主要设计构想。因此，ABC 被认定为世界上第一台计算机。

1938年，德国人康拉德·楚泽（Konrad Zuse）和他的助手们完成了一个机械可编程二进制形式的计算机，其理论基础是布尔代数。该计算机后来被命名为Z1。Z1的功能比较强大，采用类似电影胶片的物质作为存储介质。Z1可以运算7位指数和16位小数，可以用一个键盘输入数字，用灯泡显示结果。

1939年，美国加利福尼亚州的戴维·帕卡德（David Packard）和威廉·休利特（William Hewlett）在他们的车库里造出了Hewlett-Packard计算机。这个品牌目前依然存在，不过人们更倾向于将它简称为惠普（HP）。

1939年，楚泽开始在Z1的基础上研制Z2，并计划用继电器改进Z1的存储和计算单元。

1940年，贝尔实验室的塞缪尔·威廉（Samuel William）和乔治·施蒂比茨（George Stibitz）成功制造了一台能进行复杂运算的计算机。这台计算机使用了大量的继电器，并借鉴了电话技术，采用了先进的编码技术。

1941年，楚泽完成了Z3的研制。这是第一台可编程的电子计算机，可处理7位指数、14位小数的计算。Z3使用了大量的真空管，每秒能进行3～4次的加法运算，一次乘法运算需要3～5s。

1943年，美国研制的Mark I问世。这是一台自动顺序控制计算机，整台机器长51ft（1ft≈30.48cm），重5t，拥有75万个零部件，使用3304个继电器、60个开关作为机械只读存储器。Mark I的程序存储在纸带上，数据可以来自纸带或卡片阅读器。

1946年，ENIAC于美国宾夕法尼亚大学问世并正式投入运行，如图1-1所示。ENIAC占地面积约170m$^2$，重30t，使用了约18800个真空电子管，1500个继电器，功率达150kW，使用十进制，每秒能进行5000次加法运算，是当时最快的计算机的1000倍，是手工计算的20万倍。但是它不像现代计算机那样有输入控制设备，只能通过人工扳动庞大面板上的各种开关和插拔电缆的方式来进行数据信息输入。尽管以现在的眼光来看ENIAC很落后，但是在当时它代表着人类计算机技术的最高成就。ENIAC奠定了电子计算机的发展基础，开辟了信息时代。

ENIAC的诞生证明了电子真空技术可以极大地提高计算速度，不过ENIAC本身存在两大缺点：一是没有存储器；二是用布线接板进行控制，搭接线路耗时长，抵消了计算速度上的优势。

针对ENIAC的缺点，同年，数学家、理论计算机科学与博弈论的奠基者约翰·冯·诺依曼（John von Neumann，图1-2）提出计算机的基本原理：①由二进制替代十进制；②采用存储程序思想（核心）；③指令由操作码和地址码组成；④指令和数据存于存储器，按地址寻访；⑤从逻辑上将计算机划分为运算器、控制器、存储器、输入设备与输出设备五大部件。冯·诺依曼的计算机原理为现代计算机的体系结构和工作原理奠定了基础。当今计算机的基本结构仍采用冯·诺依曼提出的原理和思想。冯·诺依曼也因对现代计算机做出的突出贡献，而被人们誉为“现代电子计算机之父”。

图 1-1 ENIAC

图 1-2 约翰·冯·诺依曼

冯·诺依曼并没有参加 ENIAC 的研制，而是在了解 ENIAC 项目后，在其基础上带领 ENIAC 的原班人马研制了离散变量自动电子计算机（electronic discrete variable automatic computer，EDVAC），重新设计了整个计算机架构，从而奠定了当今所有计算机的结构，并开始采用二进制进行运算。

在制造完 ENIAC 之后，莫奇利和埃克特创建了世界上第一家电子计算机公司——电子控制公司（Electronic Control Corporation，ECC）。

1947 年，ECC 开始研制通用自动计算机 UNIVAC-I（universal automatic computer Ⅰ）。从此，Computer 成为电子自动计算的机器的专用英文词，中文翻译为“计算机”。UNIVAC-I 共生产了 48 台，是世界上第一款批量生产的电子计算机。

（2）晶体管计算机时代

尽管真空管计算机已经进入了现代计算机的范畴，但受器件体积过大、能耗过高、故障率高及价格昂贵等因素限制，其推广和应用受到了很大的制约。于是人们开始渴望一种更小、更高效、更可靠且更经济的计算机解决方案。

1947 年，贝尔实验室的约翰·巴丁（John Bardeen）和沃尔特·布拉顿（Walter Brattain）用几条金箔片，一片半导体材料和一个弯纸架制造了一个可以使电流传导、放大和开关的小模型。他们把这一发明称为点接晶体管放大器（point-contact transistor amplifier）。

1949 年，巴丁和布拉顿的上司威廉·布拉德福德·肖克利（William Bradford Shockley）发明了更实用的双极结型晶体管（bipolar junction transistor，BJT）。与点接晶体管相比，结型晶体管的所有功能都在半导体内部完成，因此更为可靠。结型晶体管成为真正有用的晶体管，为固态电子铺平了道路，开启了电子时代的新纪元。由于该重要贡献，肖克利于 1956 年被授予诺贝尔物理学奖。

1951 年，由冯·诺依曼团队研制的第一台使用磁带的 EDVAC 机开始在弹道研究实验室运行，它可以多次存储程序。

1952 年，英国人杰弗里·达默（Geoffrey Dummer）提出取消导线、将电子元件紧凑安装在一块板子上，集成电路的概念横空出世。

1954 年，贝尔实验室使用 800 只晶体管组装了世界上第一台晶体管计算机，取名 TRADIC（催迪克）。

1957 年，IBM 开发成功第一台点阵打印机。

1958 年，德州仪器公司的工程师杰克·基尔比（Jack Kilby）制作了世界上第一块集成电路。这是一块长 11.1mm、宽 1.6mm 的锗半导体，上面集成了晶体管、电阻和电容等多种元件。在全人类的共同见证下，这项划时代的伟大发明被时间沉淀出不可估量的价值，基尔比也因此获得了 2000 年的诺贝尔物理学奖。

除了德州仪器公司之外，还有一家实力雄厚的半导体公司在集成电路的早期发展中扮演着举足轻重的角色，那就是仙童半导体公司。这家公司于 1959 年发明了关键性的平面工艺，随后，它的创始人之一罗伯特·诺伊斯（Robert Noyce）于 1960 年发明了更实用的硅材料集成电路。由于基尔比的集成电路并不完善，仍然会用到导线，而诺伊斯发明的集成电路才是真正意义上的现代集成电路。结果就是，两家公司在整个 60 年代为集成电路的发明专利吵得不可开交，最终法院判定，两者的实现技术不同，基尔比和诺伊斯分别独立发明了集成电路，共享了“集成电路之父”的称号。

（3）现代计算机时代

1962 年，贝尔实验室的韩裔科学家江大原（Dawon Kahng）和马丁·穆罕默德·阿塔拉（Martin Mohammed Atalla）等人成功开发了一种相比 BJT 更适合集成的新型晶体管，并命名为金属氧化物半导体场效应晶体管（metal oxide semiconductor field effect transistor，MOSFET），简称 MOS，这一发明直接开启了 MOS 集成电路的新篇章，成为半导体发展史上的里程碑之一，同时为半导体存储器的诞生奠定了技术基础。

1964 年，IBM 发布了 IBM 360 系列首款兼容机，集成电路计算机时代正式拉开了帷幕。

1965 年，美国数字设备公司（Digital Equipment Corporation，DEC）推出第一款小型计算机 PDP-8。同年，第一款超级计算机 CDC 6600 开发成功。与此同时，IBM System/360 大型主机被美国航天局用于首次载人登月任务。

1971 年，Intel 公司推出了世界上第一款微处理器 Intel 4004，为微型计算机的诞生奠定了基础。

1974 年，麻省理工学院发布了 Altair 8800，这是世界上第一台商用个人计算机，具有 256B 的内存。

1975 年，比尔·盖茨（Bill Gates）和保罗·艾伦（Paul Allen）创办微软（Microsoft）公司。

1976 年，斯蒂夫·盖瑞·沃兹尼亚克（Stephen Gary Wozniak）和史蒂夫·乔布斯（Steve Jobs）创办了苹果（Apple）计算机公司，并推出 Apple I 计算机。

1978 年，Intel 公司发布了 16 位微处理器，型号为 8086，但价格非常昂贵；1979 年，Intel 公司推出了 8 位微处理器，型号为 8088，以满足市场对低价处理器的需求。

1981 年，施乐（Xerox）公司推出了首台图形界面计算机——施乐之星（Xerox star），但是这台图形化计算机运行缓慢、价格昂贵。

回顾计算机的发展历程，从最初的算盘到以机械为核心的步进计算机，再到以电子技术为主导的 IBM System/360，其应用领域从军事用途扩展到商业领域，再到民用市场。这一发展过程离不开每一位先驱者的无私贡献。各个时代的先驱者共同努力为人们创造了一个数字化世界，改变了人们的生活方式，塑造了人们的未来。

3. 现代计算机的发展阶段

计算机的硬件性能与所采用的元器件密切相关，随着电子技术的发展，计算机先后经历了以电子管（图 1-3）、晶体管（图 1-4）、集成电路（图 1-5）、大规模和超大规模集成电路为主要元器件的四代变革。每一代的变革在技术上都是一次突破，在性能上都是一次飞跃。

图 1-3 电子管

图 1-4 晶体管

图 1-5 集成电路

（1）第一代电子管计算机（1946～1958 年）

电子管计算机时代，计算机的基本逻辑元器件是电子管（electronic tube）。内存储器采用阴极射线管和水银延迟线，外存储器采用磁带、纸带等。运算速度可达每秒进行几千至几万次加法运算，程序设计则使用机器语言或汇编语言。由于其体积庞大、功耗高、价格昂贵，只能应用于军事和科学研究，在其他领域没有广泛应用。

（2）第二代晶体管计算机（1959～1964 年）

这代计算机的基本逻辑元器件为晶体管（transistor），内存储器大量使用磁性材料制成的磁芯，外存储器采用磁盘和磁带。运算速度可达每秒进行几十万次至几百万次加法运算。应用从军事及尖端技术扩展到数据处理和工业控制领域。晶体管代替了体积庞大的电子管，使得计算机的体积不断缩小，性能得到了极大的提高。

与此同时，计算机软件技术也有了较大发展，提出了操作系统的概念，编程语言除了汇编语言外，还有 Fortran、COBOL 等高级程序设计语言，极大提高了计算机的工作效率。

（3）第三代集成电路计算机（1965～1970 年）

随着半导体工艺的发展，人们成功制造了集成电路（Integrated Circuit，IC）计算机。在集成电路计算机时代，中、小规模集成电路代替了独立的元器件。这代计算机的基本逻辑元器件为集成电路，内存储器采用半导体存储器，外存储器使用高速磁盘，从而使计算机的体积、功耗进一步减小，可靠性、运行速度进一步提高，内存储器容量大大增加，价格也大幅降低，其应用范围已扩展到各个领域。软件方面，操作系统进一步普及和发展，出现了对话式高级语言 BASIC 和结构化程序设计语言 Pascal，提出了结构化、模块化的程序设计思想。

（4）第四代大规模和超大规模集成电路计算机（1971 年至今）

随着集成技术不断发展，半导体芯片集成度逐渐提高，每块芯片可容纳数万乃至数百万个晶体管，从而出现了微型计算机（microcomputer），也称个人计算机（personal computer，PC）。1974 年，爱德华·罗伯茨（Edward Roberts）推出世界上第一台 PC Altair 8800。1981 年，IBM 采用 8 位微处理器 Intel 8088，推出了全球第一款 IBM PC，如图 1-6 所示。

第四代计算机的基本逻辑元器件采用大规模集成电路和超大规模集成电路。大规模集成电路（large scale integrated circuit，LSI）的每块芯片上集成 1000～10000 个元器件；而超大规模集成电路（very large scale integrated circuit，VLSI）的每块芯片上则可以集成 10000 个以上的元器件，如图 1-7 所示。目前，计算机的运行速度已经达到每秒十亿次到万万亿次，存储容量已经达到 GB、TB 级。

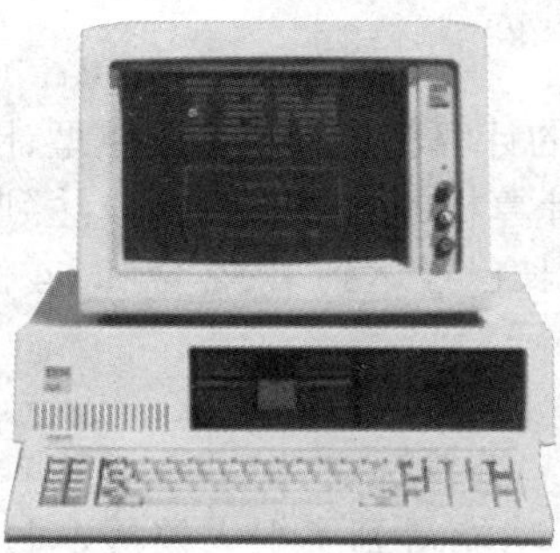


图 1-6　全球第一款 IBM PC

图 1-7　超大规模集成电路

此外，从 20 世纪 80 年代开始，日本、美国及欧洲各国相继开展了第五代计算机的研究。第五代计算机的研究目标是突破冯·诺依曼计算机的体系结构，使计算机具有推理、联想、判断、决策、学习等人类智能功能。目前，新一代计算机，如超导计算机、量子计算机（图 1-8）、光子计算机（图 1-9）和生物计算机等都已有研究进展。

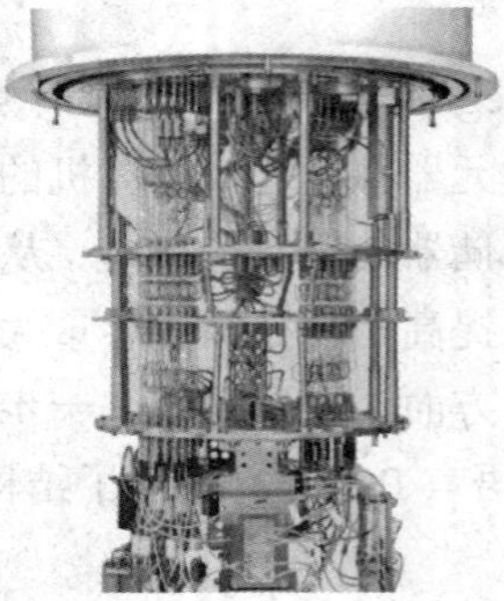

图 1-8 量子计算机

图 1-9 光子计算机

### 1.1.2 计算机的特点

计算机是指由一系列电子元器件组成，能够按照事先存储的程序，自动、高速地进行大量数值计算和各种信息处理的现代化智能电子设备。计算机作为一种智能化的高级工具，其主要特点体现在以下几个方面。

1. 自动执行程序

由于计算数据和程序存储在计算机中，因此计算机在执行程序时不需要人工干预。从复杂的教学演算到宇宙飞船控制，人们只需要编好程序，并将数据和程序存储于计算机中，然后执行程序，计算机便会自动工作，直到完成任务。这就是计算机有别于其他计算工具的本质特点。

2. 运算精度高、速度快

计算机具有超快的运算速度和其他计算工具无法比拟的计算精度。目前，巨型计算机的运算速度可以达到每秒进行几亿亿次加法运算，微型计算机的运算速度可以达到每秒进行几百万次乃至上千万次加法运算。同时，计算机的字长已经达到了 32 位和 64 位，处理数据的结果具有非常高的精确度。

3. 逻辑判断性强、存储容量大

从首台计算机诞生至今，作为计算机的存储（记忆）功能得到了很大发展，目前 PC 的内存容量配置一般为几吉或十几吉字节，而硬盘的容量已达到几太字节。一套大型辞海、百科全书，甚至整个图书馆的所有书籍，均可以存储在一台计算机中，并按需要实现各种类型的查询和检索。

4. 可靠性高、通用性强

目前，计算机由大规模集成电路和超大规模集成电路组成，可以连续无故障运行几十万小时，可靠性较高；它不仅适用于科学计算，也适用于数据处理、工业控制、计算机辅助设计和办公自动化等场景，具有很强的通用性。

### 1.1.3 计算机分类

随着计算机技术的迅速发展，计算机的类型逐渐多样化。下面从不同角度对计算机进行分类。

1. 按处理信息的方式分类

（1）模拟计算机

模拟计算机处理和显示的信息是连续的物理量，其基本运算部件是模拟电子电路。模拟计算机精度不高、通用性不强，但运算速度快、抗干扰能力强。模拟计算机用于处理模拟信息，主要应用于过程控制和模拟仿真，如工业控制中的温度、压力控制等。

（2）数字计算机

数字计算机处理的是离散的数据，输入、输出的都是数字量，其基本运算部件是数字逻辑电路。由于数字计算机采用二进制运算，因此具有计算精度高、便于存储信息、通用性强的特点。在实际应用中，数字计算机不仅能进行科学计算和信息处理，还能进行过程控制和计算机辅助设计（computer-aided design，CAD）/计算机辅助制造（computer-aided manufacturing，CAM）等。

（3）数字模拟混合计算机

数字模拟混合计算机兼有模拟计算机和数字计算机的优点，可以接收、处理、输出模拟和数字两种信号量。这类计算机既能高速运算，又便于存储信息，但造价昂贵。

2. 按功能分类

（1）通用计算机

通用计算机广泛适用于科学计算、学术研究、工程设计和数据处理等场景，功能齐全、通用性好。目前，人们使用的绝大多数计算机属于通用计算机。

（2）专用计算机

专用计算机是指为解决特定问题或在特定领域中使用的计算机，具有功能单一、可靠性强、结构简单的特点，一般应用于过程控制系统，如智能仪表飞机的自动控制和导弹的导航系统等。

3. 按计算机综合性能指标分类

（1）巨型计算机

巨型计算机又称为超级计算机，主要特征是采用大规模并行处理体系，是所有计算机类型中速度最快、功能最强的一类计算机，其浮点运算速度已达到每秒进行亿亿次加法运算。巨型计算机主要用于国防尖端、空间技术、大范围长期天气预报、石油勘探等领域，如美国的Frontier（前沿）系列、中国的“神威”和“天河”系列等。

（2）大中型计算机

大中型计算机的主要特征是通用性强，具有较快的运算速度、较强的综合处理能力和全面的性能覆盖，运算速度为每秒进行数万亿次浮点运算，可同时支持上万个用户、几十个大型数据库。大中型计算机一般应用于政府部门、大企业、银行、高校和科研院所等，通常被称为“企业级”计算机，如 IBM ES9000 系列等。

（3）小型计算机

小型计算机的主要特征是容易连接各种终端和外部设备，适合作为联机系统的主机，其运算速度和存储容量略低于大型计算机，但整体规模较小、机身结构简单、维护容易、成本比较低廉。小型计算机主要应用于科学计算和数据处理，还可以用于生产过程自动控制和数据的采集、分析处理等。

（4）微型计算机

微型计算机由微处理器芯片、半导体存储器和输入/输出接口组装而成。微型计算机具有轻便小巧、性价比高、可靠性高等特点。目前，微型计算机已经遍及社会各个领域中，成为大众化的工具。

随着计算机技术的发展，这些分类之间的界限变得越来越模糊。例如，高性能的 PC 在某些方面可以与小型计算机相媲美，而某些大型计算机的性能可能被设计得更加灵活，以适应不同的应用需求。此外，云计算和分布式计算的发展也使得计算资源的分配和使用更加高效和灵活。

4. 按工作模式分类

（1）工作站

工作站是一种高性能的计算机系统，通常被设计用于满足特定行业或应用的特定需求。与传统 PC 相比，工作站通常拥有更强大的处理器、更大的内存、更高级的图形处理能力及更专业的输入/输出设备。这些特性使得工作站能够处理复杂的任务，如 3D 建模、图形设计、数据分析、科学计算等。常见的工作站有 CAD 工作站、办公自动化（office automatic，OA）、图形处理工作站、科学计算工作站、音视频编辑工作站等。

（2）服务器

服务器是一种在网络环境下，为多个用户提供服务的共享设备。服务器通常分为文件服务器、数据库服务器和应用程序服务器。服务器在处理能力、稳定性、可靠性、安全性、可拓展性和可管理性等方面有着更高的要求。服务器是网络的节点，能够存储、处理网络上 80%的数据和信息。

### 1.1.4 计算机的发展方向

纵观计算机的发展历史，计算机的性能得到了飞速的提高，但价格却在不断降低，已成为人们日常生活和工作必备的工具之一。当前，计算机正朝着巨型化、微型化、多媒体化、网络化和智能化等方向发展。

1. 巨型化

巨型化并不是指计算机的体积大，而是指计算机具有高速的运算速度、大容量的存储空间和强大的处理能力。巨型计算机主要应用于尖端科学计算、军事、生物仿真等领域，巨型计算机的研制水平体现了一个国家的科技创新能力，也彰显了国家的综合实力。

2. 微型化

微型化是指计算机向使用方便、体积小、重量轻、价格低和功能齐全的方向发展。随着超大规模集成电路的飞速发展，个人计算机更加微型化。书本型、笔记本型、掌上型、可穿戴型等微型化计算机不断涌现，越来越受到用户的喜爱。

3. 多媒体化

多媒体是指组合两种或两种以上媒体的一种人机交互式信息交流和传播媒体。多媒体化将以数字技术为核心的图像和声音，与计算机、通信技术等融为一体，借助日益普及的高速信息网，使人们能够实现自由的交互和信息资源的共享。

4. 网络化

网络化（或资源网络化）是指利用通信技术和计算机技术，将分布在不同地点的计算机连接起来，按照网络协议相互通信，以达到所有用户都可共享软件、硬件和数据资源的目的。现在，计算机网络在交通、金融、企业管理、教育、邮电、商业及人们的生活中都得到了广泛的应用。

5. 智能化

智能化就是要求计算机能模拟人的感觉和思维能力，这也是第五代计算机要实现的目标。智能化的研究领域很多，其中极具代表性的领域是专家系统和机器人系统。从目前的发展趋势来看，未来的计算机将是微电子技术、光学技术、超导技术和电子仿生技术相结合的产物。

当今，电子计算机不只是一种计算工具，它已渗入人类的各个活动领域，并改变着整个社会的面貌，使人类社会迈入一个新的阶段。

## 1.2　计算机系统

### 1.2.1　计算机系统的组成及层级结构

1. 计算机系统的组成

计算机系统由硬件系统和软件系统两大部分组成。硬件是计算机的躯体，软件是计算机的灵魂，两者缺一不可。硬件系统是计算机系统中以固定物理形式存在的部件，构成了计算机工作的物质基础。硬件系统的中央处理器（central processing unit，CPU）和内存储器结合在一起称为主机，输入/输出设备称为外部设备。软件系统是在硬件系统的基础上运行的各种程序、相应的数据及说明文件。硬件与软件是相互依赖的，硬件系统的发展为软件系统提供了良好的开发环境，而软件系统的发展又对硬件系统提出了新的要求。计算机系统的组成如图 1-10 所示。

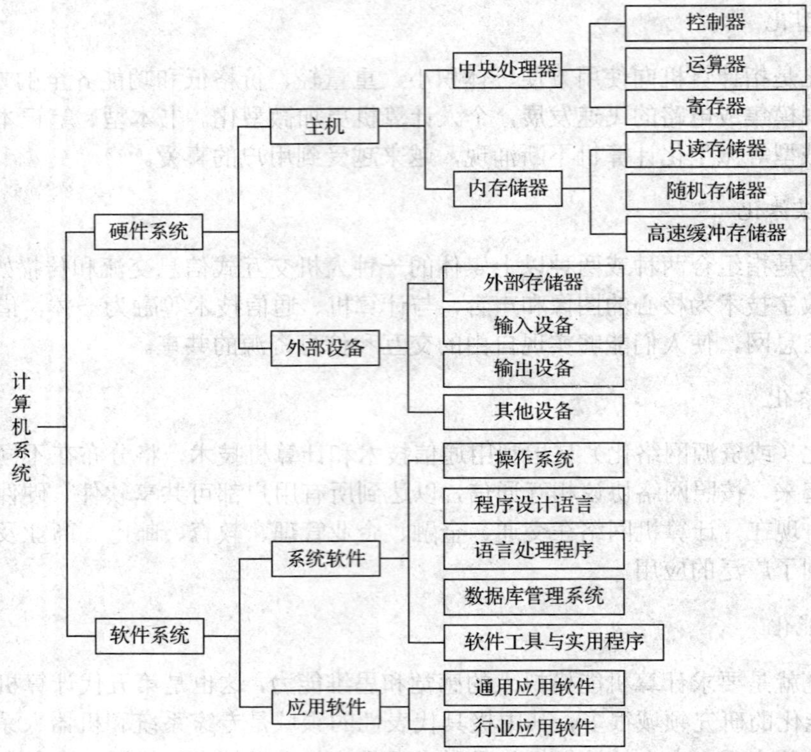


图 1-10 计算机系统的组成

### 2. 计算机系统的层级结构

随着计算机应用范围的不断扩大，其需要复杂的系统软件和硬件支持。由于设计者和使用者对计算机系统的看法不同，因而对系统的要求也有差异。为了解决这一问题，计算机系统采用了多层级结构（图 1-11），从不同角度对机器之间的联系进行明确，以构建合理高效的系统。

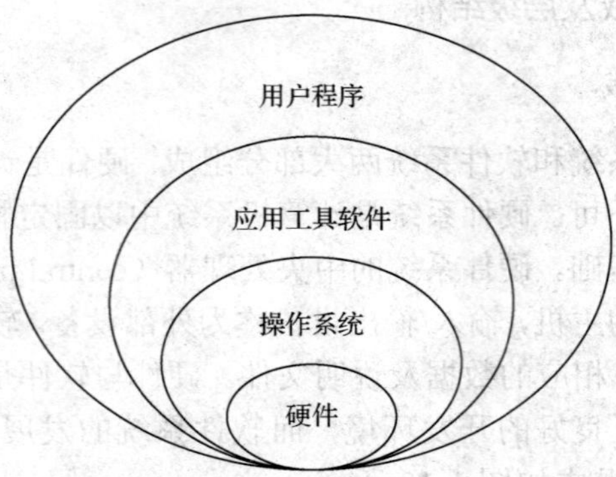


图 1-11 计算机系统的层级结构

第一层级是硬件层，直接控制执行微指令。第二层是操作系统层，由操作系统程序实现，其中包含机器指令和广义指令，后者是为了扩展机器功能而设置的，由操作系统定义和解释，这一层也被称为混合层。第三层是应用工具软件。最外层是用户程序，该层面向用户，旨在方便用户编写应用程序，由高级语言编译程序支持和执行。这种分层类似计算机网络的分层，观察者只需通过该层的语言了解和使用计算机，而无须关心底层工作原理。层级之间关系紧密，下层为上层提供基础，上层则是下层的扩展。随着超大规模集成电路技术的发展，软件部分功能将由硬件来实现，因此软硬件交界面的划分也不是绝对的。

### 1.2.2　计算机硬件系统

微型计算机的硬件系统主要由五大基本部件组成，即运算器、控制器、存储器、输入设备和输出设备，如图 1-12 所示。其中，输入设备用于接收指令和信息；存储器设备用于存储信息；控制器和运算器用于控制指令和处理信息；输出设备用于输出计算结果。

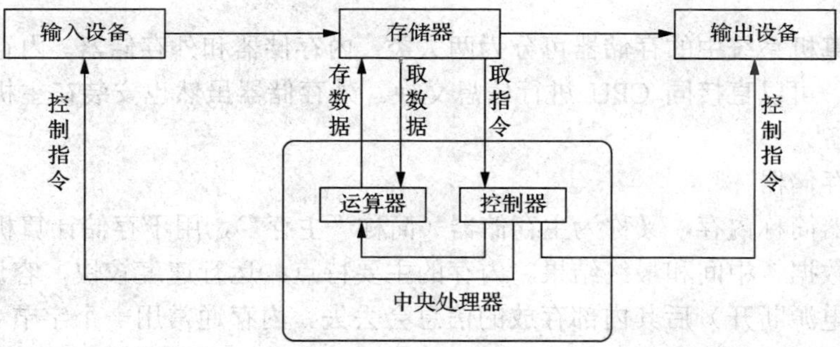


图 1-12　计算机硬件系统的结构

#### 1. 中央处理器

中央处理器 CPU 主要是指由控制器和运算器组成的大规模或超大规模集成电路，是计算机系统的核心部件。其中，运算器是计算机中执行各种算术运算和逻辑运算操作的部件；控制器是整个计算机系统的控制中心，能够协调计算机各部分的工作，以保证计算机能够按照预先设定的目标和步骤进行操作和处理。为了临时存储数据，CPU 中包含一些寄存器，并集成了高速缓冲存储器（简称高速缓存）。高速缓存在 CPU 和内存之间起到缓冲的作用，缓解高速 CPU 和低速内存之间速度不匹配的问题，提高了工作效率。

目前，大部分 CPU 芯片主要由 Intel 和 AMD 公司供应。近年来，我国芯片产业主流的 CPU 品牌有龙芯、鲲鹏、飞腾、兆芯、申威等。龙芯 CPU 是我国最早的国产 CPU 厂商，在专用类、工业自动化控制、嵌入式终端 CPU 等领域拥有较强优势，图 1-13 所示为龙芯 3 号处理器；飞腾 CPU 产品主要包括高性能服务器 CPU、高效能桌面 CPU 和高端嵌入式 CPU 三大系列，为从端到云的各型设备提供核心算力支撑。2019 年 1 月，华为公司向业界发布了高性能服务器鲲鹏 920 处理器。鲲鹏 920 处理器（图 1-14）性能高于同类的 ARM 产品，其中内存带宽提升了 46%，IO 带宽提升了 66%，网络吞吐量是业界标准的 4 倍。

图 1-13　龙芯 3 号处理器

图 1-14　鲲鹏 920 处理器

2. *存储器*

现代计算机系统中的存储器可分为两大类：内存储器和外存储器。内存储器位于系统主机板上，可以直接同 CPU 进行信息交换。外存储器虽然也安装在主机箱中，但它属于外部设备。

（1）内存储器

内存储器简称内存，又称为主存储器（简称“主存”），用于存储计算机正在运行的程序、原始数据、中间和最终结果。内存的主要特点：运行速度较快，容量相对较小，系统关机（电源断开）后其内部存放的信息会丢失。内存通常用一个字节（byte）作为一个存储单元，每个存储单元被赋予一个唯一的编号，这种编号称为地址。通过地址，CPU 能够精确地访问数据存放的存储单元。

根据数据的读写特性，内存又分为只读存储器（read only memory，ROM）和随机存储器（random access memory，RAM）。ROM 中的数据只能读取而不能写入，但不会因断电而丢失，因此，ROM 通常用于存放固定不变的系统程序和参数，如微型计算机中的基本输入/输出系统（basic input/output system，BIOS）。RAM 又称为读写存储器，RAM 中存储的数据可随时按地址进行读取和存储，但 RAM 只有在计算机开机通电后才能工作，系统一旦断电，RAM 中存储的数据将全部丢失。因此，在录入和编辑信息过程中应经常存盘，以免因故障或断电而造成信息丢失。

（2）外存储器

外存储器简称外存，一般包括硬盘、U 盘等。外存的主要特点：存储容量大，存取速度相对内存要慢很多，但存储的信息稳定，无须电源支撑，系统关机后信息依然保存。相较于内存，外存的优势在于存储容量大、成本低、可以永久地脱机保存信息，存储在外存中的程序或数据通常以文件方式存在。

硬盘的特点是存储容量大，通常用于存放计算机的操作系统、常用的应用程序及用户的文档数据信息等。硬盘又分为机械硬盘（hard disk drive，HDD）、固态硬盘（solid state drive，SSD）和移动硬盘三类。

机械硬盘采用温切斯特技术，内部由多个表面涂有磁性材料的金属或者聚酯塑料堆叠而成。固态硬盘则是采用固态电子存储芯片阵列的硬盘，固态硬盘在防摔抗震、数据存储速度、重量和噪音方面优于机械硬盘，但价格比较贵。移动硬盘以硬盘为存储介质，因其高速、大容量、轻巧便携、安全可靠等优点，赢得许多用户的青睐。

U 盘全称为 USB 闪存盘（USB flash disk），是一种微型高容量移动存储产品，具有“即插即用”的特点。U 盘的优点是体积小、便于携带、价格便宜。

（3）高速缓存

高速缓存（Cache）是在 CPU 中设置的一级或者二级高速小容量存储器，用于存储内存中被频繁使用的数据。CPU 要访问这些数据时，会先到 Cache 中查找，从而提高了整体的运行速度。

外存同内存及高速缓存一起构成了微型计算机必不可少的三级存储结构。

#### 3. 输入设备与输出设备

输入设备是向计算机输入信息的设备，是计算机与用户或计算机与其他设备之间通信的桥梁，用于输入程序、数据、操作命令、图形、图像及声音等信息。常用的输入设备有键盘、鼠标、扫描仪、光笔、数字化仪及语音输入装置等。

输出设备将计算机处理的结果转换为用户或其他设备所能接收和识别的信息形式，用于显示或打印程序、运算结果、文字、图形、图像等，也可以播放声音。常用的输出设备有显示器、打印机、绘图仪及声音播放装置等。

#### 4. 主板

主板又称系统板、母板，由集成电路板和各种元器件组成。集成电路板包括多种总线和硬件接口电路；元器件一般有 BIOS 芯片、I/O 控制芯片、面板控制开关接口、指示灯插接件、扩充插槽、主板及插卡的直流电源供电接插件等。主板是计算机中不可缺少的部件之一，决定了计算机可用的 CPU 类型、内存条及外部设备接口卡的类型和数量。主板上最重要的组件是北桥芯片组和南桥芯片组，它们将复杂的内部与外部接口控制电路和元件封装在芯片内，是构成主板电路的核心。

#### 5. 总线

计算机硬件的五大部分不是独立工作的，它们由总线和接口电路连接起来。总线是由多条并行电路组成的信息交换通道，按照功能可分为传送数据的数据总线、传送地址信息的地址总线及传输控制信号的控制总线。

为了产品的互换性，各计算机厂商和国际标准化组织统一把数据总线、地址总线和控制总线组织起来形成了产品的技术规范，称为总线标准。总线标准主要有工业标准体系结构（industry standard architecture，ISA）、扩展工业标准体系结构（extended industry standard architecture，EISA）和外设部件互联标准（peripheral component interconnect，PCI），主要性能参数如表 1-1 所示。

表 1-1 总线主要性能参数

| 总线标准 | 数据带宽/bit | 地址线数/根 | 数据传输率/（Mb/s） | 使用范围 |
|---|---|---|---|---|
| ISA | 16 | 24 | 16 | 中低速外部设备 |
| EISA | 32 | 32 | 33 | 中高速外部设备 |
| PCI | 32/64 | 32/64 | 133/266 | 高速外部设备 |

### 1.2.3 计算机软件系统

软件系统是为运行、管理和维护计算机而编制的各种程序、数据和文档的总称。按软件的功能划分，软件系统可分为系统软件和应用软件两大类。

#### 1. 系统软件

系统软件是指管理计算机资源、分配和协调计算机各部分工作，使用户能方便地使用计算机而编制的程序。系统软件主要用于管理、监控和维护计算机资源，以及开发应用软件，主要包括操作系统、程序设计语言、语言处理程序、数据库管理系统和工具软件。

（1）操作系统

操作系统（operating system，OS）是最基本也是最重要的系统软件，负责管理计算机系统的全部软硬件资源，合理地组织计算机各部分协调工作，为用户提供操作和编程界面。

随着计算机技术的迅速发展和计算机的广泛应用，用户对操作系统的功能、应用环境、使用方式不断提出新的要求，因而逐步形成了不同类型的操作系统。目前，微型计算机、平板电脑常用的操作系统有 Windows、Linux、Mac、Android 等。

我国的操作系统发展经历了从依赖国外技术到自主研发和二次开发的过程。当前，以麒麟操作系统和统信操作系统为代表的国产化操作系统，正逐渐在市场上占据一席之地，并且在特定领域已经取得了显著的成就。

（2）程序设计语言

程序设计语言是用来编写计算机可执行程序的语言，是用户与计算机之间进行交流的工具。程序设计语言一般分为机器语言、汇编语言和高级语言三类。

1）机器语言。机器语言（machine language）是能被计算机直接识别并执行的语言，是由二进制数 0 和 1 组成的代码指令。机器语言编写程序的优点是占用内存小、执行速度快、效率高、无须翻译；缺点是编写好的程序不直观、可读性差、调试难度大。同时，不同类型计算机的硬件结构有差异，导致机器语言不通用，可移植性差。

2）汇编语言。汇编语言（assembly language）是一种给英文单词或数字符号赋予一定的含义，进而代替二进制代码形式的机器语言。例如，用 ADD 表示“加”，用 SUB 表示“减”。汇编语言的优点是程序呈现较为直观、可读性好；缺点是编写程序的效率不高、难度较大、维护较困难。同时，计算机不能直接识别和执行用汇编语言编写的程序，必须将其译成机器语言才能在计算机中运行。

3）高级语言。高级语言（high level language）是一种与自然语言和数学语言比较相近的通用编程语言，在描述一个解题过程或问题的处理过程时十分方便、灵活，由于它独立于机器，因此具有一定的通用性。目前，常用的高级语言有早期的 BASIC 语言，适用于教学、科学计算、数据处理等领域的 Python 和 C 语言，还有面向对象的分布式程序设计语言 Java 等。

（3）语言处理程序

计算机硬件只能识别和执行使用机器语言编写的程序，如果是使用汇编语言或高级语言编写的程序，那么在执行之前要先进行翻译，完成这个翻译过程的程序称为语言处理程序。

1）汇编程序。汇编程序的作用是将用汇编语言编写的源程序翻译为机器语言的目标程序。

2）解释程序。解释程序是对源程序一边翻译一边执行，如 BASIC 就属于解释程序。

3）编译程序。大多数用高级语言编写的程序采用编译的方式编程，如 C 语言、C++。编译过程是先将源程序编译为目标程序，然后通过连接程序将目标程序和库文件连接为可执行文件，通常可执行文件的扩展名为.exe。由于可执行文件独立于源程序，因此它可以被反复运行，且运行速度较快。

（4）数据库管理系统

数据库（data base，DB）是为满足不同用户的多种应用需要，按照一定的数据模型在计算机中进行组织、存储和使用的数据集合。数据库管理系统（data base management system，DBMS）是为满足数据库的建立、使用和维护而配置的软件集合，提供了统一的管理和操作数据库的手段，包括对数据库的编辑、修改，以及对数据的检索、排序、输入、输出等。目前，常用的数据库管理系统有 Oracle、SQL Server、MySQL、Access 等。国产数据库在过去几年中取得了显著的发展，出现了一些知名的国产数据库。

1）达梦数据库（DM database）：由武汉达梦数据库有限公司开发，是我国自主研发的关系型数据库管理系统，广泛应用于金融、电力、航空、通信等领域。

2）人大金仓（Kingbase）：由北京人大金仓数据库技术股份有限公司研发，是一款高性能、高可用的关系型数据库产品，适用于联机事务处理（online transaction processing，OLTP）和联机分析处理（online analytical processing，OLAP）业务，服务于政府、金融、能源等多个行业。

3）南大通用（GBase）：由南大通用数据技术有限公司研发，包括 GBase 8a、GBase 8t 等产品，主要面向数据分析和数据仓库应用，支持列式存储。

4）OceanBase：由蚂蚁集团研发的分布式关系型数据库，以其高性能和高可用性而闻名。OceanBase 于 2019 年打破了数据库基准性能测试的世界纪录，并连续多年稳居首位。

5）华为 GaussDB：是由华为推出的系列数据库产品，包括关系型数据库和非关系型数据库，支持多种部署模式，包括云上和本地。

6）TiDB：由 PingCAP 公司研发的开源分布式混合型关系数据库，支持水平扩展和强一致性，适用于金融、电信、物联网等领域。

国产数据库的发展情况总体向好，市场占比逐年提升。随着国家对信息安全和自主可控的重视，国产数据库得到了政策的大力支持，国产化替代进程加速。

（5）工具软件

工具软件用于为计算机系统提供服务，并向用户提供软件开发和硬件维护工具，如开发调试的各种工具软件、计算机网络管理软件、诊断测试软件等。这些软件的主要作用是维护计算机系统的正常运行，方便用户在软件开发和实施过程中应用。

2. 应用软件

应用软件是为不同应用领域解决某些实际问题而编制的软件。目前，应用软件的种类繁多，既有商品化的通用软件，也有用户自己编写开发的软件，如各种信息管理软件、办公自动化系统、文字处理软件、辅助设计软件及辅助教学软件、软件包等。随着计算机软硬件技术的不断发展，系统软件和应用软件的界线正在变得模糊。一些具有通用价值的应用软件，也可以纳入系统软件之中，作为一种资源提供给用户，如办公软件、聊天工具软件、搜索引擎等。

## 1.3 计算机前沿技术

### 1.3.1 人工智能

1. 人工智能概述

不同学者对人工智能的定义具有不同的观点。“人工智能之父”艾伦·麦席森·图灵认为，人工智能是能使计算机完成那些需要人类智力才能完成的工作的科学。美国麻省理工学院的温斯顿教授认为，人工智能就是研究如何使计算机去做过去只有人才能做的智能工作。百度百科定义人工智能是研究、开发用于模拟、延伸和扩展人的智能的理论、方法、技术及应用系统的一门新的技术科学。总的来说，人工智能是一门利用数字计算机模拟、延伸和扩展人的智能，感知环境、获取知识，并使用知识获得最佳结果的理论、方法、技术及应用系统的综合学科。

人工智能的主要特征包括感知、记忆和思维、学习和自适应、行为决策四个方面。也就是说，人工智能具有四方面的能力：一是感知和获取外部世界信息的能力；二是记忆和思维能力，能够对外部的信息进行存储，并通过分析、计算、判断、决策等操作来自动处理信息；三是自适应学习能力，能够通过与环境的相互作用，自适应环境变化，不断学习、积累知识；四是行为决策能力，能够对外界的刺激进行分析，并形成决策，以此对信息做出相应的反馈。

2. 人工智能的应用

人工智能作为一门前沿交叉学科，具有广泛的研究领域和应用前景。下面介绍部分人工智能前沿研究领域，以及所应用的情境。

（1）自然语言处理

自然语言处理（natural language processing，NLP）是能够让计算机理解、处理、生成和模拟人类语言的过程，以实现人机之间的自然交互。自然语言处理已在机器翻译、问答系统、文本和情感分析等领域得到广泛的应用。

（2）语音识别技术

语音识别技术，也称自动语音识别（automatic speech recognition，ASR）。语音识别技术能够自动识别人类的语言，并将语音中的内容转换为计算机可处理的二进制编码或者字符序列等内容，最终以文本形式呈现给用户。语音识别技术常用于语音助手（如 Siri、小度等）、智能聊天机器人、虚拟助手等应用。

（3）大语言模型

大语言模型（large language model，LLM）是在大规模语料训练中获得的语言转换模型，具有极强的文本理解与生成能力。全球主流的大语言模型包括 ChatGPT、BERT、LLaMA、PaLM。其中，ChatGPT 基于其超强的人机对话能力和任务求解能力已经广泛应用于医疗、金融、法律、教育等领域。大语言模型主要应用于文本翻译、恶意软件分析、创造文本内容、智能搜索、代码开发、网络防御和虚拟助理等领域。

（4）计算机视觉

计算机视觉（computer vision，CV）系统是利用机器学习技术代替人工来学习图像和视频等多媒体资源特征的系统。该系统通过高级图像处理或音频数据处理，从数字图像或者视频中识别和检测出物体的样貌、情绪、行为等特征。应用场景包括车牌检测、人脸识别、特征提取、自动驾驶、安防监控等。

### 1.3.2　大数据技术

1. 大数据概述

（1）大数据的定义

大数据是指无法在一定时间内，利用常规的数据软件进行管理的数据集合，需要利用新的技术手段和处理模式，在海量、高增长率和多样化的数据集中，挖掘信息价值、探寻数据规律，为人类在事务上的决策、洞察及流程优化提供强有力的技术支撑。大数据技术的意义不在于掌握庞大的数据信息，而在于对海量数据进行专业化处理后，能够探寻满足自身需要的数据规律和价值信息。

（2）大数据的特征

目前，大数据的特征概括起来为 5 个“V”：数据量（volume）、多样性（variety）、价值性（value）、数据速度（velocity）、真实性（veracity）。

1）数据量：数据量大。大数据具有海量的数据规模，且在数据的采集、存储和计算等方面处理的数据量都非常大。例如，一般的计算机处理 4 B 数据需要 4min，处理 1 TB 的数据需要 3h，而处理 1PB 的数据需要 4 个月零 3 天，一般认为起始计量单位只有 TB 或 PB 的数据才可以被称为大数据。

2）多样性：数据类型多。大数据来源众多、数据类型和格式逐渐多样化，既涵盖了以文本为主的结构化数据，又囊括了半结构化和非结构化的数据，例如，网页日志、音频、视频、电子邮件、位置信息、链接信息等。大数据真正诠释了数据的多样性，也对数据的处理能力提出了更高的要求。

3）价值性：数据价值密度低。大数据中有价值的信息往往隐含在散乱的海量数据中，部分有价值的数据可能还会湮没在大量的无用数据中。因此，大数据具有较低的价值密度。如何结合业务逻辑并通过强大的机器算法来挖掘数据价值，是大数据时代最需要解决的问题。

4）数据速度：数据处理速度快。大数据时代，为了使应用程序能够实时分析数据结果，动态描述客观世界和人的行为变化，数据的采集、分析和处理通常要求达到秒级的响应，这一点是大数据区别于传统数据分析的显著特征。

5）真实性：数据真实性高。大数据中的数据来源于真实世界中产生的信息，为了从海量的数据中挖掘出能解释和预测现实事件的信息，要保证数据的真实性和准确性。

2. 大数据处理的一般过程

大数据处理是利用计算机对原始数据进行采集、预处理与存储、分析和可视化呈现等一系列活动的统称。具体的大数据处理流程如下。

（1）大数据采集

大数据采集指利用无线通信技术、传感器和智能设备，从应用系统、网络媒介和互联网等多种渠道，获取文字、数值等结构化数据，以及系统日志、声音、视频和图像等非结构化数据的过程。

（2）大数据预处理与存储

大数据预处理主要分为数据清理、数据集成和数据规约三部分。数据清理是指通过填充、聚类、回归等方法对不完整数据、噪声数据和不一致数据进行的处理。数据集成需要解决模式匹配、数据冗余、数据值冲突检测与处理等问题。数据规约是在尽可能保证原数据完整性的前提下，最大限度地精简数据量。面对海量数据，传统的数据库难以满足读取海量数据高响应的要求，因此大数据常采用分布式系统和云数据库等存储方式存储。

（3）大数据的分析

大数据经预处理后，需要通过传统统计分析技术、数据仓库和数据挖掘技术、机器学习、大数据分析技术等方法，对数据的相关性特征、聚类性特征、时序特征等进行分析，进而探寻大数据所蕴含的深层次信息和数据规律。

（4）大数据的可视化呈现

由于大数据分析结果规模巨大、关联关系复杂，以文本形式难以解释大数据分析结果的含义。因此，大数据引入了可视化技术，将数据分析结果以图形、图表等方式直观、生动地展现给用户，便于用户理解数据所表达的含义，增强大数据的可读性。

3. 大数据技术在能源电力行业的应用

随着电力物联网的发展，发电、输电、变电、配电、用电各个环节产生的数据量越来越大，以新能源发电场景为例，百台风机，测点数量超过 20 万，日新增数据量超过 100GB。传统的关系型数据库难以应对如此大规模的数据，数据分析和查询实时性要求难以满足。电力大数据在电力系统的实际应用中发挥了重要的作用。

### 1.3.3 虚拟现实技术

1. 虚拟现实技术概述

1987 年，美国 VPL Research 公司创建人杰伦·拉尼尔（Jaron Lanier）首先提出了虚拟现实概念，他认为虚拟现实技术是利用计算机模拟一个三维世界，为使用者提供关于视觉、听觉、触觉等感官的模拟。拉尼尔提出虚拟现实（virtual reality，VR）概念之后，虚拟现实这一词语很快就被科研人员广泛接受，并成为智能科学技术领域的专用名词。因此，他被业界称为“虚拟现实之父”。

虚拟现实是以沉浸性、交互性和构想性为基本特征的计算机高级人机界面。该技术综合利用了计算机图形学、仿真技术、多媒体技术、人工智能技术等多种技术，来模拟人的视觉、听觉、触觉等感觉器官功能，使人能够沉浸在计算机生成的虚拟境界中，并能够通过语言、手势等自然的方式与之进行实时交互，创建了一种适人化的多维信息空间。用户不仅能够通过虚拟现实系统感受到在客观物理世界中所经历的“身临其境”的真实性，而且能够突破空间、时间及其他客观限制，感受到真实世界中无法亲身经历的体验。

2. 虚拟现实技术的特点

（1）沉浸性

沉浸性是指用户在创设的虚拟环境中，自身所感受到的真实程度。用户使用感知设备，投入由计算机系统生成的虚拟场景中，参与虚拟世界的各种活动，与虚拟环境中的对象相互交流，就如同在现实世界一样，给人一种身临其境的感受。用户受到的感官刺激越多，用户自身在虚拟环境中的代入感和主动性就越强，沉浸性就越好，理想的虚拟现实就是具有人所有的感知功能。

（2）交互性

交互性是指用户使用特殊头盔、数据手套等专门的感知设备对虚拟环境中物体的可操作程度，以及从虚拟环境得到反馈的自然程度。虚拟现实系统强调人与虚拟世界之间的交互是以自然的方式进行的，如同真实世界中一样的感知给用户带来了更真实的沉浸体验。

（3）构想性

构想性是指用户与虚拟环境进行交互过程中，得到更深层次的认识。这种认识可以使人类突破时间、空间的限制去完成那些由于某些条件限制而难以完成的事情。例如，在制造精密的机械零件时，设计师可以采用虚拟现实技术进行仿真设计，并模拟零件在机器中的工作过程，以此来确定零件设计的效果，减少了零件的加工成本并降低了对机器造成不良影响的危害程度。

3. 虚拟现实技术的应用

如今，虚拟现实技术已广泛应用于工业制造、军事、航空、教育、医疗、社交等多个领域。例如，工业制造中利用虚拟现实和增强现实技术，能够在半成品轿车上叠加图像，通过测量设计产品实际情况与实际原型车的关系，减少了实物原型车的制造数量，从而节约了成本。教育行业凭借虚拟现实技术的特点，创设了虚拟实验室。学生在虚拟实验室中可以利用感知设备与虚拟的仪器设备进行交互，从而完成相关实验操作，如图 1-15 所示。学生沉浸在三维的虚拟场景中，对实验进行探究与实践，提升了学生的学习兴趣，培养了学生的创新思维和实践能力。同时，也避免了现实中危险性实验对学生的危害。医疗行业利用虚拟现实技术，对医疗卫生人员进行临床教学和培训，如图 1-16 所示。

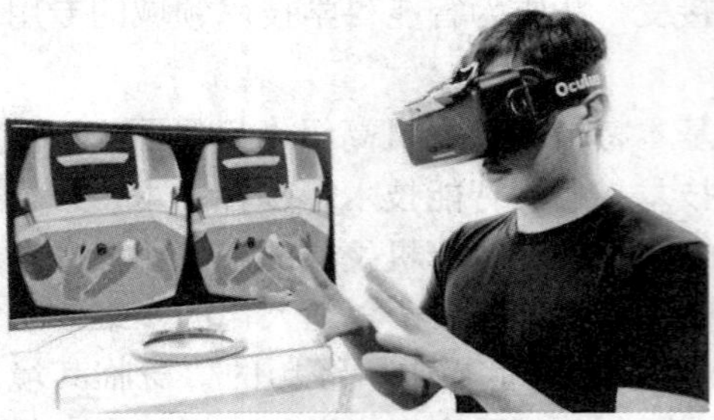

图 1-15 学生在虚拟实验室进行实验

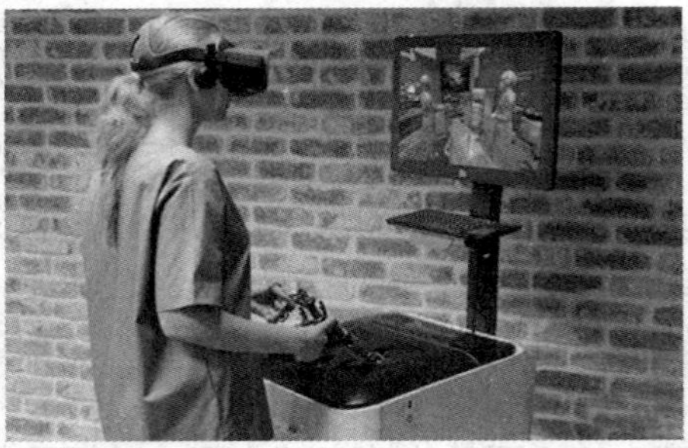

图 1-16 医疗卫生人员的培训

（1）数字孪生

数字孪生（digital twin）是指在现实世界物理实体和数据的基础上，通过多学科、多尺度、多物理量等耦合仿真方法，将数据映射到虚拟世界中的镜像模型上。这种映射通常是一个多维动态的数字映射，它通过采集物体上的传感器或模拟数据，来洞察和呈现物体的实时状态，并将承载指令的数据反馈给物体，从而实时动态变化。数字孪生技术作为连接物理世界和数字世界的桥梁和纽带，推动工业制造和生活智能化，并提供更加实时、高效、智能的服务。

电力系统中机电设备故障预测是机电设备安全稳定运行的重要保障。在电力系统故障预测中引入数字孪生技术，根据物理设备、电气参数、运行状态等建立虚拟模型来仿真其真实运行状况，通过分析虚拟模型运行过程中的相应数据，对电力系统的设备进行状态预测，从而使设备可以在良好的状态下长期稳定地运行。

（2）动作捕捉

目前，大部分 VR 项目需要让体验者佩戴 VR 眼镜或手握操作手柄进入虚拟世界。但这种进入方式，体验者在虚拟世界里只能控制双手及半个胳膊，并不能控制自己的身体。动作捕捉（motion capture）技术的出现，解决了上述问题。所谓动作捕捉，是指利用外部设备来对人体结构的位移进行数据记录和姿态还原的技术。动作捕捉技术可以将用户的身体映射到虚拟世界中，用户在现实中做出什么样的动作，在虚拟世界就会做出同样的动作，摆脱了对穿戴设备的依赖，是一种更高级别的沉浸体验。图 1-17 所示为动作捕捉技术的应用示例。

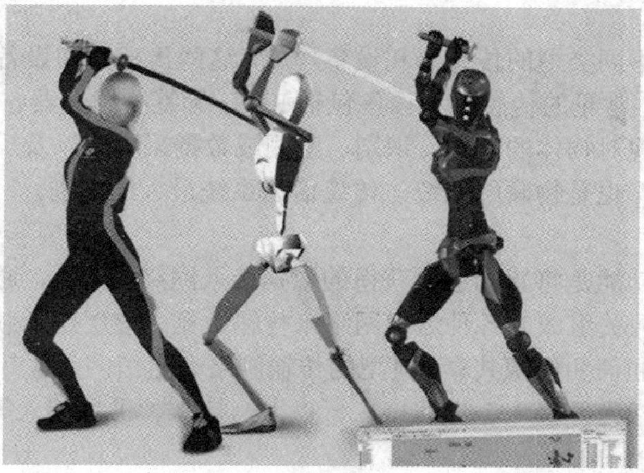

图 1-17 动作捕捉技术的应用示例

### 1.3.4 物联网

1. 物联网概述

物联网（internet of things，IoT）按规定的协议，利用射频识别（radio frequency identification，RFID）技术、红外感应器、全球定位系统、激光扫描器等信息传感设备，将人与物、物与物通过互联网连接起来，从而进行信息交换，实现了人与物之间的无障碍交互，进而创造了一个万物互联的智慧世界。物联网的应用场景如图 1-18 所示。

图 1-18 物联网的应用场景

2. 物联网体系结构

物联网的体系结构分为感知层、网络层和应用层，且各层之间的信息传递是双向的。

（1）感知层

感知层由多种不同类型的传感器和设备构成，这些传感器和设备根据应用场景和需求进行选择和配置。常见的传感器和设备包括RFID标签和读写器、传感器、摄像头等。该层主要功能是实现对物体的感知、识别、监测或数据采集，以及反应与控制等。感知层是物联网的基础，也是物联网系统与传统信息系统最大的区别。

（2）网络层

网络层的主要功能是将感知层所获得的数据接入网络。同时，通过各类有线与无线节点、固定与移动网关组成的各种通信网络来传输数据。该层是承载网络的核心，实现了各个事物之间的通信和资源共享。典型的传输网络有电信网、电力通信网、专用网等。接入网络的方式包括光纤接入、无线接入、以太网接入、卫星接入等。

（3）应用层

应用层主要解决的是信息处理和人机界面的问题。该层利用各类信息系统，对网络层传输的数据进行处理，物联网通过应用层实现信息技术与各行业专业应用的深度融合，进而实现无所不在的智能应用。

3. 物联网的关键技术及其应用

（1）RFID技术

RFID 技术是一种利用射频信号进行非接触式双向通信，进而实现静止或移动物体的自动识别，并进行数据交换的识别技术。RFID 技术具有识读距离远、速度快、可读写性好、不受环境限制等优点。目前，RFID 技术已普遍应用于日常生活中，如公交车刷卡、电子收费（electronic toll collection，ETC）系统、各类银行卡、工业生产控制等。

（2）无线传感器网络

无线传感器网络（wireless sensor network，WSN）利用敏感元件或转换元件，自动感知、采集和处理特定区域内的动态数据，系统通过这些数据判断物体的运行状况或相关环境的变化等，然后自动进行调整或响应。无线传感器网络在水系监测、食品溯源、敌情侦察和情报搜集等多个领域得到了广泛应用。

（3）嵌入式技术

嵌入式技术（embedded techonlogy）是将微处理器嵌入到受控器件内部，设置由一个或几个预先编好的程序来执行特定应用的专用技术。嵌入式技术在电力系统、电网安全、电网设备监测等领域都有着广泛的应用。

（4）分布式信息管理技术

在物物相联的环境中，每个传感节点都可以作为数据源和处理点，这些传感节点采用分布式数据库系统来管理，每个节点可视为一个独立的微数据系统，它们都拥有各自的数据表、处理机、终端，最终形成逻辑上属于同一系统，但物理上彼此分开的架构。

### 1.3.5 云计算

1. 云计算概述

云计算是一种基于互联网的商业计算模式，它提供可用的、便捷的网络访问，并将计算任务分布在计算资源共享池中，包括网络、服务器、存储、应用软件和服务。用户不需要弄清楚所需要的硬件、软件和数据存储，只需要根据自己的需求，通过终端设备及因特网连接数据中心，付费选择服务即可。同时，用户在使用过程中投入的管理时间及与服务商的交流次数很少，这样用户可以更加专注于自己的业务，有利于提高效率、降低成本和实现技术创新。

2. 云计算的三种服务模式

按照应用方式划分，云计算的服务模式可分为基础设施即服务（infrastructure as a service，IaaS）、平台即服务（platform as a service，PaaS）和软件即服务（software as a service，SaaS）。

（1）基础设施即服务

基础设施即服务（IaaS）位于云计算三层架构的底层，主要负责提供虚拟的服务器、存储、带宽和其他基本的计算资源。用户可以根据个人需求购买权限部署、运行操作系统和应用程序，而不需要花时间和精力去管理、维护底层的硬件基础设施。

（2）平台即服务

平台即服务（PaaS）位于中间层，主要为用户提供一个基于互联网的应用开发环境（或平台），以支持应用从创建到运行整个生命周期所需的各种软硬件资源和工具。用户可以在云平台中开发和部署新的应用程序，但应用程序的开发和部署必须遵守该平台的规定和限制。

（3）软件即服务

软件即服务（SaaS）位于顶层，是最常见的云计算服务。该服务由服务提供商或运营商负责维护和管理，客户只需通过浏览器或其他符合要求的设备接入使用。

3. 云计算的应用

（1）云存储

云存储通过分布式信息管理系统，将网络中各类的存储设备集合起来协同工作，共同对外提供数据存储和业务访问功能。用户利用云存储来同步和更新数据，这样无论用户使用的是手机、计算机还是其他终端设备，都可以获得数据的一致性体验。例如，用户将手机中的联系人、短信照片和安装的各种 App 同步在“云”中，可以避免因手机或数据丢失造成的烦恼，取而代之的是云存储提供的一键同步。

（2）云教育

云教育是指在云技术平台上的开发和应用。云教育使教育管理者、教师、学生、家长等参与者，在云技术平台上实现了教育、教学、娱乐、沟通等功能，方便了不同教育者的实时交流和资源共享。同时，云平台能够长时间存储学校的特色课程资源，并可以通过多渠道进行教育成果共享。

（3）云办公

云办公系统只需要一台可接入网络的终端设备，就能够在云技术平台上实现用户的办公事宜。例如，对于云桌面服务，用户只需要在本机上安装云桌面程序，就可以在不同终端上通过访问云桌面共享以往的办公内容。同时，也可以通过云桌面访问原来在外网不能访问的内网服务器上的所有内容。

（4）云安全

云安全技术融合了并行处理、网络技术、未知病毒行为分析等新兴技术，通过分布在各领域的客户端，对网络中软件的异常行为进行监测，获取恶意程序的新信息，将这些信息发送至服务端进行处理，并推送最便捷的解决建议。云安全技术使整个互联网变成了终极安全卫士。

## 1.4 信息技术应用创新

### 1.4.1 我国计算机发展简史

我国计算机发展史始于 20 世纪 50 年代，以华罗庚等海外学者响应国家号召回国为开端。1952 年，华罗庚等人在中国科学院数学所成立了中国首个电子计算机科研小组。1956 年，计算机被列入国家科技发展规划的关键项目，华罗庚担任计算技术研究所筹备负责人。初期，中国计算机研发以仿制苏联机型为主，并于 1958 年成功仿制 103 机，这是我国现代计算机从无到有的突破。

20 世纪 60 年代，我国开始自主研发计算机，典型代表是夏培肃领导团队设计的小型机 107 机，以及用于“两弹一星”工程的晶体管计算机 109 乙机和 109 丙机。这一时期，计算机主要用于国防科研，尚未普及至民用。1973 年，我国调整计算机发展战略，转向系列机的自主研发，并取得一定成果，如百万次集成电路计算机 150 机和小型机 DJS-131。

20 世纪 80 年代，我国计算机技术取得显著进展，如 1983 年“银河一号”亿次超级计算机的成功研制，标志着我国成为全球第三个能自主设计制造超级计算机的国家。同时，王永民发明的五笔字型输入法极大地促进了中文信息处理技术的发展。这一时期，个人计算机开始在国内普及，联想、长城等品牌应运而生，推动我国计算机工业进入快速发展阶段。

当前，我国在超级计算机研制方面已达到国际领先水平，研制成功的“银河”“曙光”“天河”“神威”等系列超级计算机，在国际超级计算机排行榜上多次名列前茅，为全球的科学研究和工程设计提供了更多的计算资源和服务，为解决全球性问题和挑战贡献了中国智慧和力量。

1.“银河”系列超级计算机

20 世纪 80 年代初期，中国国防科技大学开始研制“银河”系列巨型计算机，并于 1983 年推出“银河一号”巨型机，其浮点运算速度达到每秒一亿次。1997 年，“银河三号”研制成功，填补了我国通用巨型大型机的空白，其浮点运算速度达到每秒 130 亿次，其系统的综合技术水平已达到当时国际先进水平。

2.“曙光”系列超级计算机

1990 年，中国科学院成立国家智能计算机研发中心并启动研制“曙光计算机”。在国家高技术研究发展计划（简称 863 计划）的支持下，国家智能计算机研发中心成功研制“曙光群结构超级服务器”系列产品。2000 年，国家智能计算机研发中心推出每秒浮点运算速度达 4032 亿次的“曙光 3000”巨型机。2004 年上半年，国家智能计算机研发中心推出每秒浮点运算速度达 10 万亿次的“曙光 4000-A”巨型机。

3.“天河”系列超级计算机

2009 年，我国研制成功“天河一号”超级计算机，其峰值运算速度达到每秒千万亿次浮点运算。“天河一号”的诞生是我国高性能计算机发展史上一个新的里程碑，是我国战略高新技术和大型基础科技装备研制领域取得的又一重大创新成果，实现了我国自主研制超级计算机能力从每秒百万亿次浮点运算到每秒千万亿次浮点运算的跨越。2014 年，国防科学技术大学研制成功“天河二号”超级计算机，其浮点运算速度达到每秒 3.39 亿亿次。

4.“神威”系列超级计算机

2014 年，国家并行计算机工程技术研究中心开始研制“神威”系列超级计算机。2016 年，我国自主研发的“神威·太湖之光”超级计算机问世。“神威·太湖之光”是全球首台浮点运行速度超过每秒 10 亿亿次的超级计算机，峰值速度可达每秒 12.54 亿亿次。“神威·太湖之光”超级计算机 1 分钟的计算能力相当于 70 亿人用计算器不间断计算 32 年，标准浮点运算速度为每秒 9.3 亿亿次，效率约为“天河二号”超级计算机的 4 倍。2017 年，国际 TOP500 组织公布了全球超级计算机 500 强排行榜榜单，“神威·太湖之光”和“天河二号”连续三年稳居全球超级计算机系统的前两名。

### 1.4.2　我国信息技术创新应用产业发展

我国对计算机系统的研发面临着核心技术受制于人的困境。据统计，我国 90%以上的芯片、操作系统等软硬件产品通用协议和标准依赖进口，金融行业核心数据库几乎被甲骨文公司垄断，容灾备份 80%是国外产品，这给国家的网络和数据安全带来了极大的风险。

1. 信创的概念

信创即信息技术应用创新产业。信创是对计算机的基础软硬件体系进行全国产化替代的产业，即对国产化计算机进行研发和应用的产业。目前，信创的发展成为我国一项战略导向，它的目的是解决我国数据和网络安全问题，进而实现国家的关键核心技术的自主可控。秉持科技自立自强的国家发展战略，国家提出了“2+8+N”信创体系（图 1-19）：信创要先在党政机关和金融机构落地，其次扩展到电力、电信、石油、交通、航空航天、教育、医疗等行业，最后落实到其他行业。目前，我国已经逐渐建立起信创的核心生态，包含基础硬件、基础软件、应用软件、信息安全四大主要领域。

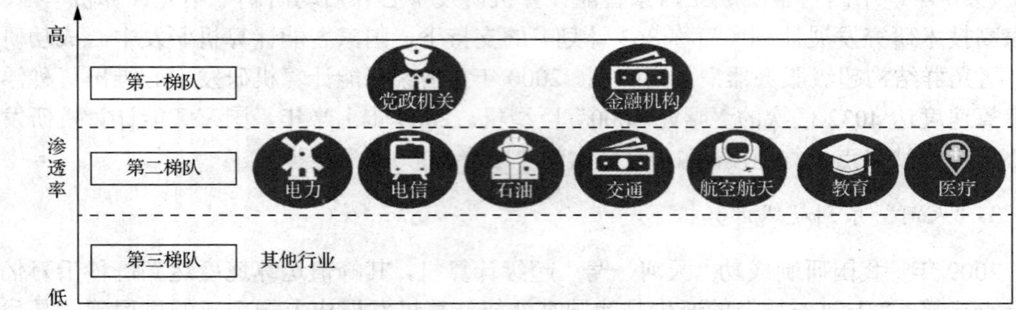


图 1-19 “2+8+N”信创体系

2. 信创的产业结构

信创产业上下游产业链大致分为四大部分：基础硬件（包括 CPU 芯片、传感器、终端设备、存储设备等）、基础软件（包括操作系统和数据库、云计算平台等平台软件）、应用软件（包括面向党政机关及各行业的应用软件和各类常用软件等）、信息安全（包括安全管理、安全技术、安全标准等）。

与传统信息技术产业不同，信创产业更加强调生态体系的打造。信创产业中，CPU 是“心脏”，操作系统是“灵魂”，信创整体解决方案的核心逻辑在于，形成以 CPU 和操作系统为核心的国产化生态体系，系统性地保证整个国产化信息技术体系的可生产、可用、可控和安全。目前，国家和企业正在开展基于 CPU、操作系统的适配工作，核心技术生态已初步形成。

# 第2章 操作系统

【技能目标】

1）掌握操作系统的概念、功能及其分类；掌握 Windows 10 的基本概念与基本操作方法。

2）了解桌面的组成和桌面图标的概念；掌握窗口、“开始”菜单、任务栏等的基本操作方法。

3）掌握控制面板和设置的使用方法。

【思政育人目标】

1）通过让学生了解操作系统及其应用知识，引导学生充分认识操作系统自主可控工作的重要性，激发学生爱国敬业的精神，将推动国产操作系统发展和技术创新作为使命追求。

2）通过培养学生对操作系统复杂工程问题的求解能力，培养学生从多角度、全方位思考问题，以及不畏困难、勇于创新的精神。

3）通过加强学生实践训练，培养学生严谨认真、精益求精、坚持不懈和勇于探索的科学精神，并不断树立职业自信和职业责任感。

操作系统是计算机系统中不可或缺的核心软件。它主要负责协调和管理计算机的硬件与软件资源，提供用户与计算机交互的接口，为用户和应用软件提供访问和控制计算机硬件的桥梁。操作系统的家族庞大且多样化，按适配的不同使用场景和设备可以分为桌面操作系统、服务器操作系统、嵌入式操作系统、实时操作系统、网络操作系统、云计算操作系统、移动操作系统、超级计算机操作系统等。

桌面操作系统是操作系统的一个特定类型，是运行在个人计算机上的软件，它不仅负责管理计算机硬件资源，还提供直观的图形用户界面（graphical user interface，GUI），使用户可以通过图形化的方式与计算机交互，而无须记忆烦琐的命令。桌面操作系统是计算机生态系统中的核心组件。常见的桌面操作系统包括 Windows、Mac、Linux 等操作系统。

## 2.1 麒麟操作系统

### 1. 麒麟操作系统的介绍

麒麟操作系统是麒麟软件有限公司旗下的国产操作系统，是一款以安全可信技术为核心的国产操作系统。该公司旗下拥有两大知名品牌："中标麒麟"和"银河麒麟"。麒麟操作系统不仅针对通用领域提供安全创新的操作系统及相应解决方案，还针对国防专用领域，打造高安全、高可靠性的操作系统和定制方案。目前，其产品体系已涵盖服务器操作系统、桌面操作系统、嵌入式操作系统及麒麟云等多个领域，且能够无缝兼容并支持飞腾、龙芯、申威、兆芯、海光、鲲鹏等一系列国产 CPU。

提起国产操作系统，必须要提到中国电子信息产业集团有限公司（China Electronics Corporation，CEC）。1982 年，CEC 下属第六研究所开发了汉字磁盘操作系统（Chinese characters disk operation system，CCDOS）。1989 年，CEC 下属中国计算机技术服务公司与中国软件技术公司开发的国产操作系统被命名为 COSIX，其中，"C"代表中文（Chinese），"OS"是开放系统（open system）或操作系统的简称，"IX"指基于 UNIX 类的操作系统。也就是说，COSIX 是一种与 UNIX 兼容的中文开放式操作系统。项目的前期启动，为 COSIX 项目列入"八五"国家科技攻关计划打下了坚实的基础。1990 年，中国计算机技术服务公司、中国软件技术公司合并成立中国计算机软件与技术服务总公司（中软总公司），该公司隶属于电子工业部。2010 年，为了推进"核高基"[①]计划，中国软件子公司中标软件与中国国防科学技术大学达成战略合作，将各自旗下品牌"中标普华"与"银河麒麟"合并为"中标麒麟"，希望将"中标麒麟"打造成国产操作系统第一品牌，共同推进国产基础软件在国防及国民经济各领域的应用。天津麒麟信息技术有限公司（以下简称天津麒麟）成立于 2014 年，是 CEC 和天津市政府在安全可控信息系统领域进行战略合作的重大部署。2019 年 CEC 下属的两家操作系统公司——中标软件和天津麒麟，强强整合，力求打造中国操作系统新旗舰——麒麟软件有限公司。麒麟操作系统一直是军工、航天、国防领域的首选操作系统。目前，国产操作系统在电力、银行、民航等领域的应用越来越广泛。

2. *麒麟操作系统的安装*

访问麒麟软件有限公司的官方网址（https://www.kylinos.cn/），在页面上找到并选择"桌面操作系统"选项；然后单击"申请试用"按钮，此时会跳转到"产品试用申请"界面，系统会要求验证用户的身份，输入验证码。按照提示操作，正确输入验证码。验证成功后，用户会看到一个下载链接，根据自己计算机所使用的 CPU 平台（如飞腾、龙芯、申威等）选择对应的下载链接。单击链接后，开始下载麒麟操作系统的 ISO 镜像文件。

确保选择的是与自己计算机的硬件兼容的操作系统版本，并直接下载到本地计算机上。下载完成后，就可以根据官方提供的指南进行安装和使用了。

① 核高基为核心电子器件、高端通用芯片及基础软件产品的简称。

## 2.2 统信UOS操作系统

统信 UOS 操作系统是由统信软件开发的一款基于 Linux 内核的操作系统。该系统针对不同应用场景和需求，细分为三大版本：统信桌面操作系统、统信操作系统服务器版及统信操作系统专用设备版。

统信 UOS 操作系统支持龙芯、飞腾、兆芯、海光、鲲鹏等国产芯片平台的笔记本、台式机、一体机、工作站、服务器，以桌面应用场景为主。该系统集成了自主研发的桌面环境，提供了多款原创应用，并通过丰富的应用商店和互联网软件仓库，为用户提供满足日常办公和娱乐需求的全方位解决方案。

统信 UOS 操作系统以其卓越的兼容性，能够无缝对接流式、版式、电子签章等多种办公应用，同时也与数据库、中间件、虚拟化、云桌面、安全等领域的众多应用和业务高度兼容。此外，它还能够适配主流打印机、扫描仪、独立磁盘冗余阵列（redundant arrays of independent disks，RAID）、主机总线适配器（host bus adapter，HBA）卡等硬件外部设备，充分展现了其强大功能。统信 UOS 操作系统的开发和推广是中国软件产业自主可控战略的一部分，旨在提升国内软件产业的竞争力，响应中国在数字操作系统领域的安全需求，以及实现技术自主可控的目标。

## 2.3 Windows 10操作系统

### 2.3.1 Windows 10概述

1. Windows 10 简介

Windows 10 是由微软公司研发的跨平台操作系统，整合了个人电脑版、桌面版和手机版等操作系统，用户可以通过统一的微软账户实现各种平台的轻松切换，节省了因适配不同操作系统对同款应用程序进行的重复开发成本。

（1）Windows 10 的版本

Windows 10 共有 7 个版本，分别介绍如下。

1）家庭版。该版本包含 Windows 10 的主要功能，面向 PC、平板电脑和 PC 平板二合一的用户。

2）专业版。该版本在家庭版基础上增添了数据保护和设备管理功能，支持远程和移动办公、更新部署控制。

3）企业版。该版本在专业版基础上提升了安全性和可靠性，提供了批量许可服务、长期服务分支和自动更新服务。

4）教育版。该版本以企业版为基础，主要面向学生和教育工作者。

5）移动版。该版本面向智能手机和小尺寸平板电脑等配置触控屏的小尺寸移动设备。该版本集成了相当于家庭版的通用应用，并优化了触控操作的 Office。

6）企业移动版。该版本以移动版为基础，面向企业用户，增设了批量许可服务和企业管理更新。

7）物联网版。该版本面向小型低价设备，主要针对物联网设备。

（2）Windows 10 的主要功能特点

1）"开始"菜单优化。结合了 Windows 8"开始"屏幕的特点，单击左下角的"开始"按钮，将在菜单左侧显示常用项目、文件资源管理器、设置、电源和应用列表，在菜单右侧显示应用磁贴和图标。

2）Microsoft Edge 浏览器。Windows 10 用 Microsoft Edge 浏览器取代了以往各个版本操作系统默认安装的 IE（internet explorer）浏览器。该浏览器新增了语音助手和全新阅读模式，提供了触控屏涂鸦功能，改善了用户的使用体验。

3）虚拟桌面与任务视图。和以往只允许有一个桌面的操作系统不同，Windows 10 允许用户创建多个虚拟桌面，每个桌面相互分隔，打开的应用只会出现在对应的桌面任务栏中，且多个桌面间可以快速切换，在视觉、使用和管理体验上得到优化提升。

4）生物识别。Windows 10 新增了一系列生物识别技术，包括指纹扫描、面部扫描和红魔扫描。

5）贴靠辅助。Windows 10 为用户提供了强大的分屏功能，除了将窗口拖到左右两侧时能够完成占比 1/2 的分屏操作，还能在将窗口拖到左上、左下、右上、右下四个角落时完成占比 1/4 的分屏操作。在完成一个窗口的分屏操作时，其余空间会显示其他开启应用的缩略图，以便用户完成其余空间的快速填充。

本章会对 Windows 10 专业版的基本操作、资源管理、控制面板与环境设置、任务管理和附件等进行介绍，如无特殊说明，此后提到的 Windows 均指 Windows 10 专业版操作系统。

### 2. Windows 10 的运行环境、安装和激活

（1）Windows 10 的硬件要求

- CPU：主频至少为 1GHz。
- 内存容量：至少为 1GB（基于 32 位 CPU）或 2GB（基于 64 位 CPU）。
- 硬盘容量：至少为 16GB（基于 32 位 CPU）或 20GB（基于 64 位 CPU）。
- 显示支持：带有图形驱动程序模型 1.0（Windows display driver model 1.0, WDDM 1.0）或更高版本的驱动程序的 DirectX 9 图形设备。

除了上述要求外，如需提供更多的功能，需要系统达到其他一些要求。例如，制作 CD/DVD，需要光驱；执行打印，需要 Windows 支持的打印机；对声音进行处理，需要声卡、耳机、传声器等输入/输出设备；连接网络，需要网卡或无线网卡等设备。

（2）Windows 10 的安装

安装前需确定计算机可安装的操作系统是 32 位还是 64 位，并准备好 Windows 10 系统光盘。安装步骤大致如下。

1）设置计算机为从光盘启动。

2）将安装盘插入光驱。

3）启动计算机，自动读取光盘。

4）按照 Windows 安装程序的提示，完成每步操作。

5）单击“接受”按钮，接受许可条款。

6）重新启动计算机，完成区域设置、键盘布局、创建账户和密码、设置系统时间等操作，进入 Windows 10 桌面。

（3）Windows 10 的激活

受版权要求，安装使用 Windows 10 需要产品激活密钥，用户须在 30 天内完成激活。可通过激活向导向微软公司提供产品激活密钥，微软公司验证通过后 Windows 会自动完成激活。

### 3. Windows 10 的启动与关闭

（1）Windows 10 的启动

启动 Windows 10 操作系统即启动计算机，首先确认外部设备电源都已打开，然后打开主机电源的开关；选择用户账户并输入账户密码；系统启动成功后，进入 Windows 10 桌面，如图 2-1 所示。

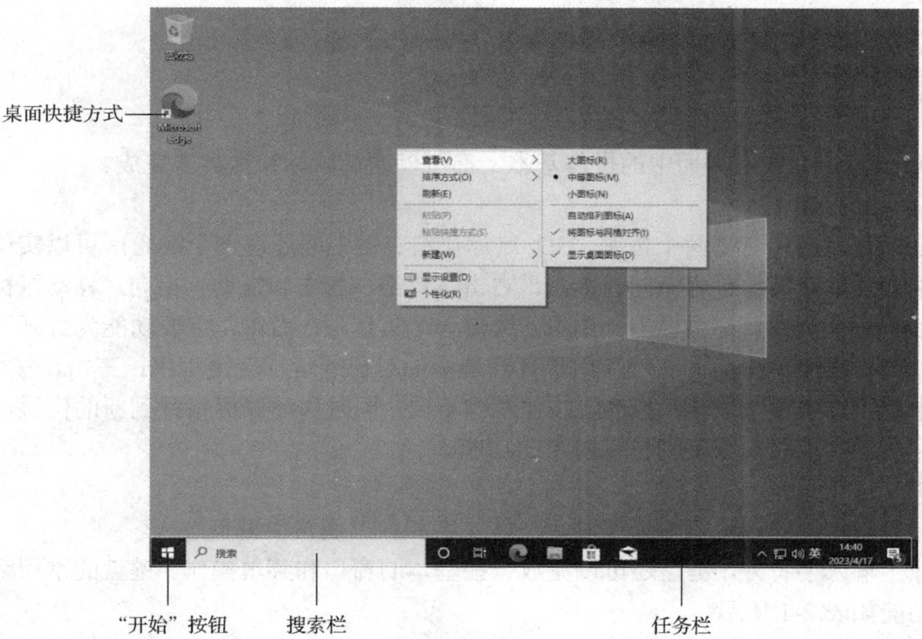


图 2-1　Windows 10 桌面

（2）退出 Windows 10 并关闭计算机

首先保存并关闭当前已打开的应用程序，以免造成数据丢失；然后单击左下角“开始”按钮→单击“电源”按钮→选择“关机”选项。

如果在关闭计算机时还有未保存的文件，系统会弹出一个列表界面，如图 2-2 所示，列表中的文件为未保存文件。如果用户想要保存文件，可以单击“取消”按钮，文件保存完毕后再继续关闭计算机操作；如果用户仍想关闭计算机，可以单击“仍要关机”按钮，直接关闭计算机。

图 2-2　关机前未关闭的文件名和程序名列表

### 2.3.2　Windows 10 基本操作

1. 鼠标和键盘

Windows 10 图形界面中的操作基本上都可以通过鼠标和键盘来完成。

（1）鼠标操作

鼠标有左键和右键两个按键，3D 鼠标在左右键中间还有一个滑轮，可以实现滑动条的滚动。鼠标操作包含指向、单击、右击、双击、三击和拖动。指向，移动鼠标，让光标处于一个具体目标位置上；单击，选定一个具体项；右击，主要功能为打开快捷菜单；双击，连续单击两次左键，用于打开选中的对象或运行应用程序；三击，在 Word 段落中用于选中整个段落；拖动，按住左键不放，同时移动鼠标指针到新的位置后释放左键，用于实现移动或复制目标对象的功能。

（2）键盘操作

键盘是常用的计算机输入工具，一些文字和数据通常由键盘录入。

除了输入字符外，键盘还可以完成一些基本的窗口和菜单操作。键盘的常用组合键及其功能如表 2-1 所示。

**表 2-1　键盘的常用组合键及其功能**

| 组合键 | 功能 | 组合键 | 功能 |
|---|---|---|---|
| Ctrl+C | 复制 | Ctrl+Z | 撤销 |
| Ctrl+V | 粘贴 | Ctrl+A | 全选 |
| Ctrl+X | 剪切 | Ctrl+S | 保存 |

续表

| 组合键 | 功能 | 组合键 | 功能 |
| --- | --- | --- | --- |
| Ctrl+Shift | 输入法切换 | Win+R | 打开“运行”对话框 |
| Ctrl+Space | 中英文切换 | Win+E | 打开“文件资源管理器”窗口 |
| Alt+Space | 打开控制菜单 | Win+D | 显示桌面 |
| Alt+F4 | 将当前窗口关闭 | Win+L | 锁定电脑屏幕 |
| Alt+Esc | 切换为上一应用程序 | Win/Ctrl+Esc | 打开“开始”菜单 |
| Alt+Tab | 切换窗口 | Win+I | 打开系统设置 |

### 2. 桌面、任务栏与“开始”菜单

（1）桌面

桌面是 Windows 10 操作系统终端虚拟化呈现的一个交互界面，用于接收和处理用户向操作系统发出的各种操作命令。刚完成安装的 Windows 10 操作系统，桌面仅有“回收站”图标和 Microsoft Edge 快捷方式图标。若要添加其他系统文件夹图标，可以将应用程序、文件或文件夹拖到桌面上，以便快速对其进行访问。

用户可以对桌面进行个性化设置，如图 2-3 所示，在桌面空白处右击→选择“个性化”命令→打开“设置”窗口。用户可以通过该窗口对桌面的背景、颜色、锁屏界面、主题等进行设置。

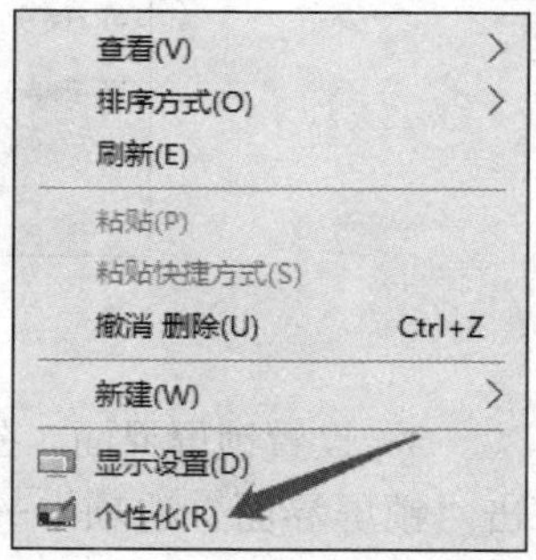


图 2-3　桌面快捷菜单

1）设置背景。在桌面空白处右击→选择“个性化”命令→打开“设置”窗口→单击“背景”选项卡→单击“背景”下拉列表框，选择背景样式，如图 2-4 所示。

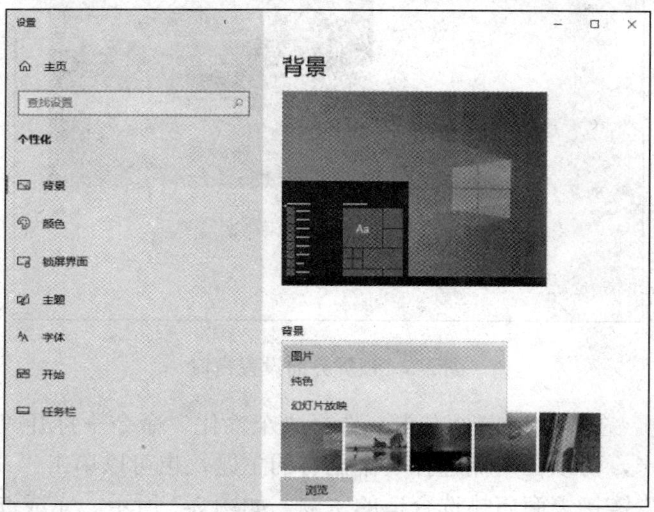


图 2-4　背景设置窗口

2）设置颜色。在桌面空白处右击→选择“个性化”命令→打开“设置”窗口→单击“颜色”选项卡→在右侧的颜色面板中选择一种颜色，如图 2-5 所示。

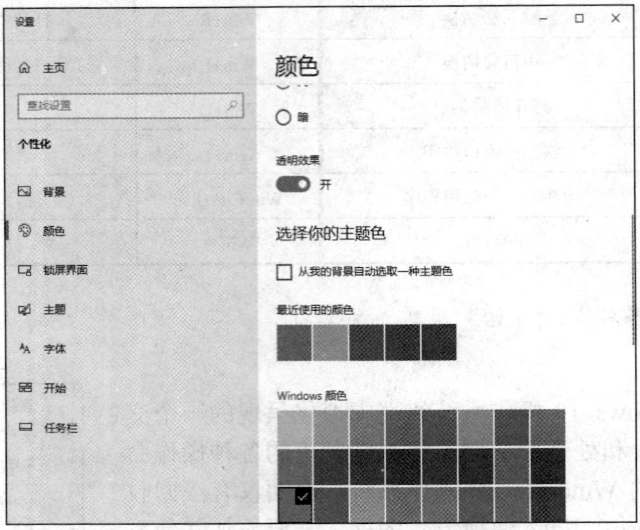


图 2-5　颜色设置窗口

3）设置锁屏界面。在桌面空白处右击→选择“个性化”命令→打开“设置”窗口→单击“锁屏界面”选项卡→单击“背景”下拉列表，选择锁屏背景，如图 2-6 所示。

图 2-6　锁屏界面设置窗口

4）设置主题。在桌面空白处右击→选择“个性化”命令→打开“设置”窗口→单击“主题”选项卡，可以在右侧选择一个已有的主题，也可以单击“在 Microsoft Store 中获取更多主题”链接去商店挑选合适的主题，如图 2-7 所示。完成选择后预览区会显示桌面效果，在预览区下方可以对“背景”“颜色”“声音”“鼠标光标”进行设置。

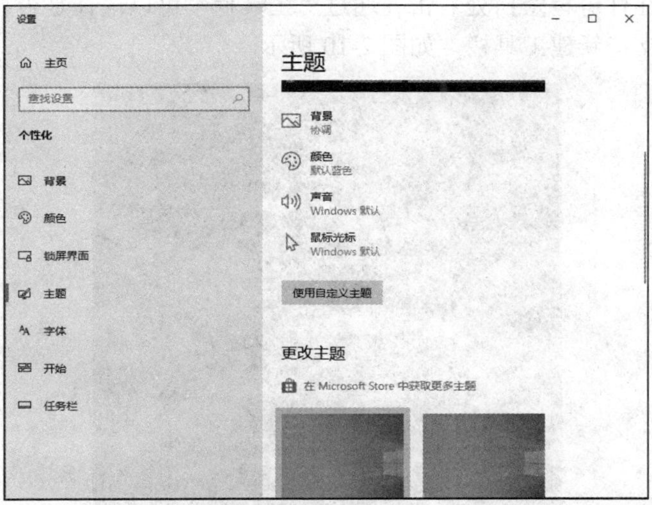


图 2-7　主题设置窗口

用户使用一段时间后，桌面上可能有多个图标存在，为了使桌面更整洁，可以对桌面图标进行按序排列。在桌面空白处右击→选择“排序方式”命令，用户可按照需要选择一种排序方式，如图 2-8 所示。

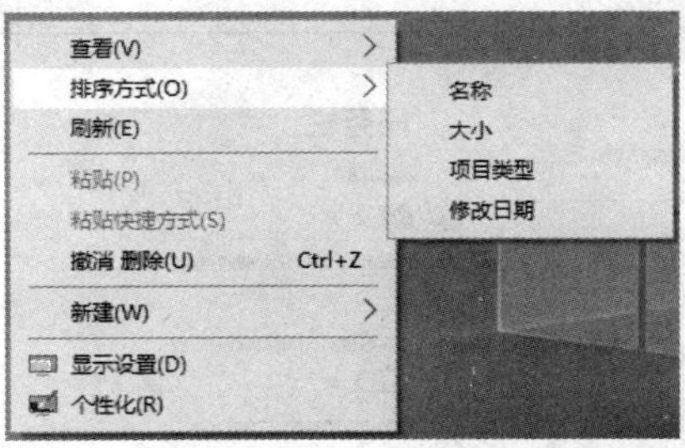


图 2-8　桌面排序方式快捷菜单

（2）任务栏

任务栏默认位于桌面的底端，包含“开始”按钮、搜索栏、快速启动区、活动任务区和系统区 5 个部分，如图 2-9 所示。单击“开始”按钮可以调出“开始”菜单；搜索栏可以对系统内容进行快速检索；快速启动区，单击该区域内的图标可以快速启动相应的程序，将要访问的程序的快捷方式拖到该区域可以添加相应图标，如果想删除该区域内的图标选项，可以在要删除的图标上右击→选择“从任务栏取消固定此程序”命令；系统区，一些在开机状态下常驻的项目会在该区域显示。

图 2-9　任务栏组成

相关设置：在任务栏空白处右击→通过“工具栏”可以选择是否显示地址、链接、桌面工具栏，并支持新建工具栏，如图 2-10 所示。

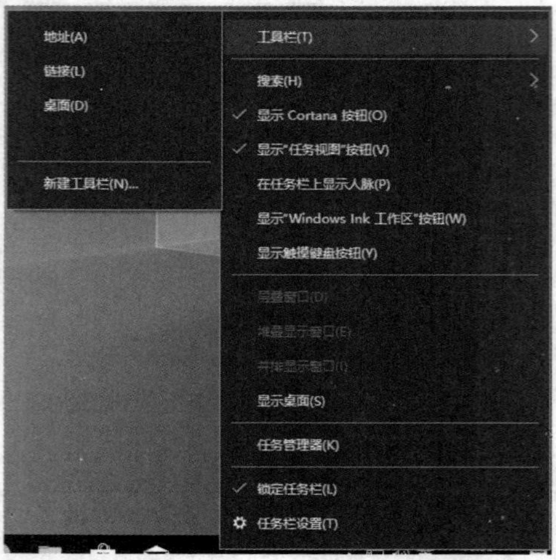


图 2-10　任务栏快捷菜单

在弹出的快捷菜单中选择“任务栏设置”命令，可在打开的窗口中对任务栏的相关属性进行设置，如图 2-11 所示。

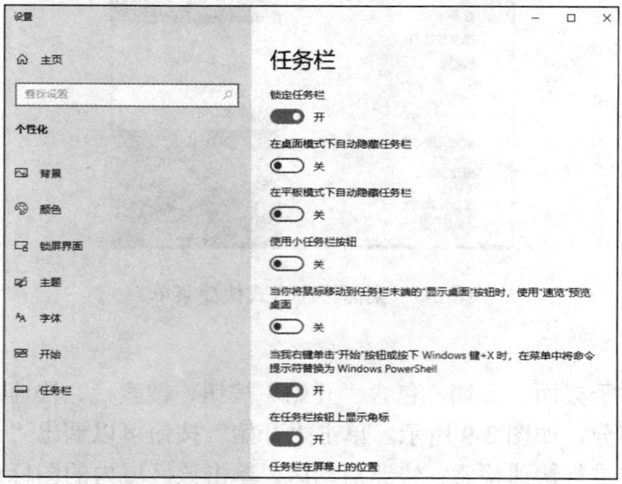


图 2-11　任务栏设置窗口

（3）“开始”菜单

Windows 10“开始”菜单结合了 Windows 7 和 Windows 8“开始”菜单的特点，单击任务栏左侧的“开始”按钮即可调出“开始”菜单，也可以按键盘上的 Win 键调出“开始”菜单；再按一次“开始”按钮、Win 键或单击“开始”菜单以外的区域可以取消“开始”菜单。“开始”菜单的样式如图 2-12 所示。

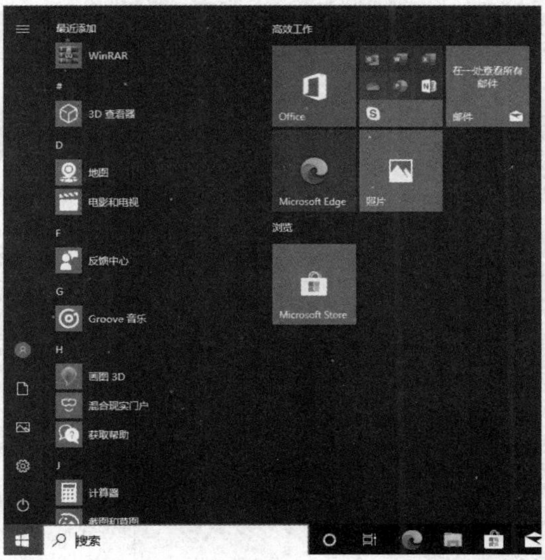


图 2-12 “开始”菜单

“开始”菜单左侧显示“用户”“文档”“照片”“设置”和“电源”5 个按钮，中间显示应用列表，右侧为磁贴区域。通过“电源”图标可以实现关机、睡眠和重启操作；单击“设置”按钮会打开“设置”窗口，如图 2-13 所示；应用列表按照字母 A～Z 进行排序，用户可以通过单击启动对应的应用程序或项目；用户可以自定义磁贴区，通过该区域快速查找信息。

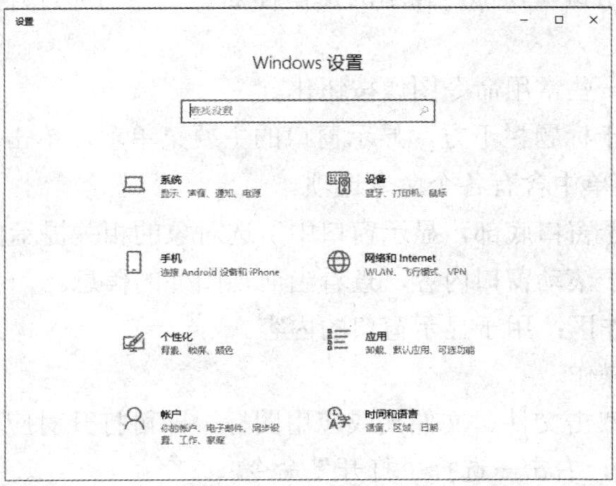


图 2-13 “设置”窗口

### 3. 窗口、对话框和菜单

（1）窗口

1）窗口的组成。窗口是在打开程序、文件或文件夹时，在屏幕上显示的一块矩形区域。在 Windows 中，大部分窗口由标题栏、工具栏、菜单栏、状态栏、滚动条、应用程序工作区几部分组成，如图 2-14 所示。

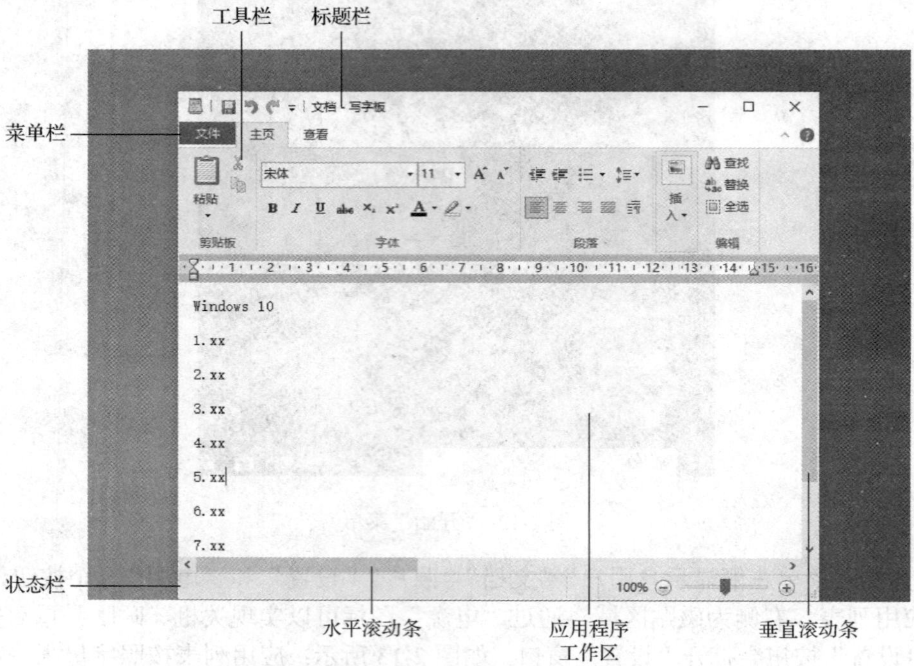


图 2-14　窗口组成

① 标题栏：位于窗口顶部，显示的窗口标题一般为当前打开的应用程序或文档的名称。

② 工具栏：将一些常用命令图像按钮化。

③ 菜单栏：位于标题栏下方，显示窗口的主要菜单项，单击菜单各选项，会打开对应的子菜单，子菜单中含有各个命令选项。

④ 状态栏：位于窗口底部，显示窗口中所选对象的相关提示信息。

⑤ 滚动条：用于滚动窗口内容，查看当前视图外的信息。

⑥ 应用程序工作区：用于显示窗口的内容。

2）窗口的基本操作。

① 打开窗口：双击文件、文件夹或应用图标，即可打开对应的窗口；或者将鼠标指向想要打开的图标，右击→选择“打开”命令。

② 关闭窗口：单击标题栏右上角的“关闭”按钮；双击控制菜单图标；单击控制菜单中的“关闭”按钮；单击“文件”选项卡→选择“关闭”命令；按 Alt+F4 组合键。

③ 移动窗口：将鼠标指向标题栏，按住鼠标左键不放，拖动鼠标到目标位置再释放鼠标左键；选择控制菜单中的“移动”命令，通过方向键移动窗口，按 Enter 键确定位置。

④ 缩放窗口：拖动窗口的任意边框或角可以调整窗口大小；也可以选择控制菜单

中的“大小”命令，通过方向键移动窗口边框，按 Enter 键确定边框位置。

⑤ 最大化：单击标题栏中的“最大化”按钮或选择控制菜单中的“最大化”命令。

⑥ 最小化：单击标题栏中的“最小化”按钮或选择控制菜单中的“最小化”命令。

⑦ 还原：当窗口处于最大化状态时，单击标题栏中的“还原”按钮（此时按钮上通常显示为“还原”而非“最大化”）或者选择控制菜单中的“还原”命令，都会实现“向下还原”的功能，即将窗口从最大化状态恢复到之前的大小和位置。

⑧ 切换窗口：单击任务栏上的“窗口”图标；按 Alt+Tab 组合键；单击非活动窗口的任何位置。

⑨ 层叠或平铺窗口：在任务栏空白处右击→选择“层叠窗口”命令可以使桌面打开的所有窗口按照层叠方式排列；选择“堆叠显示窗口”或“并排显示窗口”命令可以使桌面上打开的窗口横向或纵向分布在桌面上。

⑩ 智能分屏：将窗口拖动到左右两侧时能够完成占比 1/2 的分屏操作，将窗口拖动到左上、左下、右上、右下四个角落时能够完成占比 1/4 的分屏操作。

（2）对话框

1）对话框的组成。对话框是用于与用户交换信息的临时窗口，通常包含不同的选项卡，选项卡可由不同的功能部分组成，功能部分又可能包含文本框、选项按钮、选择框、下拉列表框、微调按钮、命令按钮等元素，如图 2-15 所示。

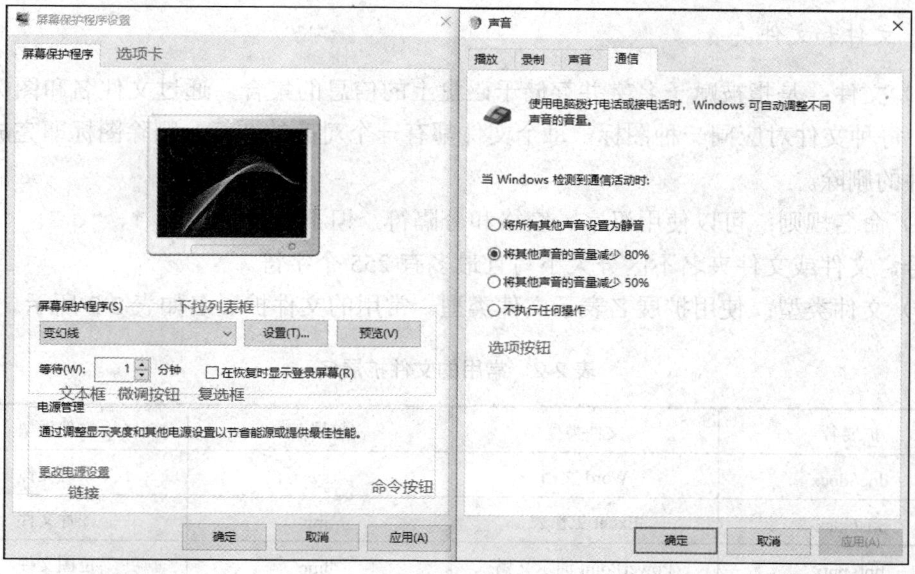


图 2-15 对话框的组成

2）对话框的相关操作。

① 将光标定位在文本框内，可对文本框中的内容进行修改。

② 单击下拉列表框右侧的箭头按钮，可以打开下拉列表，可在其中选择需要的选项。

③ 可通过选中单选按钮或单选按钮后的文字选定某选项。

④ 单击复选框选定该选项，再单击一下可取消选定。

⑤ 单击某个按钮将执行该按钮对应的命令。

⑥ 单击“取消”按钮、单击窗口的“关闭”按钮或按 Esc 键可以关闭对话框。

（3）菜单

1）菜单分类。Windows 中常用的菜单有“开始”菜单、应用程序菜单、快捷菜单等。“开始”菜单在前面已介绍；应用程序菜单是每个应用程序窗口特有的菜单；快捷菜单是对某个项目或区域右击时显示的菜单，如在任务栏上空白处右击，将显示任务栏的快捷菜单；下拉菜单隐藏在菜单条中，当某一个选项后有顶点向下的实心三角符号时，单击该选项可以调出子菜单。

2）菜单的基本操作。

① 菜单的相关表示：灰色代表该选项命令当前不可用；实心三角符号代表有子菜单；选项名称后带下划线字母表示可以通过按 Alt+带下划线字母执行对应的命令。

② 选择菜单项：单击要选择的菜单项；按 Alt 键激活菜单栏，移动光标键选择菜单命令，按 Enter 键确定执行。

③ 取消下拉菜单：按 Alt 键或单击菜单以外的区域即可取消。

### 2.3.3 资源管理

1. 文件和文件夹

1）文件：是指被赋予名字并存储于磁盘上的信息的集合，通过文件名和图标进行标识，每种文件对应同一种图标，每个文件都有一个对应的图标，删除图标即完成了对应文件的删除。

2）命名规则：可以使用汉字、空格和分隔符，但不能使用\、/、*、“、”、<、>、| 等符号，文件或文件夹名不区分大小写且最多有 255 个字符。

3）文件类型：使用扩展名表示文件类型。常用的文件扩展名如表 2-2 所示。

表 2-2 常用的文件扩展名

| 扩展名 | 文件类型 | 扩展名 | 文件类型 |
|---|---|---|---|
| .doc/.docx | Word 文档 | .sys | 系统文件 |
| .xls/.xlsx | Excel 工作表 | .jpg | 图片文件 |
| .ppt/.pptx | PowerPoint 演示文稿 | .bmp | 位图文件 |
| .zip/.rar | 压缩格式文件 | .wma | 音频文件 |
| .txt | 文本文件 | .avi | 视频文件 |
| .iso | 镜像文件 | .tmp | 临时文件 |
| .html | 网页 | .exe | 可执行文件 |

4）文件夹：以树形结构进行存储和管理，文件夹最高层为根文件夹，每个逻辑磁盘驱动器仅有一个根文件夹，文件夹内可以包含文件和子文件夹，子文件夹同样也可以包含文件和子文件夹。

2. Windows 资源管理器

通过 Windows 资源管理器可以直接或间接地对磁盘、文件、文件夹等资源进行管理。利用文件资源管理器，用户可以实现新建文件（夹）、移动或复制文件（夹）、删除或恢复文件（夹）、文件（夹）重命名等文件（夹）管理操作。

（1）打开文件资源管理器

方法一：通过按 Win+E 组合键打开“文件资源管理器”窗口。

方法二：打开“开始”菜单→单击“文件资源管理器”图标。

方法三：在“开始”菜单位置右击→选择“文件资源管理器”命令。

打开后的“文件资源管理器”窗口如图 2-16 所示。

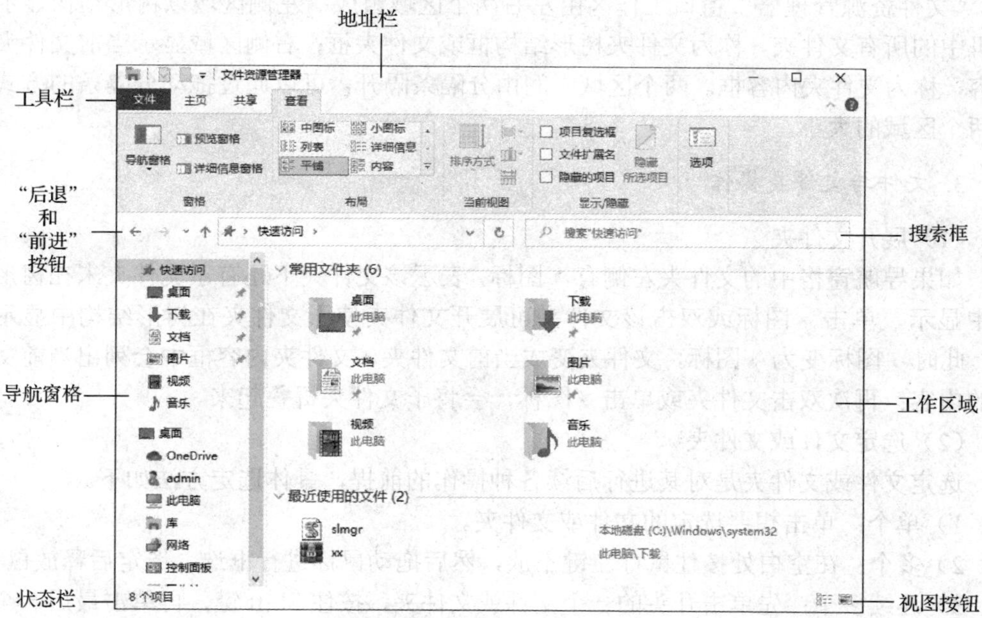


图 2-16 “文件资源管理器”窗口

（2）“文件资源管理器”窗口的组成

“文件资源管理器”窗口一般由以下元素组成：工具栏、导航窗格、预览窗格、“后退”和“前进”按钮、地址栏、搜索框、状态栏等。其主要部件及其功能如表 2-3 所示。

表 2-3 "文件资源管理器"窗口的主要部件及其功能

| 窗口部件 | 功能 |
|---|---|
| 工具栏 | 可以执行一些常见任务，如更改文件（夹）的外观、将文件刻录到光盘中 |
| 导航窗格 | 使用导航窗格可以访问库、文件夹、保存的搜索结果 |
| 预览窗格 | 使用预览窗格，可以查看大多数文件的内容 |
| "后退"和"前进"按钮 | 单击"后退"按钮返回至前一操作界面，单击"前进"按钮则执行与"后退"按钮相反的操作 |
| 地址栏 | 可以显示当前文件（夹）的完整路径，使用地址栏可以导航至不同的文件夹或库，或返回上一文件夹或库 |
| 搜索框 | 输入关键字，可查找满足条件的文件并进行高亮显示 |
| 状态栏 | 显示当前选中的文件或文件夹的一些相关信息 |

"文件资源管理器"窗口工作区由左右两个区域组成，左侧区域以树形结构显示计算机中的所有文件夹，称为文件夹树形结构框或文件夹框；右侧区域显示当前文件夹的内容，称为文件夹内容框。两个区域中间由分隔条隔开，可以通过拖动分隔条的方式调整两个区域的大小。

3. 文件与文件夹操作

（1）展开文件夹

如果导航窗格中的文件夹左侧有 › 图标，表示该文件夹下还有子文件夹未在树形结构中显示，单击 › 图标或双击该文件夹可展开文件夹使子文件夹在树形结构中显示出来，此时 › 图标变为 ⌄ 图标，文件夹变成当前文件夹，文件夹内容框中会列出当前文件夹的内容；再次双击文件夹或单击 ⌄ 图标，会将子文件夹折叠起来。

（2）选定文件或文件夹

选定文件或文件夹是对其进行后续各种操作的前提，具体选定方法如下。

1）单个：单击想要选定的文件或文件夹。

2）多个：在空白处按住鼠标左键不放，然后拖动鼠标进行框选，选定后释放鼠标。

3）连续多个：先单击开头的一个文件或文件夹，按住 Shift 键，再单击最后一个文件或文件夹。

4）非连续多个：按住 Ctrl 键，依次单击想要选定的文件或文件夹。

5）全部选择：按 Ctrl+A 组合键，或者单击"主页"选项卡中的"全部选择"按钮。

6）取消部分选择：按住 Ctrl 键，单击想要取消选定的文件或文件夹。

7）全部取消选择：单击文件内容框任意空白位置，或者单击"主页"选项卡中的"全部取消"按钮。

（3）新建文件或文件夹

1）在桌面新建。在桌面空白处右击→选择"新建"命令，然后在打开的子菜单中选择想要新建的文件夹或其他文件类型，如图 2-17 所示。若新建文件夹，则桌面上会生成一个名为“新建文件夹”的文件夹。

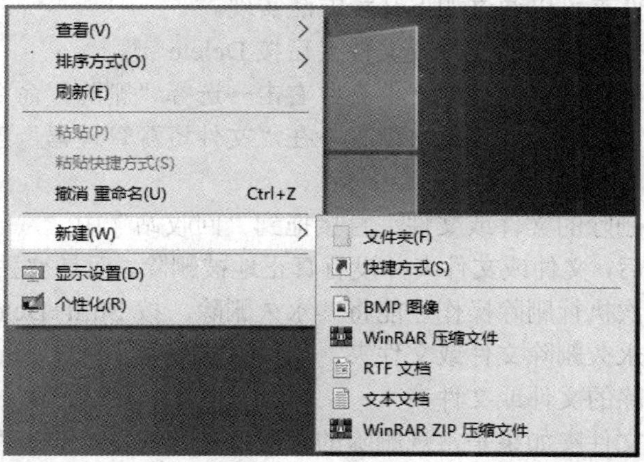


图 2-17 在桌面新建文件或文件夹

2）利用文件资源管理器在文件夹中新建。在左侧的导航窗格中选定文件夹→在右侧窗格空白处右击→选择“新建”命令，选定想要新建的项目。

3）在应用程序内新建。一般启动应用程序后会直接进入创建新文件的过程，也可以通过单击“文件”选项卡→选择“新建”命令来创建新文件。

（4）打开文件或文件夹

打开文件或文件夹有如下几种方法。

方法一：双击文件或文件夹的图标。

方法二：选中文件或文件夹并右击→选择“打开”命令。

方法三：选中文件或文件夹后，按 Enter 键。

方法四：在“文件资源管理器”窗口中选中文件或文件夹→单击窗口中的“文件”选项卡→选择“打开”命令。

（5）复制和移动文件或文件夹

复制是对文件或文件夹进行备份的行为，不影响原位置的文件或文件夹；移动是将文件或文件夹放置到其他位置，不保留原位置的文件或文件夹。复制和移动文件或文件夹可以通过如下几种方法实现。

方法一：选中文件或文件夹并右击→选择“复制”或“剪切”命令→定位到目标位置→在目标位置空白处右击→选择“粘贴”命令。“复制”“剪切”“粘贴”命令也可以直接用组合键 Ctrl+C、Ctrl+X、Ctrl+V 实现。

方法二：选中文件或文件夹→单击“主页”选项卡→选择“复制”或“剪切”命令→定位到目标位置→选择“主页”选项卡中的“粘贴”命令。

方法三：如果复制和移动的操作在同一个驱动器内进行，通过鼠标拖动源文件到目标位置默认是移动操作，当按住 Ctrl 键进行拖动时是复制操作。

方法四：如果复制和移动的操作在不同驱动器内进行，通过鼠标拖动源文件到目标位置默认是复制操作，当按住 Shift 键进行拖动时是移动操作。

（6）删除文件或文件夹

删除文件或文件夹可以通过如下几种方法实现。

方法一：选定想要删除的文件或文件夹后按 Delete 键。

方法二：选择要删除的文件或文件夹并右击→选择“删除”命令。

方法三：选定要删除的文件或文件夹→在“文件资源管理器”窗口中单击“主页”选项卡→选择“删除”命令。

方法四：将要删除的文件或文件夹直接拖到“回收站”中。

执行删除操作后，文件或文件夹并没有真正地被删除，而是被丢弃到“回收站”中，在“回收站”中再次执行删除操作才能将其永久删除。按 Shift+Delete 组合键可以不放入“回收站”直接永久删除文件或文件夹。

（7）恢复被删除的文件或文件夹

删除的文件或文件夹如果是常规删除的，可以进行恢复。双击“回收站”图标可以打开“回收站”窗口，如图 2-18 所示。选择想要恢复的文件或文件夹→单击“还原选定的项目”按钮；或者选定后右击→选择“还原”命令，即可恢复选定的文件或文件夹。如果想要将回收站中的所有对象都恢复，可以直接单击“还原所有项目”按钮。如果想要将回收站中的所有项目都删除，可以单击“清空回收站”按钮；或者在桌面上的“回收站”图标上右击→选择“清空回收站”命令，如图 2-19 所示。

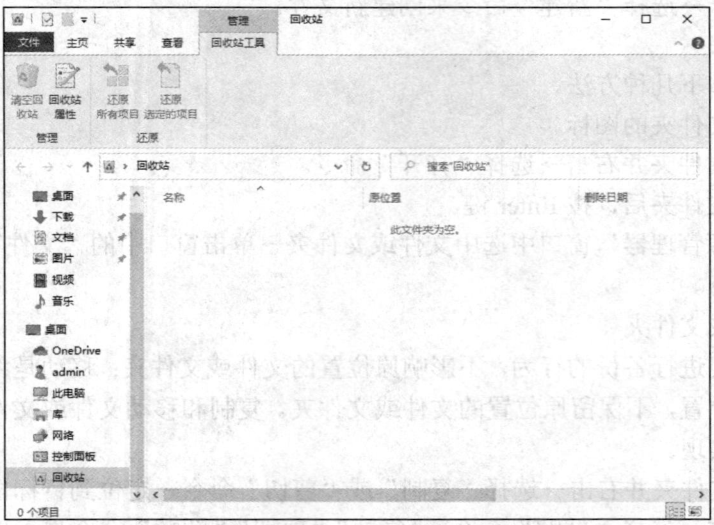


图 2-18 “回收站”窗口

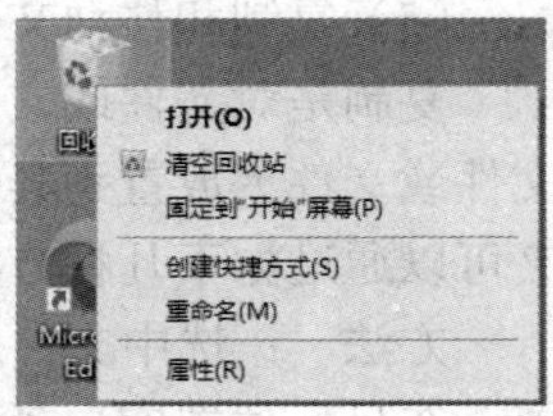


图 2-19 回收站快捷菜单

（8）重命名文件或文件夹

重命名文件或文件夹可以通过如下几种方法实现。

方法一：选定文件或文件夹→单击文件名或文件夹名，在原名上修改或删除后重新输入名称→按 Enter 键。

方法二：选定文件或文件夹并右击→选择“重命名”命令。

方法三：选定文件或文件夹后，按 F2 键。

(9）文件或文件夹属性

常见的文件或文件夹属性有系统、只读、隐藏、存档4种类型。

1）系统属性：系统文件具有系统属性，是操作系统的一部分，通常是隐藏的，无法被查看和删除。

2）只读属性：具有只读属性的文件只能被读取，不能被修改。

3）隐藏属性：表示该文件无法被看见，可以通过修改参数使其显示。

4）存档属性：用于文件的备份，提供给备份程序使用。

设置文件或文件夹属性：选定设置属性的对象并右击→选择“属性”命令→打开如图2-20或图2-21所示的对话框→选择要设置的属性→设置完成后单击“确定”按钮即可。

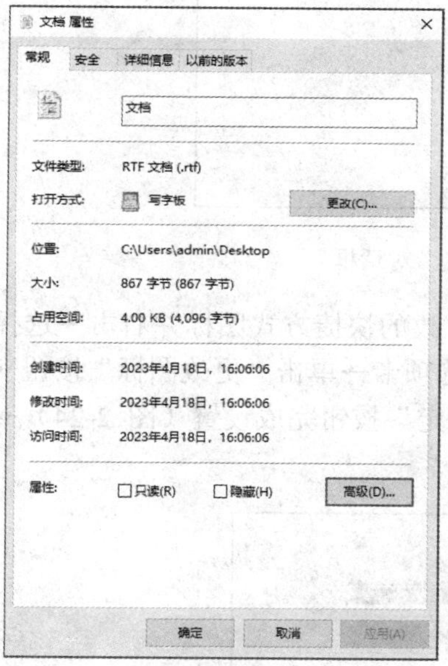


图2-20 “文档 属性”对话框

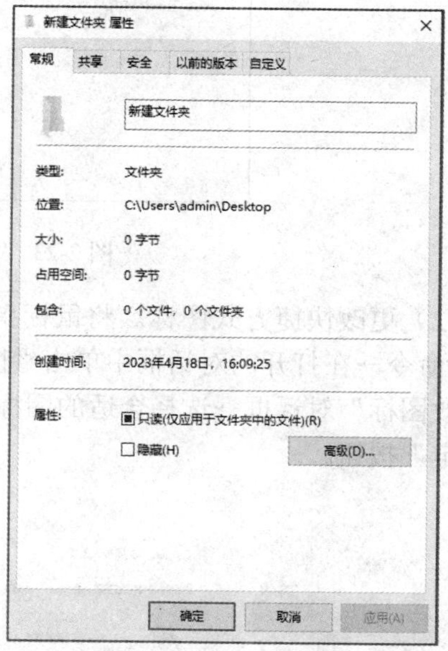


图2-21 “新建文件夹 属性”对话框

(10）创建快捷方式和更改快捷方式图标

快捷方式是指向应用程序、文件或文件夹的指针，双击快捷方式可以快速打开文件、文件夹或应用程序。删除快捷方式并不会对原始文件造成实际影响。原始文件和快捷方式通常由左下角的图标进行区分，如图2-22所示。

1）创建快捷方式。创建快捷方式可以通过如下几种方法实现。

方法一：选定对象并右击→选择“创建快捷方式”命令。

方法二：选定对象并右击→选择“发送到”命令→选择“桌面快捷方式”命令。

方法三：按住Alt键，将文件图标拖动到目标位置。

图2-22 文件图标与快捷方式图标

方法四：在桌面空白处右击→选择“新建”命

令→选择“快捷方式”命令→打开“创建快捷方式”对话框（图 2-23）→单击“浏览”按钮→选择对象→单击“确定”按钮→单击“下一步”按钮→输入快捷方式的名称→单击“完成”按钮。

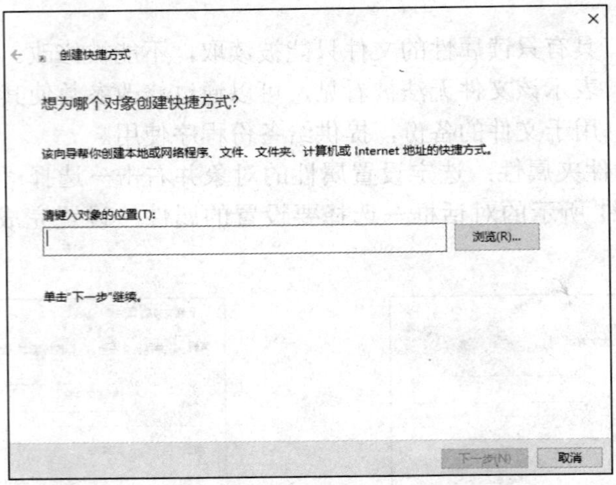


图 2-23 “创建快捷方式”对话框

2）更改快捷方式图标。将鼠标指针指向要更改的快捷方式图标并右击→选择“属性”命令→在打开的对话框中单击“快捷方式”选项卡→单击“更改图标”按钮→打开“更改图标”对话框→选择合适的图标后单击“确定”按钮完成设置（图 2-24）→单击“确定”按钮。

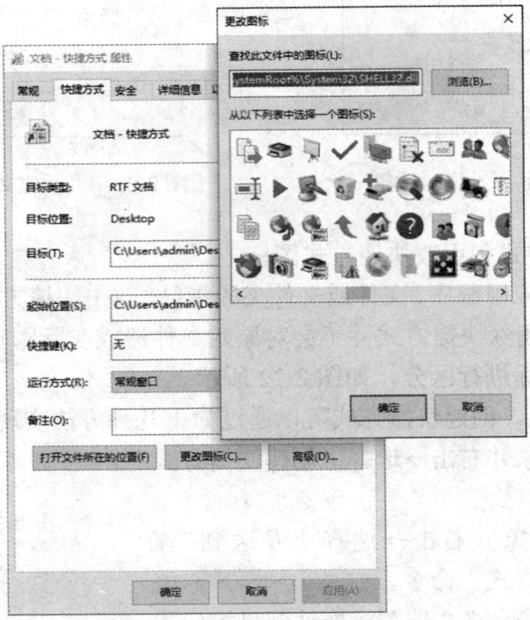


图 2-24 更改快捷方式图标

（11）搜索文件或文件夹

搜索功能可以使用户高效搜索文件或文件夹，搜索的具体操作步骤如下。

1）打开“文件资源管理器”窗口，在导航窗格中找到要搜索的位置。

2）在搜索框中输入关键字进行搜索。关键字可使用文件名通配符“*”和“？”，“*”代表任意一串字符，“？”代表任意单个字符。

搜索结果还可以通过“搜索”选项卡“优化”选项组中的命令进行条件筛选。若要搜索文件内容，在“搜索”选项卡的“选项”选项组中，打开“高级选项”下拉菜单→选择“文件内容”命令。

（12）查看方式和排序方式

查看文件或文件夹时，为了提高浏览效率可以调整文件的查看方式和排列方式。

1）更改查看方式。

方法一：如图 2-25 所示，用户可以单击“查看”选项卡→在“布局”选项组中选择一种合适的查看方式。

方法二：在右侧窗格空白处右击→选择“查看”命令→在打开的子菜单中选择一种合适的查看方式，如图 2-26 所示。

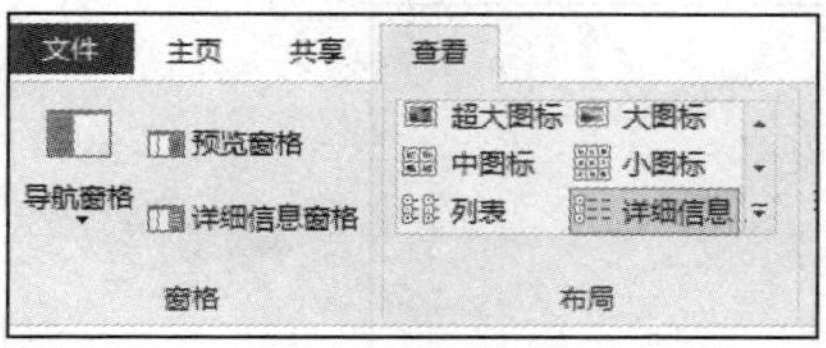


图 2-25 “查看”选项卡

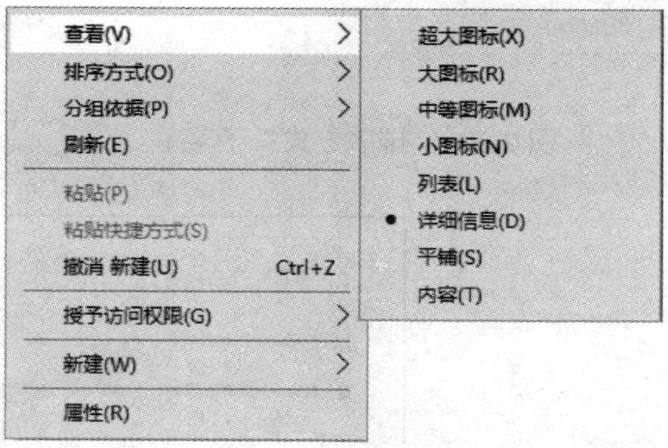


图 2-26 “查看”子菜单

2）更改排列方式。

方法一：单击“查看”选项卡→选择“排序方式”命令→在打开的子菜单中选择一种合适的排序方式。

方法二：在右侧窗格空白处右击→选择“排序方式”命令，在打开的子菜单中选择一种合适的排序方式，如图 2-27 所示。

（13）共享文件夹

选定要共享的文件夹并右击→选择“属性”命令→打开“新建文件夹 属性”对话框→单击“共享”选项卡→单击“共享”按钮，如图 2-28 所示→在打开的对话框中单击﹀图标打开下拉列表，选择想要共享的用户→单击“添加”按钮，如图 2-29 所示→添加用户后可以调整用户的权限级别，设置完成后，单击“共享”按钮。

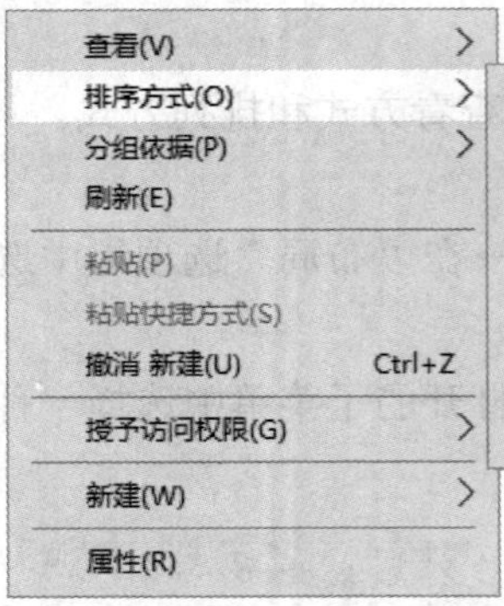


图 2-27 “排序方式”子菜单

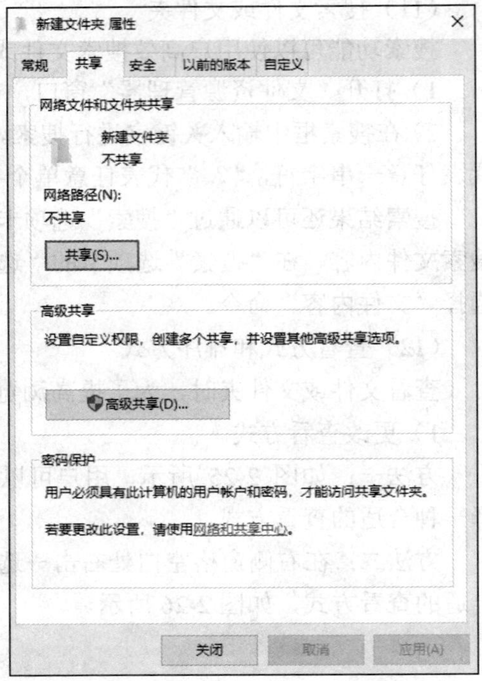


图 2-28 “新建文件夹 属性”对话框

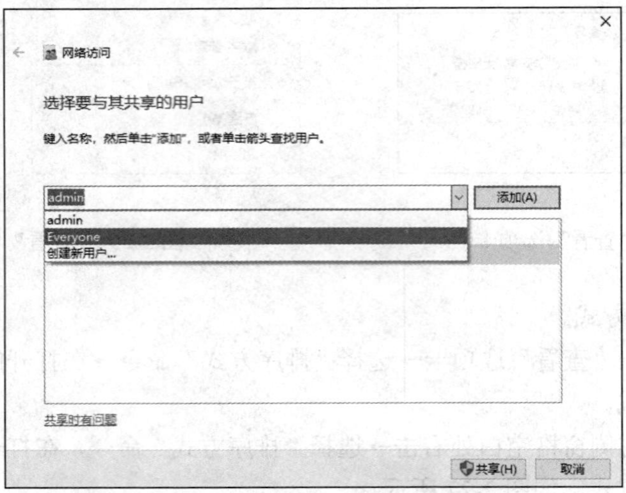


图 2-29 共享用户设置

（14）压缩与解压缩文件或文件夹

为节省文件占用的磁盘空间、便于远程传输，通常需要用户对一些文件或文件夹进行压缩处理。常用的压缩软件有 WinRAR、好压和 WinZIP 等。本节以 WinRAR 为例展开介绍。

1）压缩文件或文件夹。

制作压缩包：选中想要压缩的对象并右击→选择“添加到*.rar”命令，如图 2-30 所示，完成后会在当前位置生成扩展名为.rar 的压缩包。

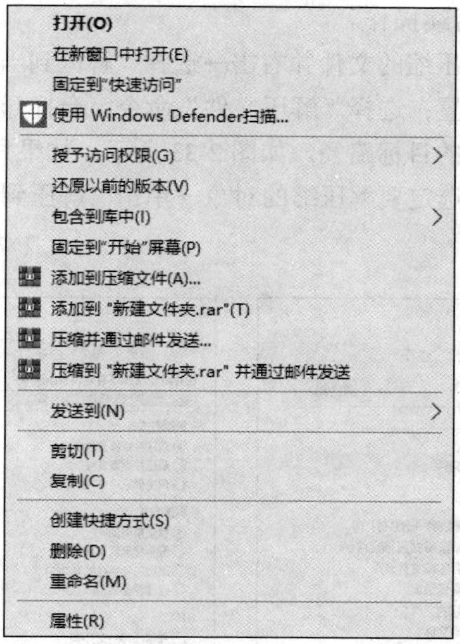


图 2-30　添加压缩文件

在已有的压缩包中添加文件：双击打开已有的压缩包→单击“添加”按钮→在打开的对话框中选择想要添加的文件→单击“确定”按钮完成添加，如图 2-31 所示。

图 2-31　在已有压缩包中添加文件

设置解压缩密码：选中想要压缩的对象并右击→选择“添加到压缩文件”命令→打开如图 2-32 所示的对话框→单击“设置密码”按钮可以进行密码设置。

2）解压缩文件或文件夹。用户从网络上下载的资料和工具通常是压缩文件，需要进行解压缩才能进行后续操作。

将鼠标指针指向要解压缩的文件并右击→选择“解压到当前文件夹”命令，会将整个压缩包解压缩到当前位置；选择“解压文件”命令，会打开“解压路径和选项”对话框，在此可以设置解压缩的目标路径，如图 2-33 所示；如果只是想要解压缩部分内容，可以双击打开压缩包后，选定要解压缩的对象→单击“解压到”按钮→选择目标路径后单击“确定”按钮。

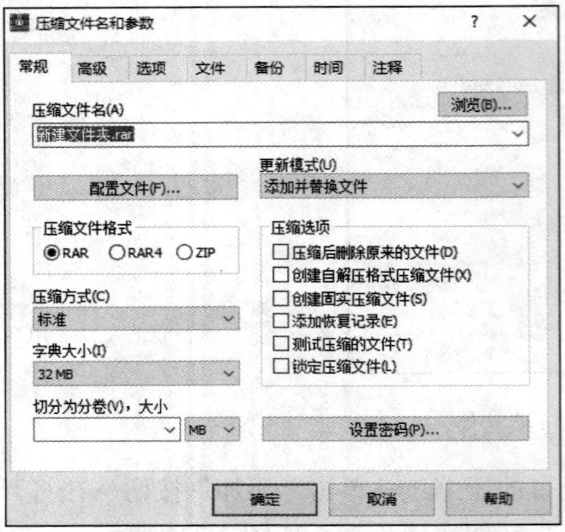


图 2-32 “压缩文件名和参数”对话框

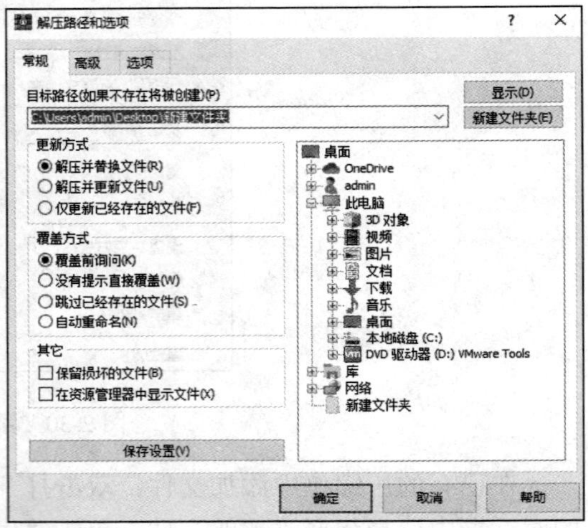


图 2-33 解压缩文件或文件夹

#### 4. 磁盘管理

打开“此电脑”或“文件资源管理器”窗口→选择想要操作的盘符后右击→选择“属性”命令→打开“属性”窗口。该窗口包含 7 个选项卡，如图 2-34 所示。通过“常规”选项卡可以了解磁盘的类型、文件系统、容量和空间使用情况等信息，单击“磁盘清理”按钮可以打开磁盘清理窗口，在此可以选择文件进行清理；在“文件资源管理器”窗口中选择对应的盘符→单击窗口上方的“管理”选项卡→单击“清理”按钮，如图 2-35 所示，也可以打开磁盘清理窗口。

单击“工具”选项卡→单击“检查”按钮可以进行磁盘扫描，单击“优化”按钮或图 2-35 中的“优化”按钮可以进行磁盘碎片整理。

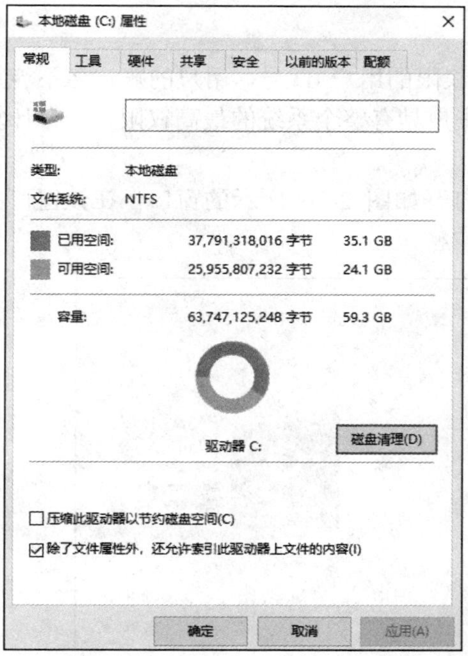


图 2-34 磁盘属性窗口

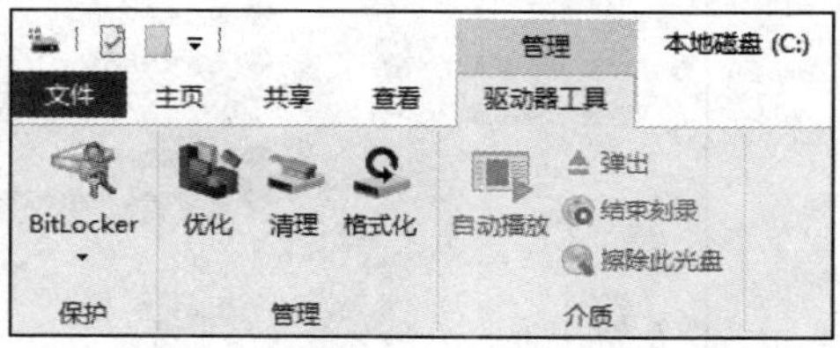


图 2-35 磁盘管理菜单栏

### 2.3.4 控制面板与设置

1. 控制面板简介

Windows 控制面板包含了大部分的软硬件配置程序并能够完成绝大多数的参数设置、系统设置与控制。打开控制面板可以通过如下几种方法实现。

方法一：打开“开始”菜单→打开“Windows 系统”菜单→选择“控制面板”命令。

方法二：在搜索栏中输入“控制面板”，选中搜索结果中的“控制面板”。

方法三：在“开始”菜单图标上右击→选择“搜索”命令→在搜索框中输入“控制面板”→选中搜索结果中的“控制面板”→单击右侧的“打开”按钮。

方法四：按 Win+R 组合键进入“运行”界面→输入“control”→单击“确定”按钮或按 Enter 键。

方法五：在“开始”菜单中打开“设置”窗口或按 Win+I 组合键打开“设置”窗口→在搜索框中输入“控制面板”→单击搜索框下方的筛选结果或按 Enter 键进行搜索→选中搜索结果中的“控制面板”。

打开控制面板时一般查看方式默认为“类别”，可以单击“查看方式”下拉列表框选择“小图标”选项查看全部设置选项。

2. 用户账户

Windows 10 操作系统账户为具有某些系统权限的用户 ID 号，用户的账户名不能重复。不同的账户对应的系统权限不同，管理员账户具有整个系统的最高权限，一台计算机上至少有一个管理员账户。

打开控制面板→单击“用户帐户”图标，打开如图 2-36 所示的窗口，在该窗口中可以创建账户、更改账户名称和类型、管理账户密码。

图 2-36 “用户帐户”窗口

通过图 2-36 中的“管理其他帐户”按钮可以创建新用户，也可以选择已有账户后，对其进行删除操作或对其名称、密码、类型进行修改。

3. 常见硬件设备的添加与属性设置

（1）添加常见硬件设备

一般情况下，当把新硬件设备连接到计算机时，系统会自动安装驱动程序；如果不能自动完成安装则需要用户手动安装，如设备配有安装光盘或在网上能够下载到安装程序时，可以手动进行安装；如果提供了非自动安装的驱动程序，可以打开控制面板中的“设备管理器”项，如图 2-37 所示→单击“操作”选项卡→选择“添加过时硬件”命令，在打开的对话框中单击“下一步”按钮→选择“安装我手动从列表选择的硬件（高级）”单选按钮，然后按照向导选择硬件的类型和驱动程序相关信息，完成安装。

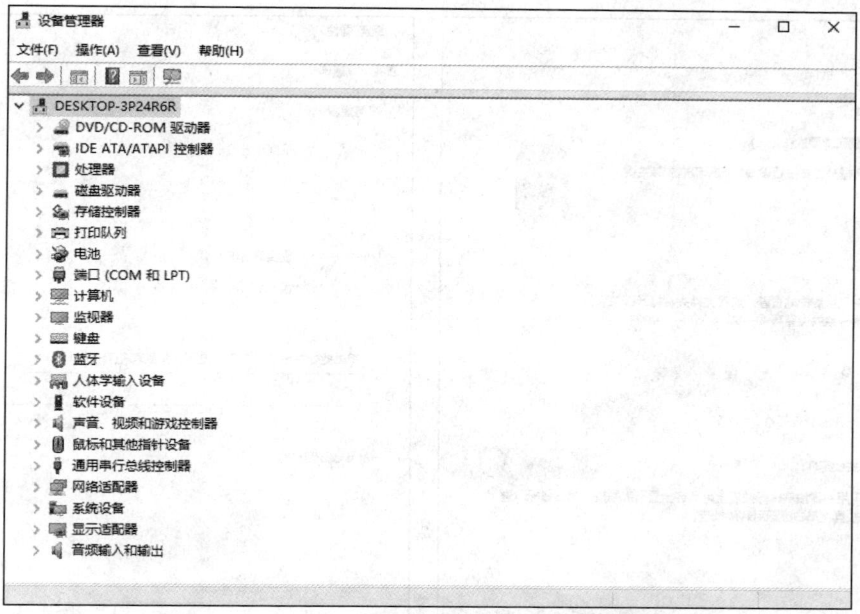


图 2-37 “设备管理器”窗口

（2）鼠标属性设置

打开控制面板中的“鼠标”项，可以发现打开的对话框中共有“鼠标键”、“指针”、“指针选项”、“滚轮”和“硬件”5 个标签页，如图 2-38 所示。各个标签页说明如下。

鼠标键：可以切换主要和次要按钮，设置双击的速度和是否启用单机锁定功能。

指针：可以选择不同的鼠标指针方案。

指针选项：支持调节鼠标指针在屏幕上的移动速度和是否显示指针轨迹。

滚轮：设置滚轮每次垂直滚动时所滚动的行数，设置滚轮每次水平滚动时一次滚动显示的字数。

硬件：对鼠标进行硬件和驱动程序方面的管理。

（3）键盘属性设置

打开控制面板中的“键盘”项，可以在打开的对话框中设置按键反应速度和文本光标的闪烁频率，如图 2-39 所示。

（4）打印机管理

打开控制面板中的“设备和打印机”项，此时进入如图 2-40 所示的界面，在此可以通过单击“添加设备”或“添加打印机”按钮将新的设备或新的打印机添加到计算机中。在“打印机”下的设备上右击，可以选择执行“查看现在正在打印什么”“设置为默认打印机”“打印首选项”“打印机属性”等命令，如图 2-41 所示。

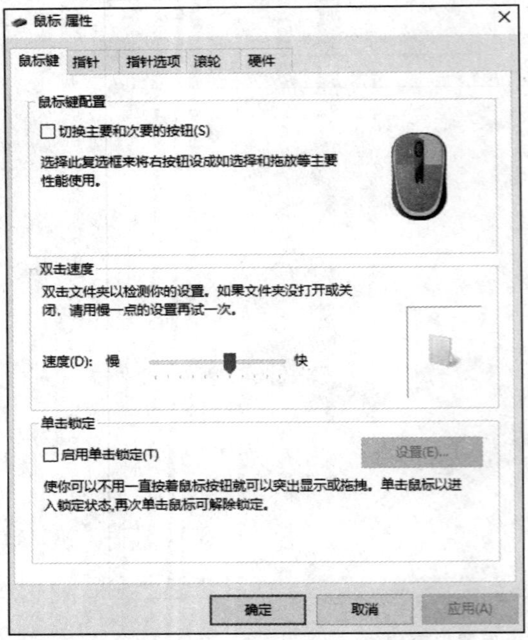


图 2-38 鼠标属性设置

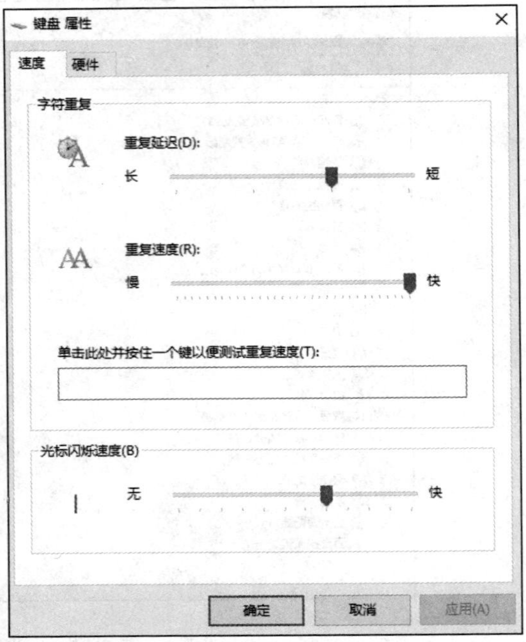


图 2-39 键盘属性设置

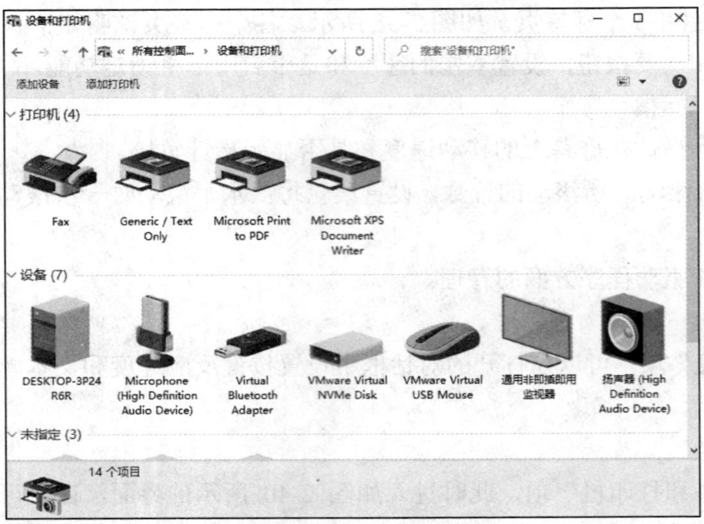


图 2-40 “设备和打印机”窗口

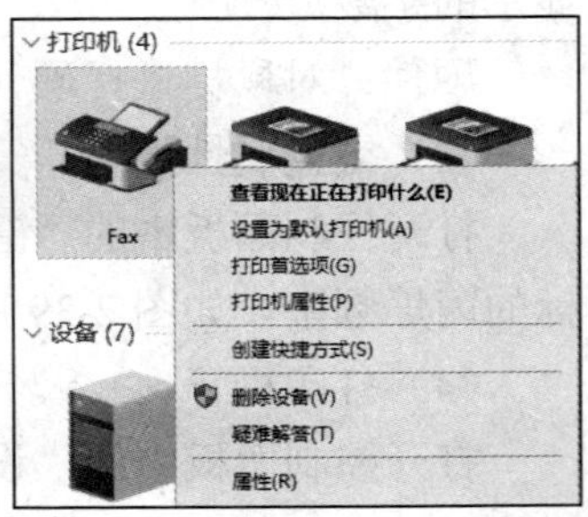


图 2-41 “打印机”快捷菜单

4. 卸载或更改程序

1）在“开始”菜单中找到目标程序并右击→选择“卸载”命令。

2）打开控制面板→单击“程序”链接→单击“程序和功能”链接→打开“程序和功能”窗口→找到并选中目标程序→单击“卸载/更改”按钮，按照引导完成操作，如图 2-42 所示。

图 2-42 卸载或更改程序

5. 系统日期和时间

当用户有更改时间的需要或计算机显示时间存在误差时，可以打开控制面板中的“日期和时间”项，完成对日期、时间、时区的修改；也可以将鼠标指针指向“任务栏”右侧的时间图标并右击→选择“调整日期/时间”命令，在打开的“日期和时间”设置窗口中进行修改。

6. 输入法

（1）添加输入法

对于非系统自带的输入法，在网络上下载安装包后，双击运行安装程序，然后按照引导一步步完成安装即可；对于系统自带的输入法，可以按 Win+I 组合键或者在“开始”菜单中打开“设置”窗口→单击“时间和语言”选项卡→单击左侧窗格中的“语言”选项卡→单击右侧“中文（中华人民共和国）”下方的“选项”按钮，如图 2-43 所示→单击“键盘”下的“添加键盘”按钮，然后选择想要添加的输入法。

（2）输入法的切换与删除

切换：按 Ctrl+Shift 组合键可以在不同输入法之间进行切换。

删除：按 Win+I 组合键或者在“开始”菜单中打开“设置”窗口→单击“时间和语言”选项卡→单击左侧窗格中的“语言”选项卡→单击右侧“中文（中华人民共和国）”下方的“选项”按钮→选中“键盘”下想要删除的输入法，单击“删除”按钮。

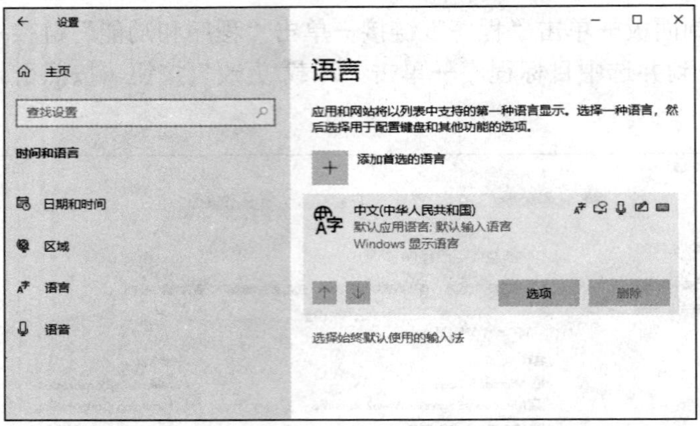


图 2-43 设置输入法

## 2.3.5 任务管理器

### 1. 任务管理器简介

（1）任务管理器的作用

任务管理器提供了当前计算机运行的程序和进程（包含性能在内）的一些相关信息，其工作界面提供了“文件”“选项”“查看”3 个菜单项，菜单项下方还有“进程”“性能”“应用历史记录”“启动”“用户”“详细信息”“服务”7 个标签页。其中，“进程”标签页显示当前运行的应用名称、后台进程名称和 Windows 进程名称，同时会显示进程和应用程序 CPU、内存、磁盘和网络等资源的占用情况，如图 2-44 所示；在“性能”标签页中可以查看详细的数据和图形，如图 2-45 所示。

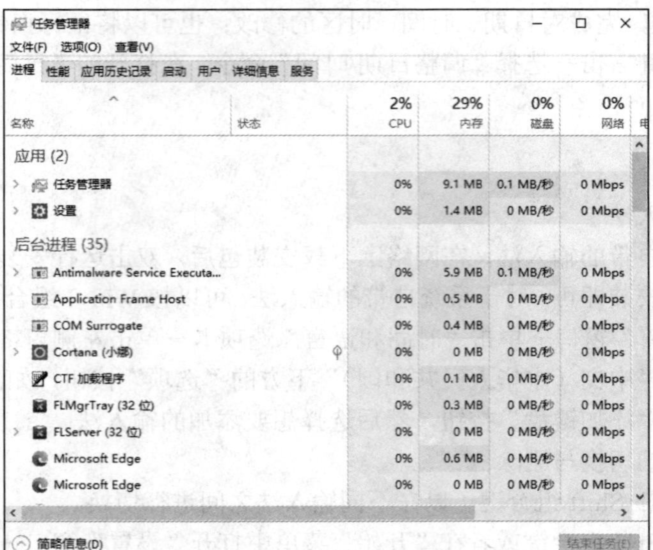


图 2-44 “进程”标签页

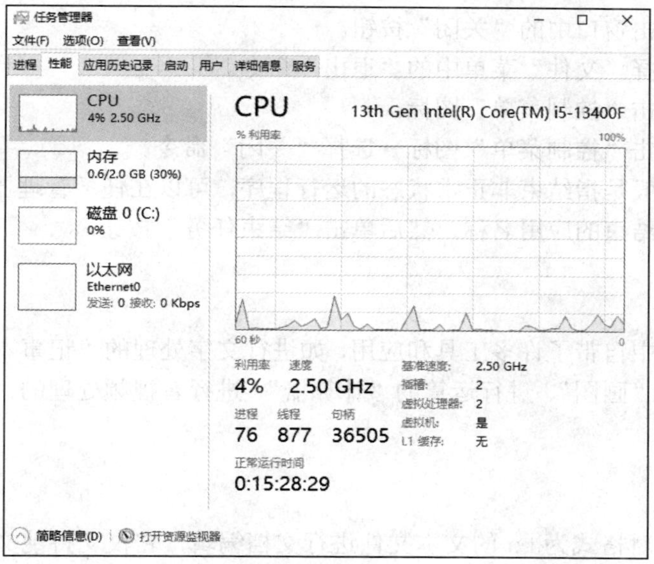


图 2-45 “性能”标签页

（2）任务管理器的打开

方法一：在任务栏空白处右击→选择“任务管理器”命令。

方法二：按 Win+R 组合键→在打开的“运行”窗口中输入“taskmgr”或“taskmgr.exe”→单击“确定”按钮或者按 Enter 键。

方法三：按 Ctrl+Alt+Delete 组合键→单击界面中的“任务管理器”按钮。

2. 应用程序的相关操作

（1）应用程序的启动

方法一：单击“开始”菜单中或其子菜单中或桌面上或任务栏中或文件夹中的应用程序图标，或对应的快捷方式。

方法二：按 Win+R 组合键，打开“运行”对话框→输入想要打开的程序名称→单击“确定”按钮或者按 Enter 键。

方法三：在搜索栏中输入想要打开的程序名称，在给出的查找结果选中对应的程序。

方法四：在任务管理器“启动”标签页中右击→选择“打开文件所在的位置”命令→双击应用程序。

（2）任务程序之间的切换

按 Alt+Tab 组合键或在任务管理器“应用程序”标签页中选择要切换的应用程序，单击“切换”按钮，即可实现任务程序之间的切换。

（3）关闭应用程序和结束任务

正常关闭一个应用程序可以采用如下几个方法。

方法一：按 Alt+F4 组合键。

方法二：单击窗口中的“关闭”按钮。

方法三：选择“文件”菜单中的“退出”命令。

方法四：双击“控制菜单”图标。

方法五：单击“控制菜单”图标→选择“关闭”命令。

结束任务一般是指结束非正常状态的运行程序，可以在任务管理器的“进程”标签页下选择需要被结束的应用名称，然后单击“结束任务”按钮。

### 2.3.6 附件

系统和附件中自带了许多工具和应用，如进行文字处理的“记事本”和“写字板”、进行图片编辑的“画图”、进行运算的“计算器”、进行音视频处理的“录音机”和“媒体播放器”。

1. 记事本

记事本可以对格式为.txt 的文本文件进行文档编辑，它仅支持纯文本，无法保存文字的字体、颜色、字号等属性格式，常被用来编写网页和编写程序。

打开“开始”菜单→单击“Windows 附件”下的“记事本”图标，即可进入记事本界面。

2. 写字板

相较于记事本，写字板的功能更强大，不仅能够处理.txt、.docx 和.odt 格式的文件，还可以进行复杂格式的文本处理并支持图形和表格的操作。

打开“开始”菜单→单击“Windows 附件”下的“写字板”图标，打开如图 2-46 所示的界面。写字板的主要功能展示于界面上方。

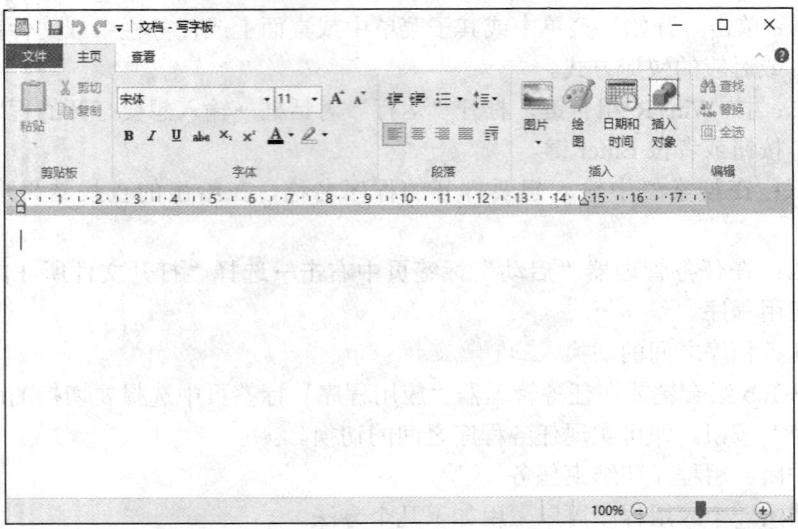


图 2-46 “写字板”工作界面

3. 画图

打开“开始”菜单→单击“Windows 附件”下的“画图”图标，即可进入“画图”工作界面，如图 2-47 所示。

图 2-47 “画图”工作界面

界面最上方是快速访问工具栏，默认有“保存”、“撤销”和“重做”3 个工具，也可以通过右侧的“自定义快速访问工具栏”自行修改快速访问工具栏。快速访问工具栏下方有“文件”“主页”“查看”3 个选项卡。“文件”选项卡可以实现新建、打开、保存、另存为、打印、查看属性等操作。“主页”选项卡包含许多画图工具，并能实现对图像的一些基本操作，在此可以对图像进行剪切、复制、粘贴、裁剪、旋转、重新调整大小，还拥有辅助选择框；为用户提供多种笔刷和图形形状，支持对线条粗细和颜色的调整。“查看”选项卡包含“缩放”“显示或隐藏”“显示”3 个部分。

4. 计算器

打开“开始”菜单→在字母 J 下找到“计算器”图标，单击打开计算器，打开后默认为标准计算器。计算器支持日常加减乘除等简单计算，如果想要进行一些较为复杂的运算，可以单击左侧的≡图标，选择科学计算器，还可以通过该图标选择货币、容量、长度转换器；同时，计算器还具有进制转换、绘图、日期计算等功能。

5. 录音机

打开“开始”菜单→在字母 L 下找到“录音机”，单击打开录音机。

单击图标开始录制音频，录制过程中单击Ⅱ按钮暂停录制，单击按钮添加标记。单击图标后完成录制，录制完成后界面会显示当前的文件列表，选中音频文件进入如图 2-48 所示的界面，在此可以使用下方的工具对音频进行共享、裁剪、删除和重命名，录制的文件为.wav 格式。

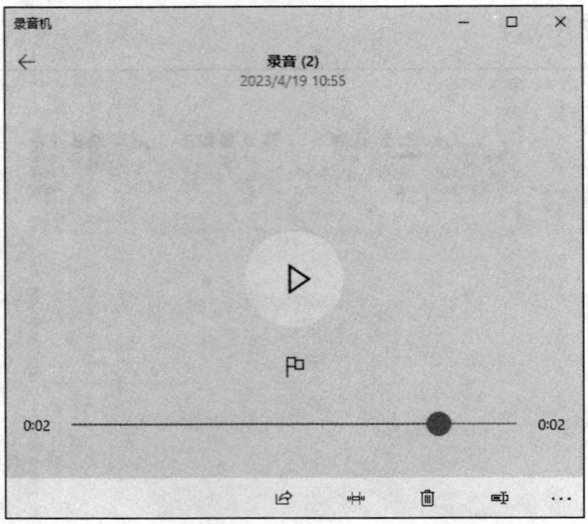


图 2-48 “录音机”工作界面

6. 媒体播放器

打开“开始”菜单→单击“Windows 附件”下的“Windows Media Player”图标，即可进入“媒体播放器”工作界面。

媒体播放器支持大多数的主流多媒体文件格式，可以通过 Windows Media Player 播放 CD、DVD 等数字媒体文件，同时支持刻录 CD 音乐和同步文件。

# 第3章 WPS文字处理软件

【技能目标】

1）掌握 WPS Office 首页的导航和使用，熟悉 WPS 文字的特色功能。熟悉 WPS 文字的界面布局。

2）学会文档的录入和编辑技巧，掌握文档编辑高级功能的使用。

3）学习文字和页面的排版技巧，掌握排版工具的使用。

4）学会创建和编辑表格，掌握表格数据的组织和管理。

5）学会在文档中插入和编辑图片、图形、关系图、形状和文本框，掌握图形及图片的排版和布局。

6）掌握文档视图的切换和使用，学习文档的基本管理方法。

7）学会使用自动生成目录、文档审阅与修订、文档检查、文档安全、邮件合并和打印文档等功能。

【思政育人目标】

1）培养学生对国产软件的认识和自豪感。

2）强调自主创新的重要性。

WPS 文字是 WPS Office 2019 办公软件的核心组件之一，具有强大的文字处理功能。WPS 文字不仅支持文字处理、表格设计、图文混排，而且提供了各种文档输出格式及打印功能。

## 3.1 认识 WPS Office

### 3.1.1 WPS Office 首页

WPS Office 是由北京金山办公软件股份有限公司自主研发的一套办公软件，是一套兼容、开放、高效、安全并极具中文本土化优势的办公软件，可以实现办公软件常用的文字、表格、演示、PDF 阅读等多种功能。

打开 WPS Office 2019，首先看到的便是 WPS 首页，其整合了多种服务的入口，是用户工作的起始页。

WPS 首页功能区主要分为六大区域，分别是全局搜索框、设置、账号、主导航、文件列表、文档详情面板，如图 3-1 所示。

图 3-1 WPS 首页功能区

### 3.1.2 WPS Office 特色功能

1）兼容免费。WPS Office 个人版对个人用户永久免费，包含 WPS 文字、WPS 表格、WPS 演示三大功能模块，另外还提供了 PDF 阅读功能模块。

2）云办公。只需一个账号，就可以随时随地阅读、编辑和保存文档。开启云文档服务，手机也能同步访问计算机资料，并且在手机上编辑、修改文档，也能同步更新到计算机中。单一用户可随时分享所有人的知识积累，制作精美文档，还可将文档共享给工作伙伴。

3）自动在线升级功能。无须用户动手，即可实时分享最新技术成果。

4）跨平台应用。不论是在 Windows 平台还是在 Linux 平台，WPS Office 都可无障碍应用。

5）可扩展的插件机制。可以无限扩展程序员的想象和创造空间，无限扩展用户个性化定制和应用开发的需求。

6）数据恢复。内嵌数据恢复功能可以帮助用户方便快捷地找回因磁盘损坏、误删除而丢失的数据。

7）全文翻译。支持多种语言的互译，能够快速精确地对全文进行翻译，并且能够根据内容调整译文，智能呈现精准翻译结果。

8）图片转文字。可以利用光学字符阅读器（optical character reader，OCR）技术智能获取图片中的文本，支持批量操作，支持一键提取多张图片文字。

9）论文查重。WPS 与众多权威平台官方合作，帮助用户快速检索论文重复情况。

10）远程桌面。WPS 远程桌面功能支持通过一台计算机远程控制另一台计算机，实现了远程办公。

11）乐播投屏。WPS 自带乐播投屏功能，无须线路连接即可将计算机屏幕投屏到投影仪等设备上，使开展会议变得更加便捷。

# 3.2　WPS 文字基本操作

## 3.2.1　启动与退出 WPS 文字

### 1. 启动 WPS 文字

启动 WPS 文字有多种方法，常用方法有以下 4 种。

方法一：双击桌面上的 WPS Office 2019 图标→在 WPS 首页中单击“新建”按钮→单击“文字”→单击“空白文档”。

方法二：在桌面上，打开“开始”菜单→单击 WPS Office 图标→在 WPS 首页中单击“新建”按钮→单击“文字”→单击“空白文档”。

方法三：双击已经创建的 WPS 文字文档，也可以启动 WPS 文字。

方法四：单击任务栏快速启动区中的 WPS Office 图标→进入 WPS Office 首页→在文件列表区中双击最近打开过的 WPS 文字文档。

### 2. 退出 WPS 文字

退出 WPS 文字主要有以下几种方法。

方法一：单击 WPS Office 2019 窗口右上角的“关闭”按钮。

方法二：单击标签列表区中文档名称右侧的“关闭”按钮。

方法三：右击标签列表区中要关闭的 WPS 文档→选择“关闭”命令。

方法四：按 Alt+F4 组合键。

## 3.2.2　WPS 文字工作界面

启动 WPS 文字后，进入其工作界面，如图 3-2 所示。工作界面主要由标题栏、“文件”菜单、快速访问工具栏、选项卡、功能区、智能搜索框、文档编辑区、滚动条、状态栏等部分组成。

### 1. 标题栏

标题栏位于 WPS 文字工作界面的最上方，显示正在编辑的文档的名称。标题栏右侧是界面控制按钮，可以最小化、最大化、向下还原和关闭工作界面。

### 2.“文件”菜单

在“文件”菜单中，可以完成 WPS 文字文件的新建、打开、保存、另存为、打印、加密、分享、备份与恢复、输出为 PDF 等基本操作。选择“选项”命令，还可以对 WPS 文字的用户信息、中文版式、视图、编辑、常规与保存、修订、打印、自定义功能区等功能进行设置。

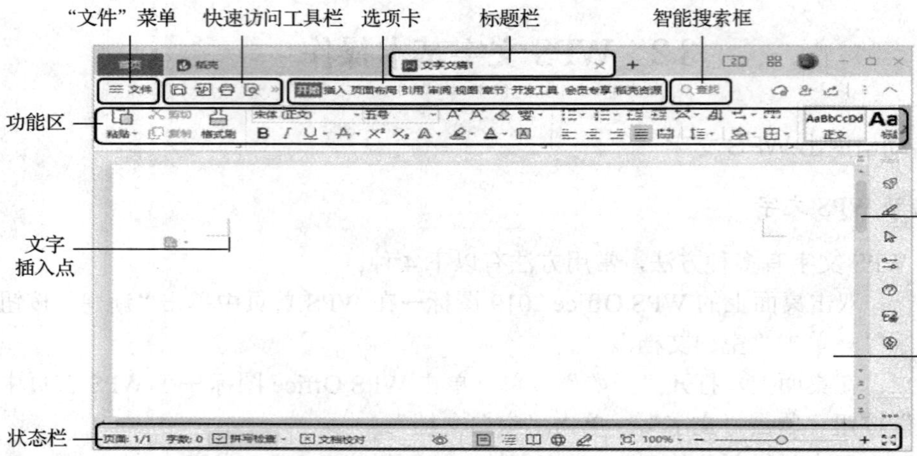


图 3-2 WPS 文字的工作界面

3. 快速访问工具栏

"文件"菜单右侧为快速访问工具栏，提供了保存、撤销、恢复、打印、输出为 PDF 等常用的工具按钮。单击该工具栏右侧的"自定义快速访问工具栏"按钮，还可对其中的按钮进行自定义，也可以设置其位置。

4. 选项卡和功能区

选项卡和功能区位于标题栏的下方，WPS 文字包含开始、插入、页面布局、引用、审阅、视图等多个选项卡，单击某一选项卡可打开对应的功能区。功能区整合了相关命令按钮，通过单击选项卡来切换显示不同的命令按钮。

5. 智能搜索框

智能搜索框位于选项卡的右侧，包括查找命令与搜索模板。在智能搜索框中输入功能或模板关键字可以快速定位命令、查找入口、获取模板。

6. 文档编辑区

文档编辑区是 WPS 文字窗口中间的空白区域，是用户输入和编辑文档内容的区域。

7. 滚动条

当屏幕中无法显示整个页面内容时，滚动条会自动出现。通过移动滚动条可以浏览文档页面的所有内容。位于编辑区下方的滚动条称为水平滚动条，位于编辑区右侧的滚动条称为垂直滚动条。

8. 状态栏

状态栏位于界面的最下方。左侧用于显示当前文档的工作状态，如当前页码、页面、字数、插入点所在的行号与列号等；右侧依次显示视图切换按钮和显示比例调节滑块，可根据需要更改文档的显示模式、调整页面显示比例。

### 3.2.3　文档视图

WPS 文字提供了多种文档显示方式，用户可以选择不同的视图方式来显示文档。在“视图”选项卡中，可以看到图 3-3 所示的文字视图方式。新建空白文档的默认视图为页面视图。

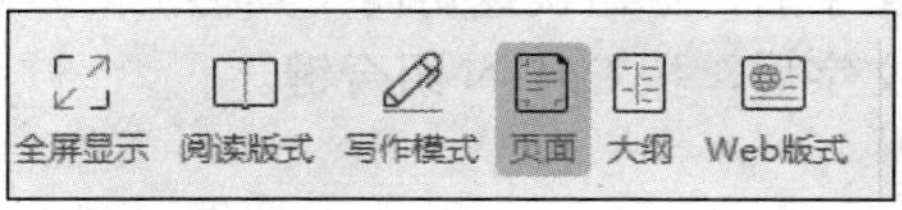


图 3-3　文字视图方式

（1）全屏显示

全屏显示视图会全屏显示文档，隐藏选项卡、功能区及状态栏等。按 Esc 键可退出全屏显示视图，返回到页面视图。

（2）阅读版式

阅读版式视图会自动布局文档内容，方便用户轻松翻阅文档。在阅读版式视图下，功能区等窗口元素被隐藏，以图书的分栏样式显示文档，并提供各种阅读工具，以方便用户阅读文档。

（3）写作模式

写作模式视图会给用户营造一个专心写作的环境。进入该模式后，将显示一个功能简单、界面简洁、适合写作的编辑窗口。

（4）页面

页面视图会直接显示文档的打印效果，以便用户查看文档的页面外观。进入该视图后，可以很方便地插入图片、文本框、图文框、图表、媒体剪辑和视频剪辑等，还能显示和编辑页眉页脚、图文框等。

（5）大纲

大纲视图会以大纲形式显示文档，以便用户查看文档的层次结构。进入该模式后，使用大纲工具栏中的各种工具按钮可以创建和调整文档结构，突出文档的主体，使用户可以清晰地了解文档的概况。

（6）Web 版式

Web 版式视图会以网页的形式显示文档，主要用于 HTML 文档的编辑。在该模式下编辑文档，可以比较准确地模拟它在网页中的效果。

### 3.2.4　WPS 文档的基本管理

WPS 文档的基本管理包括新建、打开、保存、保护和关闭等。

1. 新建文档

（1）新建空白文档

WPS 文字允许使用多种方法创建空白文档。常用的有如下 3 种方法。

方法一：启动 WPS 文字后，打开“文件”菜单→选择“新建”命令→在打开的新建文档窗口中选择“新建空白文档”。

方法二：启动 WPS 文字后，单击快速访问工具栏上的“新建”按钮。

方法三：启动 WPS 文字后，按 Ctrl+N 组合键。

（2）新建模板文档

WPS 文字文档以模板为基础，模板决定了文档的基本结构。

WPS 文字提供了多种模板，可创建不同类型的文档。新建模板文档的步骤如下。

启动 WPS 文字后，打开“文件”菜单→选择“新建”命令→在打开的新建文档窗口（图 3-4）中选择需要的模板类型，即可应用所选模板创建文档。

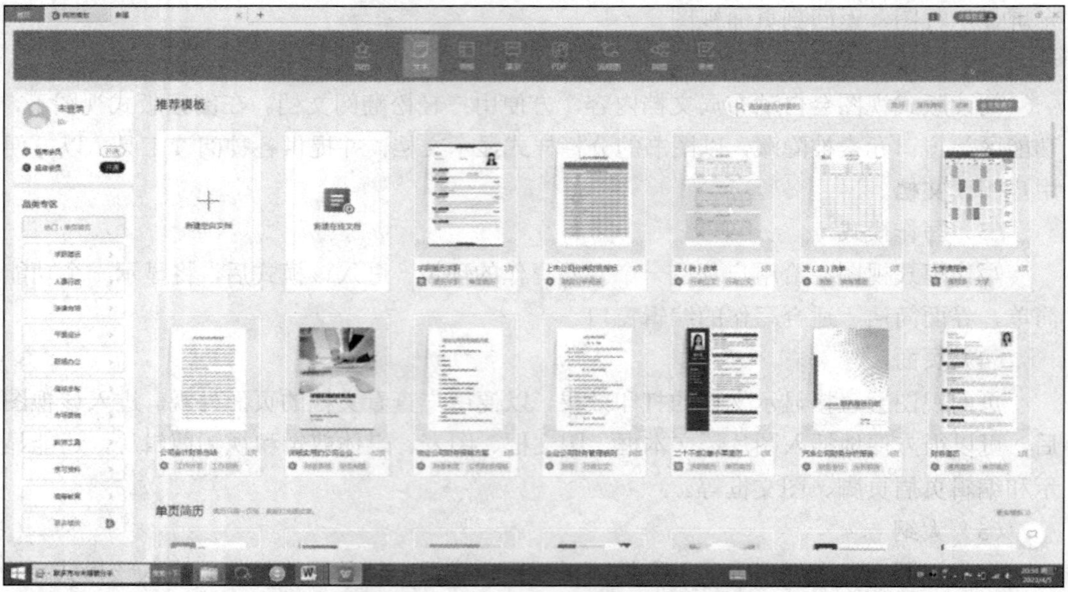


图 3-4　新建文档窗口

2. 打开文档

打开 WPS 文字文档的方法主要有如下 3 种。

方法一：打开计算机或资源管理器，双击所要打开的 WPS 文字文档图标。

方法二：启动 WPS 文字后，单击快速访问工具栏上的“打开”按钮，或者打开“文件”菜单→选择“打开”命令，打开“打开文件”对话框，如图 3-5 所示。在“打开文件”对话框中选择文件所在路径，找到并选中文件，单击“打开”按钮，或者直接双击文件打开。如果忘记了文档的保存位置，可以利用对话框右上角的搜索框进行搜索。

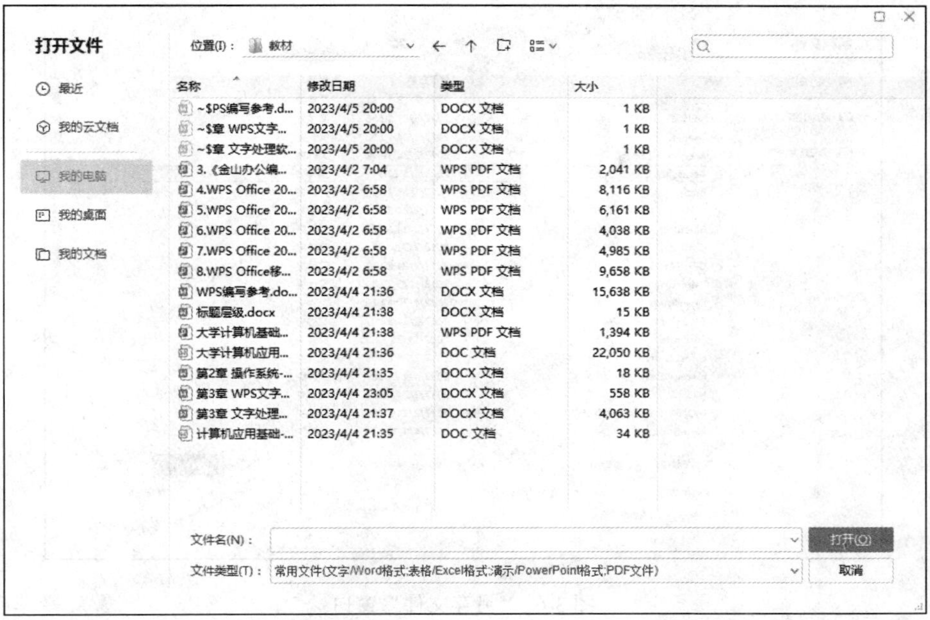


图 3-5 “打开文件”对话框

方法三：打开最近使用的文档：打开“文件”菜单，在右侧“最近使用”文档列表中，单击某一文档即可将其打开。

3. 保存文档

用户输入的文档信息驻留在计算机内存中，如果希望将输入的内容保存到磁盘中，需要执行保存文档操作。

（1）首次保存文档

首次保存文档可通过以下 4 种方法实现。

方法一：打开“文件”菜单→选择“保存”或“另存为”命令。

方法二：单击快速访问工具栏上的“保存”按钮。

方法三：按 Ctrl+S 组合键或按 F12 快捷键。

方法四：在标题栏中右击要保存的文档名→选择“保存”或“另存为”命令。

操作后会打开“另存文件”窗口，如图 3-6 所示。在“位置”下拉列表框中选择文档的保存路径，在“文件名”文本框中输入文件名，在“文件类型”下拉列表框中选择要保存的文件类型，单击“保存”按钮，即可完成文档的首次保存。

（2）对原有文档进行保存

如果文档已经保存过，可以打开“文件”菜单→选择“保存”命令，或者单击快速访问工具栏上的“保存”按钮，或者按 Ctrl+S 组合键来保存原文档。如果需要更改原有文档的文件名、文件类型或者存储位置，可以打开“文件”菜单→选择“另存为”命令或者按 F12 键，在打开的“另存文件”对话框中进行设置。

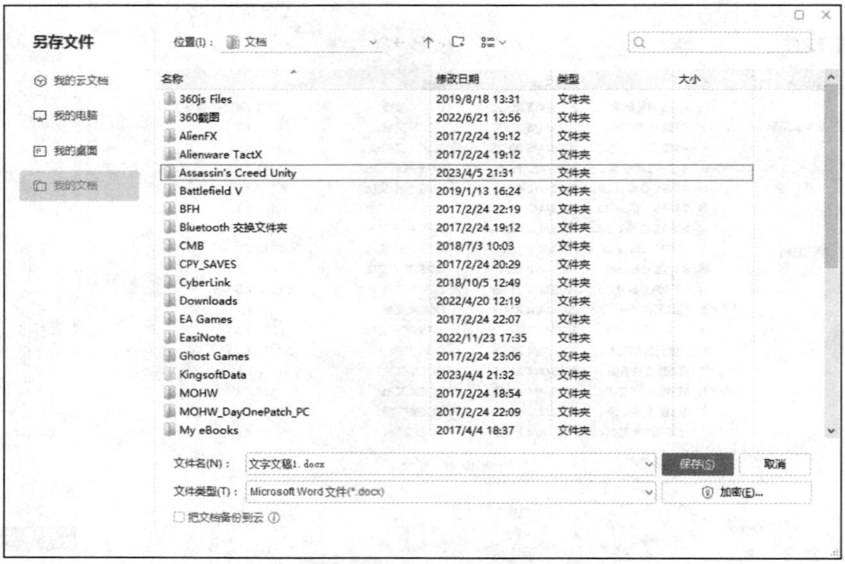

图 3-6 “另存文件”窗口

（3）设置文档自动保存

在 WPS Office 2019 中，还可以对文档设置自动保存，具体操作如下。

1）打开“文件”菜单→选择“备份与恢复”命令。

2）在打开的列表中选择“备份中心”命令。

3）在打开的“备份中心”对话框中，单击“设置”按钮，打开本地备份配置窗口，如图 3-7 所示。

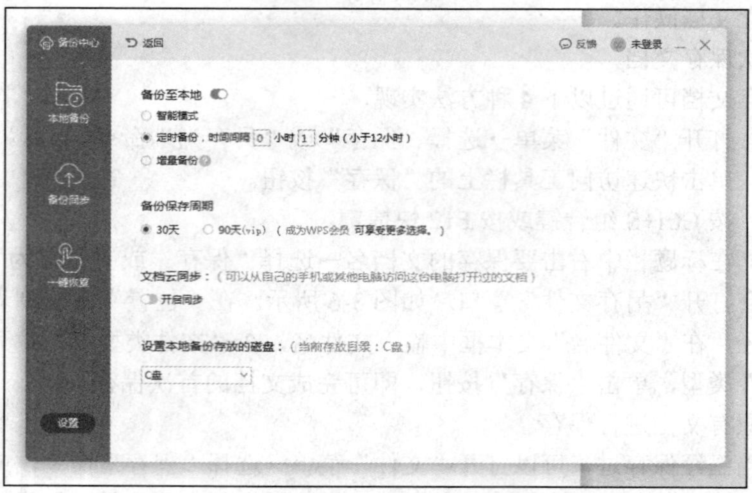

图 3-7 本地备份配置窗口

4）选择“定时备份”单选按钮，用户可以根据需要设置时间间隔、备份周期及备份存放的磁盘等。

4. 保护文档

WPS 提供了保护文档功能，可以对文档设置打开密码和修改密码，以防止他人随意查看或修改文档内容，具体操作如下。

1）打开“文件”菜单→选择“文档加密”命令。

2）在打开的列表中选择“密码加密”命令→打开“密码加密”对话框，如图 3-8 所示。

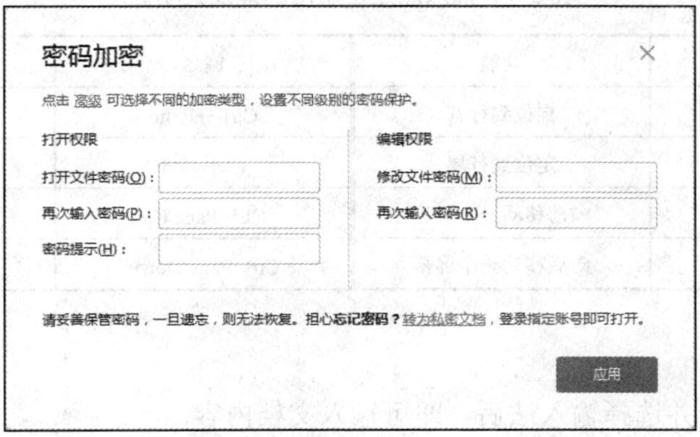


图 3-8 “密码加密”对话框

3）在“打开权限”栏和“编辑权限”栏中依次设置打开文件密码和修改文件密码，单击“应用”按钮。

再次打开设置了“密码加密”的文件时，只有正确输入相应的密码才可以打开或编辑文档。

5. 关闭文档

完成对文档的操作后，可以关闭文档。关闭文档的方法主要有以下 3 种。

方法一：在标题栏中单击要关闭的文档名称右侧的“关闭”按钮。

方法二：在标题栏中右击要关闭的文档名称→选择“关闭”命令。

方法三：按 Ctrl+F4 组合键。

## 3.3 WPS 文字文档编辑

### 3.3.1 文档录入

1. 插入点

新建文档后，在窗口编辑区会出现一个闪烁的竖线光标“|”，这条竖线光标即插入点，录入的文档内容即显示在插入点处。用户可以通过鼠标或键盘来移动光标，从而调整插入点的位置。

（1）使用鼠标调整光标位置

方法一：在已经录入的内容中单击即可改变插入点的位置。

方法二：在编辑区空白位置处直接双击即可确定插入点。

（2）使用键盘调整光标位置

用户可以使用键盘上的方向键（←、↑、→、↓）移动插入点，也可以使用表 3-1 所示的方法快速改变插入点位置。

**表 3-1 插入点定位常用的键及其功能**

| 键名 | 功能 | 键名 | 功能 |
|---|---|---|---|
| Home | 定位到行首 | Ctrl +Home | 定位到文档开头 |
| End | 定位到行尾 | Ctrl+End | 定位到文档结尾 |
| Page Up | 向前移动一个屏幕 | Ctrl+Page Up | 定位到上一页开头 |
| Page Down | 向后移动一个屏幕 | Ctrl+Page Down | 定位到下一页开头 |

2. 输入内容

确定好插入点并选择输入法后，即可输入文档内容。

（1）输入普通字符

输入的普通字符总是紧靠插入点左侧，插入点随着字符的输入向后移动，当移动到一行末尾时会自动换行；当完成一个段落时，按 Enter 键确认。

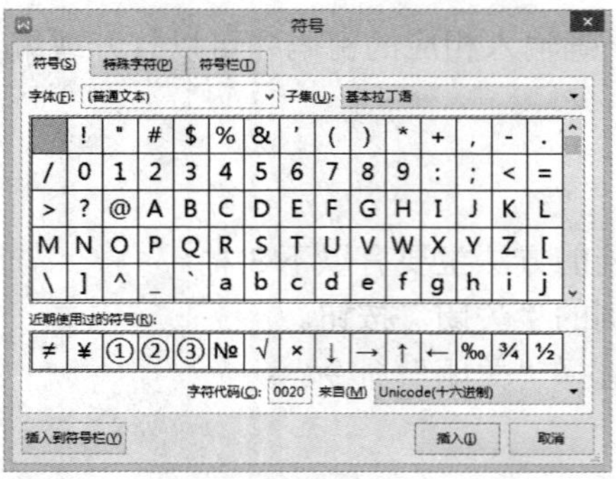


图 3-9 “符号”对话框

（2）输入特殊字符或符号

将光标定位到目标位置→单击“插入”选项卡→单击“符号”下拉按钮→选择“近期使用的符号”、“自定义符号”及“符号大区”区域中所需的符号；当选择“其他符号”命令时，则会打开图 3-9 所示的“符号”对话框，选择所需的符号，单击“插入”按钮，即可插入对应的特殊字符或符号。

（3）输入公式

WPS 文字支持插入复杂的公式。输入公式的步骤：将光标定位到目标位置→单击“插入”选项卡→单击“公式”下拉按钮→选择“公式”命令→打开“公式编辑器”窗口→输入公式。“公式编辑器”窗口如图 3-10 所示。

（4）输入日期和时间

将光标定位到目标位置→单击“插入”选项卡→单击“日期”按钮→打开“日期和时间”对话框→选择日期和时间格式→单击“确定”按钮。“日期和时间”对话框如图 3-11 所示。如果插入的日期和时间需要随时间的变化而变化，则还需选中“自动更新”复选框。

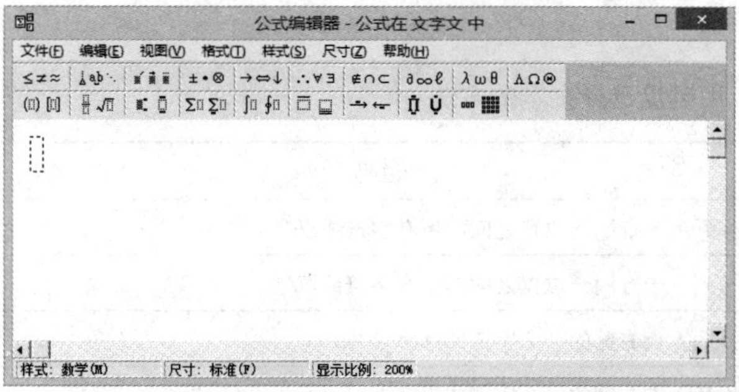


图 3-10 “公式编辑器”窗口

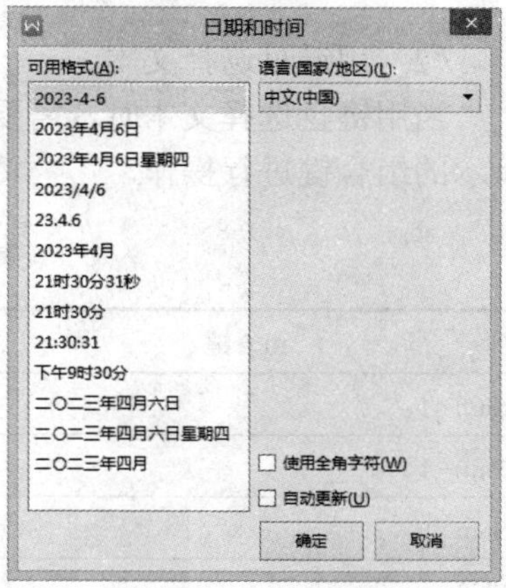


图 3-11 “日期和时间”对话框

### 3.3.2　文档编辑

文档内容录入完毕后，有时还需要对文档内容进行编辑，如移动、复制或删除文档内容等。在进行编辑前需要先选择要编辑的文本。

1. 选择文本

（1）用鼠标选择文本

利用鼠标选择文本的方法有多种，具体介绍如下。

1）水平选择文本。将光标定位到待选择文本的开始处，按住鼠标左键拖动至结尾处，即可选定拖过的文本。此方法可选择连续文本，如需继续选择其他文本，可以结合 Ctrl 键或 Shift 键实现。若继续选择不连续的字、词、行、段等文本，则需按住 Ctrl 键，再拖动选择相应的文本；若继续选择连续的文本，则需按住 Shift 键，再单击选定文本的结尾处。

2）垂直选择文本。将光标定位到待选择文本的开始处，按住 Alt 键的同时向右下方拖动鼠标到待选择文本的结尾处。

3）其他文本选择方法。其他文本选择方法如表 3-2 所示。

表 3-2　其他文本选择方法

| 选择文本 | 操作方法 |
|---|---|
| 一个英文单词或中文词语 | 双击英文单词或中文词语 |
| 一行文本 | 将鼠标指针移动到该行左侧的选定区，当鼠标指针变为⊿形状后单击 |
| 多行文本 | 将鼠标指针移动到该行左侧，当鼠标指针变为⊿形状时，按住鼠标左键，向上或向下拖动 |
| 一段文本 | 方法一：三击该段落中的任意位置<br>方法二：将鼠标指针移动到该行左侧，当鼠标指针变为⊿形状后双击<br>方法三：按住 Ctrl 键，单击该段落中的任意位置 |
| 全文 | 将鼠标指针移动到该行左侧，当鼠标指针变为⊿形状后三击 |

(2) 用键盘选择文本

当用键盘选择文本时，需要先将插入点移动到待选文本的开始处，然后按表 3-3 中所示的组合键进行操作。

表 3-3 用键盘选择文本的方法

| 组合键 | 说明 |
| --- | --- |
| Shift+↑ | 选择到上一行同一位置之间的所有字符或汉字 |
| Shift+↓ | 选择到下一行同一位置之间的所有字符或汉字 |
| Shift+→ | 选择插入点右侧的一个字符或汉字 |
| Shift+← | 选择插入点左侧的一个字符或汉字 |
| Shift+Home | 选择从插入点开始处到插入点所在行行首之间的文本 |
| Shift+End | 选择从插入点开始处到插入点所在行行尾之间的文本 |
| Shift+Page Up | 选择从插入点开始处到上一屏的所有内容 |
| Shift+Page Down | 选择从插入点开始处到下一屏的所有内容 |
| Ctrl+A | 选择整个文档 |

(3) 取消选择文本

选择文本后，在文档编辑区的任意位置单击即可取消对文本的选择。

2. 插入与改写文本

插入文本指在已输入文本的某一位置插入一段新文本。新文本在插入点处显示，插入点之后的原文本自动后移，称为插入状态；而改写文本则是输入新文本后，由新文本替换插入点之后的原文本，称为改写状态。通常，WPS 文字默认为插入状态。

当处于插入状态时，WPS 文字窗口下方的状态栏上的改写状态按钮标记为 

；当处于改写状态时，该按钮标记为 

。单击该按钮可以在插入状态与改写状态之间来回切换；用户也可以通过按 Insert 键在两种状态之间进行切换。

3. 移动文本

在编辑文档时，移动文本指将文本从文档中的一个位置移动到另一个位置。移动文本的方法如表 3-4 所示。

表 3-4 移动文本的方法

| 方法 | 具体操作 |
| --- | --- |
| 使用剪贴板 | 方法一：选择需要移动的文本→单击“开始”选项卡→单击“剪切”按钮→将光标定位到目标位置→单击“开始”选项卡→单击“粘贴”按钮<br>方法二：选择需要移动的文本→按 Ctrl+X 组合键→将光标定位到目标位置→按 Ctrl+V 组合键<br>方法三：选择需要移动的文本并右击→选择“剪切”命令→将光标定位到目标位置并右击→选择“粘贴”命令 |

续表

| 方法 | 具体操作 |
| --- | --- |
| 使用鼠标左键拖动 | 选择需要移动的文本→将鼠标指针移动到所选定的文本区域并单击→拖动所选择文本到目标位置 |
| 使用鼠标右键拖动 | 选择需要移动的文本→将鼠标指针移动到所选定的文本区域并右击→拖动所选文本到目标位置，释放鼠标右键→“移动到此处”命令 |

4. 复制文本

复制文本指对已编辑好的文本进行复制，并将生成的副本插入到目标位置。复制文本与移动文本的操作类似，如表 3-5 所示。

**表 3-5　复制文本的方法**

| 方法 | 具体操作 |
| --- | --- |
| 使用剪贴板 | 方法一：选择需要复制的文本→单击“开始”选项卡→单击“复制”按钮→将光标定位到目标位置→单击“开始”选项卡→单击“粘贴”按钮<br>方法二：选择需要复制的文本→按 Ctrl+C 组合键→将光标定位到目标位置→按 Ctrl+V 组合键<br>方法三：选择需要复制的文本并右击→选择“复制”命令→将光标定位到目标位置并右击→选择“粘贴”命令 |
| 使用鼠标左键拖动 | 选择需要复制的文本→将鼠标指针移动到所选定的文本区域并单击→拖动所选择的文本到目标位置 |
| 使用鼠标右键拖动 | 选择需要复制的文本→将鼠标指针移动到所选定的文本区域并单击→拖动所选择的文本到目标位置，释放鼠标右键→选择“复制到此处”命令 |

5. 删除文本

删除文本指在文本编辑过程中删除错误或多余的文本。删除文本的方法如表 3-6 所示。

**表 3-6　删除文本的方法**

| 方法 | 具体操作 |
| --- | --- |
| 删除光标左右的文本 | 将光标定位到待删除文本的开始处→按 Delete 键，删除光标右侧文本；将光标定位到待删除文本的末尾→按 Backspace 键，删除光标左侧文本 |
| 删除选中的文本 | 方法一：选择需要删除的文本→按 Delete 键（或 Backspace 键，或 Shift+Delete 组合键）<br>方法二：选择需要删除的文本→单击“开始”选项卡→选择“剪切”命令<br>方法三：选择需要删除的文本→按 Ctrl+X 组合键删除所选文本 |

6. 撤销与恢复

撤销操作指取消上一步（或多步）操作，使文档回到该操作执行前的状态；若执行过撤销操作，则执行恢复操作可以恢复被撤销的操作。

（1）撤销操作

单击快速访问工具栏上的“撤销”按钮，或按 Ctrl+Z 组合键可撤销上一步操作，如果要撤销多步操作可以连续多次按 Ctrl+Z 组合键；也可以单击“撤销”按钮旁的向下三角按钮，在弹出的撤销列表中选择要撤销的操作。

（2）恢复操作

单击快速访问工具栏上的“恢复”按钮，或按 Ctrl+Y 组合键可恢复最近的操作，如果要恢复多步操作可以连续多次按 Ctrl+Y 组合键；也可以连续多次单击“恢复”按钮。

7. 查找、替换与定位

单击“开始”选项卡→单击“查找替换”按钮→打开“查找和替换”对话框，如图 3-12 所示。在该对话框中用户可根据需要完成查找、替换或定位。

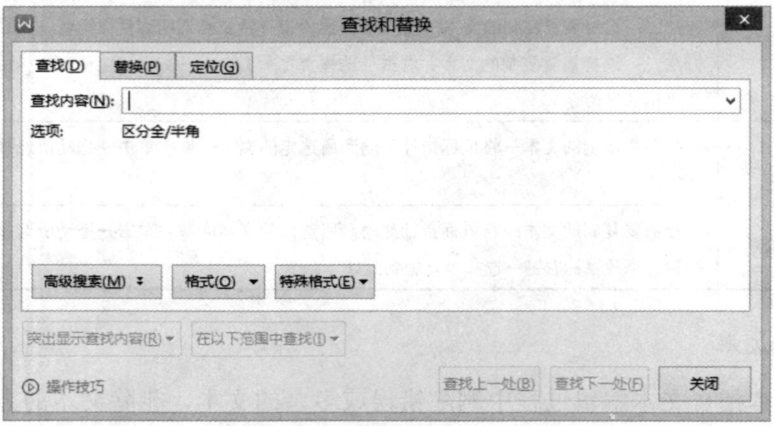


图 3-12 “查找和替换”对话框

（1）查找

查找操作的步骤如下。

1）按 Ctrl+F 组合键，或在打开的“查找和替换”对话框中单击“查找”选项卡，然后在“查找内容”文本框中输入需要查找的内容。

2）单击“查找下一处”按钮，开始查找并定位当前位置后第一个满足条件的文本，查找到的内容显示为灰蓝底纹。

3）再次单击“查找下一处”按钮，可以继续查找满足条件的文本，直至整个文档查找完毕。单击“关闭”按钮即可关闭“查找和替换”对话框。

在查找时，单击“查找和替换”对话框中的“突出显示查找内容”下拉按钮，选择

“全部突出显示”命令，可以实现在文档中突出显示要查找的内容；单击“高级搜索”按钮，可以设置是否区分大小写、是否使用通配符、是否区分全/半角等，如图 3-13 所示；单击“格式”按钮，可以设置查找文本的字体、段落等格式，如图 3-14 所示；单击“特殊格式”按钮，可以设置段落标记、制表符、图形、手动换行符、手动分页符、分节符等特殊内容的查找，如图 3-15 所示。

图 3-13 “查找和替换”对话框

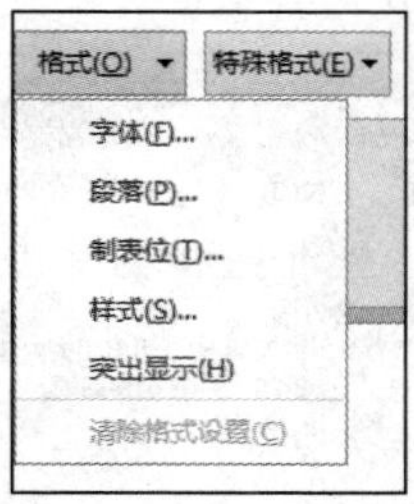


图 3-14 “格式”选项

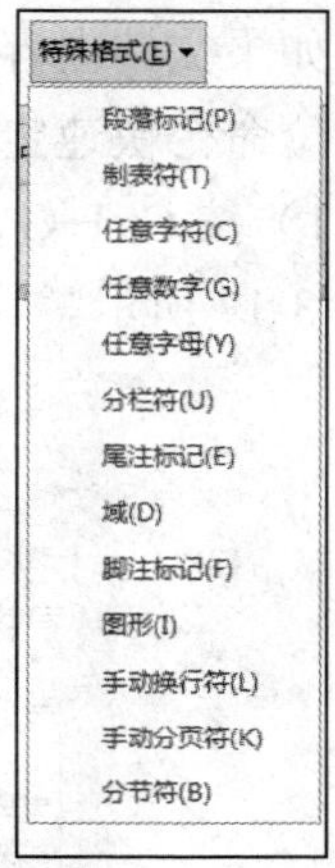


图 3-15 “特殊格式”选项

（2）替换

WPS 文字不仅提供了查找功能，还提供了替换功能。利用该功能可以快速替换文档中错误或不恰当的内容。替换操作的步骤如下。

1）按 Ctrl+H 组合键，或在打开的“查找和替换”对话框中单击“替换”选项卡，如图 3-16 所示。

图 3-16 “替换”选项卡

2）在“查找内容”文本框中输入需要查找的内容，在“替换为”文本框中输入要替换为的内容。

3）单击“查找下一处”按钮后开始查找，查找到的内容显示为灰蓝底纹。

4）单击“替换”按钮即可完成替换，若不替换可单击“查找下一处”按钮继续进行查找。

重复步骤 3）、4）可以边查找边替换，如果要全部替换，可以单击“全部替换”按钮。

同查找类似，如果对查找或替换的内容有特殊的格式要求，可以单击“高级搜索”、“格式”或“特殊格式”按钮进行设置。

（3）定位

如果文档内容很少，很容易就能浏览整篇文档的内容；如果文档内容很多，可以使用定位命令快速定位到指定的位置。定位操作的步骤如下。

1）按 Ctrl+G 组合键，或在打开的“查找和替换”对话框中单击“定位”选项卡，如图 3-17 所示。

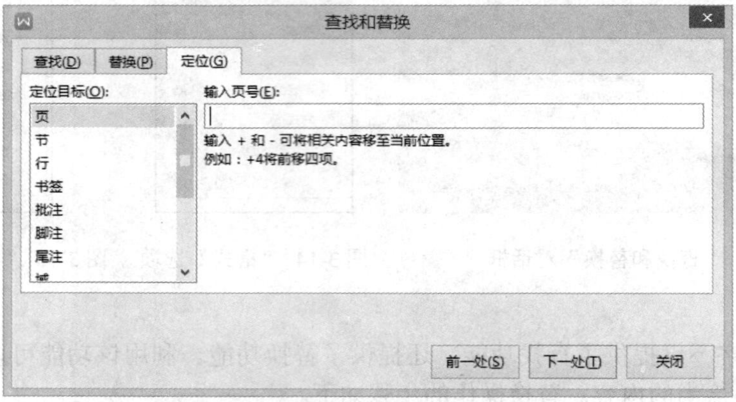


图 3-17 “定位”选项卡

2）选择左侧“定位目标”列表框中的某个选项，并在右侧的文本框中输入定位所需的条件。

3）单击“定位”按钮即可完成定位。

### 3.3.3 项目训练

**【训练目标】**

1）熟悉 WPS 文字的工作界面和基本功能。

2）掌握 WPS 文字文档的创建、文本输入和保存方法。

3）熟练掌握文本的选择、移动、复制、删除、查找与替换等方法。

**【训练示例】**

**原始文字：**

Wps Office 是由北京金山办公软件股份有限公司自主研发的一款办公软件。

1989 年由求伯君正式推出 Wps1.0。可以实现办公软件最常用的文字、表格、演示、PDF 阅读等多种功能。

版本主要包括：个人版、校园版、专业版、租赁版、移动版、公文版以及 PC 引擎版。

个人版：Wps Office 个人版是一款对个人用户永久免费的办公软件产品，其将办公与互联网结合起来，多种界面随心切换，还提供了大量的精美模板、在线图片素材、在线字体等资源，帮助用户轻轻松松打造优秀文档，完全可以满足个人用户日常办公需求。

校园版：Wps Office 校园版是由金山办公软件专为师生打造的全新 office 套件。在融合文档、表格、演示三大基础组件之外，教育版新增了 PDF 组件、协作文档、协作表格、云服务等功能，致力于为教育用户量身打造一款【年轻·个性·创造】的办公软件。

专业版：Wps Office 专业版是针对企业用户提供的办公软件产品，强大的系统集成能力，如今已经与超过 240 家系统开发厂商建立合作关系，实现了与主流中间件、应用系统的无缝集成，完成企业中应用系统的零成本迁移。

租赁版：Wps Office 租赁版是金山办公面向中小企业推出的一款按年收费的企业级协作办公软件，其包含了 4 个版本：轻办公版本、印象笔记版本、imo 版本和搜狐云存储版本。

移动版：金山 Wps Office 移动版是运行于 Android、iOS 平台上的办公软件，个人版永久免费，其特点是体积小、速度快，支持微软 Office、PDF 等 47 种文档格式。特有的文档漫游功能，让你离开电脑一样办公。

公文版：Wps 公文版的公文模式，可自动将版面按照国标要求进行设置，用户可一键转换为指定的公文格式，进一步简化了排版流程。

PC 引擎版：该版本应用能够在手机或平板上，深度还原用户所熟悉的 PC 版 Wps Office 操作体验，让用户在移动端享受和 PC 端相同的办公体验。拥有双引擎内核，支持用户在新老版本中切换。

Wps Office 具有内存占用低、运行速度快、云功能多、强大插件平台支持、免费提供在线存储空间及文档模板的优点。

**【训练要求】**

1）新建 WPS 文字文档，输入原始文字文件，并保存文档。

2）为文档插入标题段，输入标题文字“WPS Office 版本简介”。

3）删除最后一段，将正文第二段与第三段合并。

4）将文中所有“Wps”都替换为“WPS”。

5）将文件另存到 D 盘下，类型为“WPS 文字文件”，文件名为“WPS 版本”。

**【训练结果】**

训练结果如图 3-18 所示。

WPS Office 版本简介

WPS Office 是由北京金山办公软件股份有限公司自主研发的一款办公软件。

1989 年由求伯君正式推出 WPS1.0。可以实现办公软件最常用的文字、表格、演示、PDF 阅读等多种功能。版本主要包括：个人版、校园版、专业版、租赁版、移动版、公文版以及 PC 引擎版。

个人版：WPS Office 个人版是一款对个人用户永久免费的办公软件产品，其将办公与互联网结合起来，多种界面随心切换，还提供了大量的精美模板、在线图片素材、在线字体等资源，帮助用户轻轻松松打造优秀文档，完全可以满足个人用户日常办公需求。

校园版：WPS Office 校园版是由金山办公软件专为师生打造的全新 office 套件。在融合文档、表格、演示三大基础组件之外，教育版新增了 PDF 组件、协作文档、协作表格、云服务等功能，致力于为教育用户量身打造一款【年轻·个性·创造】的办公软件。

专业版：WPS Office 专业版是针对企业用户提供的办公软件产品，强大的系统集成能力，如今已经与超过 240 家系统开发厂商建立合作关系，实现了与主流中间件、应用系统的无缝集成，完成企业中应用系统的零成本迁移。

租赁版：WPS Office 租赁版是金山办公面向中小企业推出的一款按年收费的企业级协作办公软件，其包含了 4 个版本：轻办公版本、印象笔记版本、imo 版本和搜狐云存储版本。

移动版：金山 WPS Office 移动版是运行于 Android、iOS 平台上的办公软件，个人版永久免费，其特点是体积小、速度快，支持微软 Office、PDF 等 47 种文档格式。特有的文档漫游功能，让你离开电脑一样办公。

公文版：WPS 公文版的公文模式，可自动将版面按照国标要求进行设置，用户可一键转换为指定的公文格式，进一步简化了排版流程。

PC 引擎版：该版本应用能够在手机或平板上，深度还原用户所熟悉的 PC 版 WPS Office 操作体验，让用户在移动端享受和 PC 端相同的办公体验。拥有双引擎内核，支持用户在新老版本中切换。

图 3-18 训练结果

## 3.4 WPS 文字文档排版

### 3.4.1 文字的排版

1. 字符格式

字符格式主要指字符的字体、字形、字号、字符颜色、字符效果等。WPS 文字中默认的文字字号为五号，默认的中文字体为宋体、西文字体为 Calibri。WPS 文字提供了强大的字符格式设置功能，选中需要设置格式的文字后，用户可以通过多种方法完成字符格式的设置。

（1）通过“开始”选项卡设置

单击“开始”选项卡，在“字体”选项组中可以为文字设置字体、字号、加粗、倾斜、加下划线、上标、下标、字符底纹、突出显示等，如图 3-19 所示。

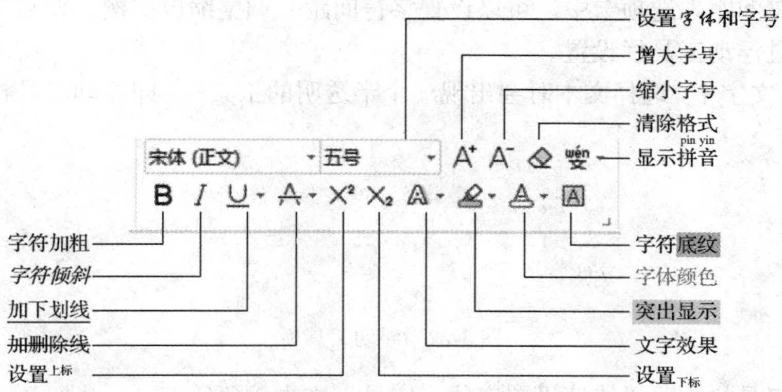


图 3-19　“开始”选项卡中的文字格式设置按钮

（2）通过“字体”对话框设置

“字体”对话框可以对字符进行格式化设置，在此对话框中还可完成同时设置文档中的中文字体和英文字体、下划线颜色，为文字加着重号、隐藏文字、字符间距等操作。打开“字体”对话框可以通过如下几种方法实现。

方法一：单击“开始”选项卡→单击“字体对话框启动器”按钮。

方法二：在选中的文字区域右击→选择“字体”命令。

方法三：按 Ctrl+D 组合键。

“字体”对话框中有“字体”和“字符间距”两个选项卡，如图 3-20 和图 3-21 所示。

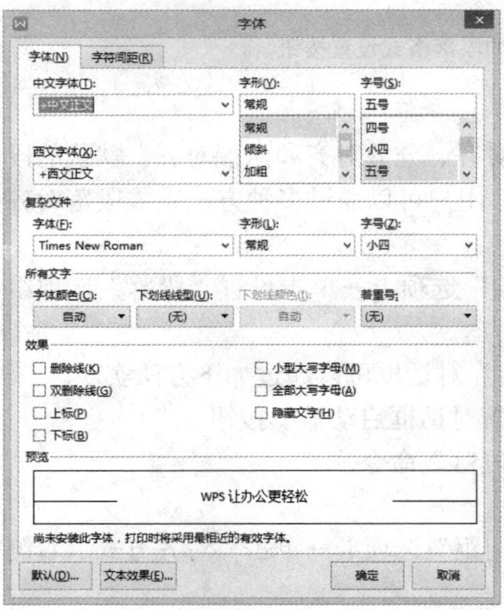


图 3-20　“字体”选项卡

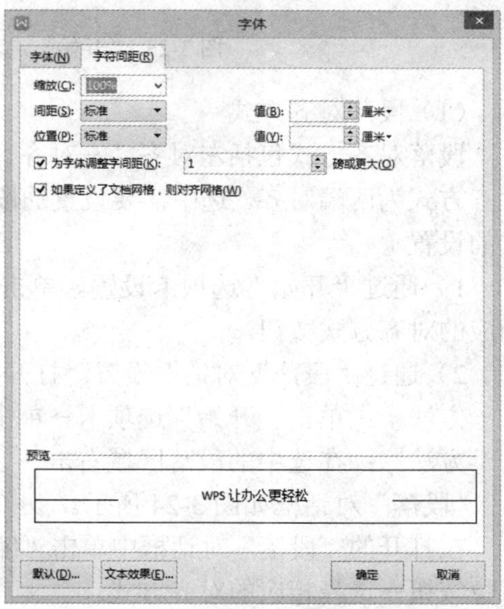


图 3-21　“高级”选项卡

在“字体”选项卡中，还可完成同时设置文档中的中文字体和英文字体、下划线颜色，为文字加着重号、隐藏文字等操作。

在“字符间距”选项卡中，可以设置字符间距、调整缩放比例、调整字符位置等。

（3）通过浮动工具栏设置

在 WPS 文字中，选择文本时会出现一个半透明的工具栏，即浮动工具栏，如图 3-22 所示。

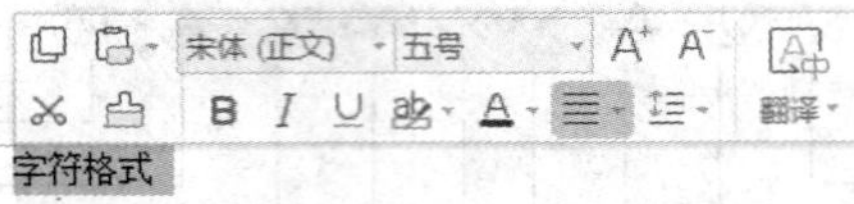


图 3-22 浮动工具栏

在浮动工具栏中可以快速设置字体、字号、文本颜色等。

2. 段落格式

设置段落格式主要是对段落的对齐方式、段落的缩进方式、段落间距与行距等进行设置。设置段落格式可以使 WPS 文档层次分明、结构清晰。常见的段落格式设置可以在“开始”选项卡“段落”选项组中进行，如图 3-23 所示。

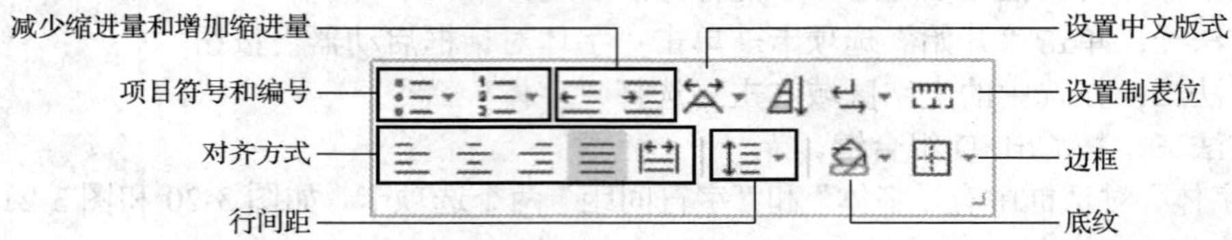


图 3-23 “开始”选项卡中的段落格式设置按钮

（1）段落对齐方式

段落对齐方式包括左对齐、右对齐、居中对齐、分散对齐和两端对齐。默认的段落对齐方式为两端对齐。选中需要设置的段落后，用户可以通过多种方法完成段落对齐方式的设置。

1）通过“开始”选项卡设置。单击“开始”选项卡→单击设置“段落”选项组中相应的对齐方式按钮。

2）通过“段落”对话框设置。打开“段落”对话框可以通过如下方法实现。

方法一：单击“开始”选项卡→单击“段落对话框启动器”按钮。

方法二：在选中的段落区域右击→选择“段落”命令。

“段落”对话框如图 3-24 所示。

在打开的“段落”对话框中单击“缩进和间距”选项卡→单击“对齐方式”右侧的下拉按钮→选择相应的对齐方式。

“段落”对话框中有“缩进和间距”和“换行和分页”两个选项卡。

在“缩进和间距”选项卡中，可以设置段落的对齐方式、缩进方式、间距与行距等。

在“换行和分页”选项卡中，可以设置段落的分页格式、换行格式等，如段前分页、段中不分页、按中文习惯控制首尾字符、允许标点溢出边界等。

3）通过浮动工具栏设置。选择文本或段落后，会出现一个浮动工具栏，在“对齐方式”下拉列表中选择相应的对齐方式。“对齐方式”下拉列表如图 3-25 所示。

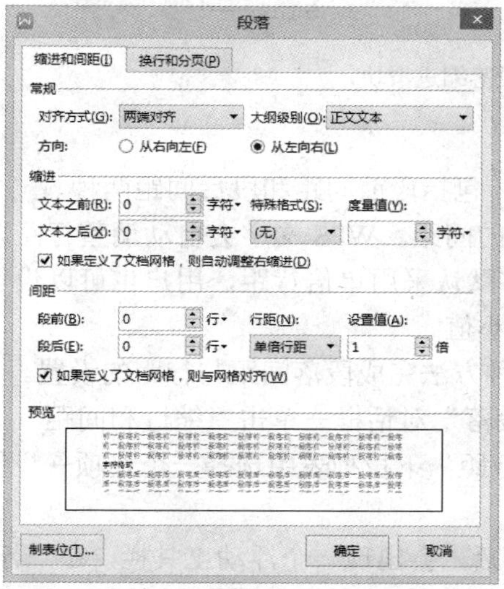


图 3-24 “段落”对话框

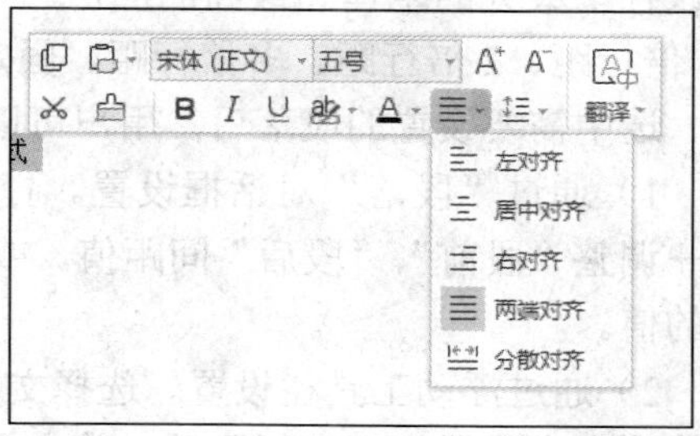


图 3-25 “对齐方式”下拉列表

4）通过组合键设置。选中要设置对齐方式的段落后，使用对应的组合键即可调整段落的对齐方式。设置段落对齐方式的组合键如表 3-7 所示。

**表 3-7　设置段落对齐方式的组合键**

| 段落对齐方式 | 组合键 | 段落对齐方式 | 组合键 |
| --- | --- | --- | --- |
| 左对齐 | Ctrl+L | 两端对齐 | Ctrl+J |
| 右对齐 | Ctrl+R | 分散对齐 | Ctrl+Shift+J |
| 居中对齐 | Ctrl+E | | |

（2）段落缩进

段落缩进包括首行缩进、悬挂缩进、文本之前缩进和文本之后缩进。选中需要设置的段落后，用户可以通过多种方法完成段落缩进的设置。

1）通过“开始”选项卡设置。单击“开始”选项卡→单击“段落”选项组中的“增加缩进量”或“减少缩进量”按钮。这种方法每次的缩进量是固定的，灵活性较差。

2）通过“段落”对话框设置。打开的“段落”对话框→单击“缩进和间距”选项卡→调整“文本之前”缩进量、“文本之后”缩进量，或者在“特殊格式”下拉列表框中选择“首行缩进”或“悬挂缩进”选项→设置相应的缩进量。

3）通过标尺设置。WPS 文字默认的页面视图下会显示水平标尺和垂直标尺，拖动水平标尺上的相应滑块可以设置段落的缩进，如图 3-26 所示。

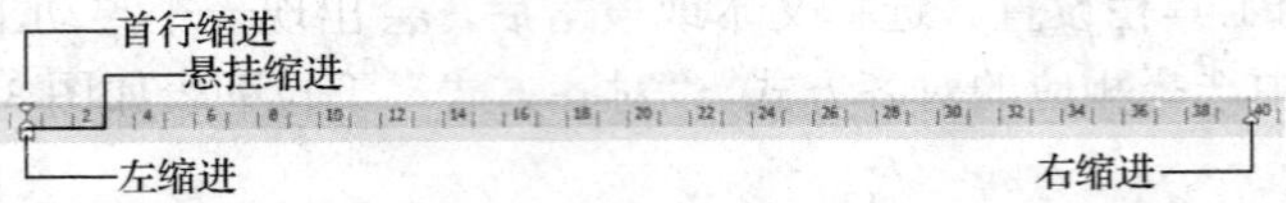


图 3-26 标尺上的段落缩进滑块

（3）段落间距与行距

段落间距决定了段落前后空白距离的大小，包括段前间距和段后间距两种。

行距指一行文字的底部到下一行文字底部的间距。WPS 文字会自动调整行距以容纳该行中最大的字体和最高的图形。WPS 文字默认采用单倍行距，用户也可以设置为 1.5 倍行距、2 倍行距、多倍行距、固定值及最小值。

选中需要设置的段落后，用户可以通过多种方法完成段落间距与行距的设置。

1）通过“段落”对话框设置。打开的“段落”对话框→单击“缩进和间距”选项卡→调整“段前”、“段后”间距值，或者在“行距”下拉列表中选择一个选项→设置相应的值。

2）通过浮动工具栏设置。选择文本或段落后，会出现一个浮动工具栏，在“行距”下拉列表中选择相应的行距后，单击“其他”命令，即可打开“段落”对话框进行各种段落间距的设置。“行距”下拉列表如图 3-27 所示。

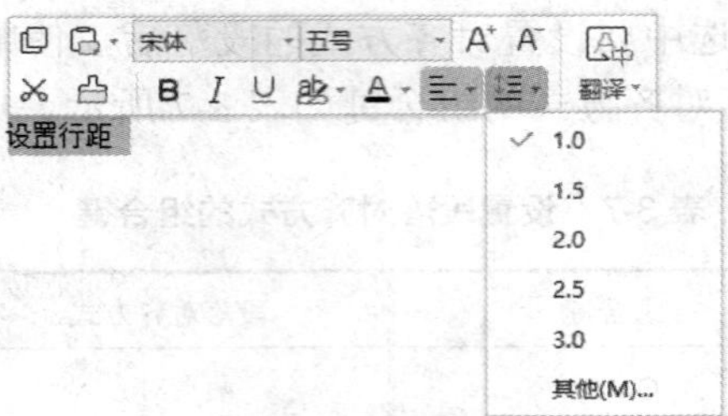


图 3-27 “行距”下拉列表

3. 项目符号和编号

WPS 文字自带了一些常用的项目符号和编号，用户可根据需要直接选用。

方法一：选择需要应用项目符号或编号的段落→单击“开始”选项卡→单击“项目符号”按钮☰·或“编号”按钮☰·→选择需要设置的项目符号或编号。

方法二：选择需要应用项目符号或编号的段落→在选中的段落区域右击→选择“项目符号和编号”命令→打开“项目符号和编号”对话框→选择需要设置的项目符号或编号。

“项目符号和编号”对话框如图 3-28 所示。

在“项目符号和编号”对话框中，可以直接选择需要设置的项目符号或编号，也可以单击“自定义”按钮根据实际需要自定义项目符号或编号；单击“多级编号”选项卡，直接应用一种内置的多级编号或自定义一种多级编号，可以清晰地展现多层次的文档结构。“多级编号”选项卡如图 3-29 所示。

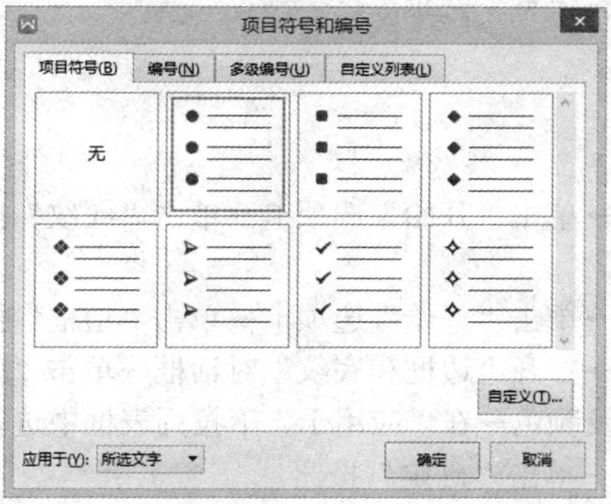


图 3-28 “项目符号和编号”对话框

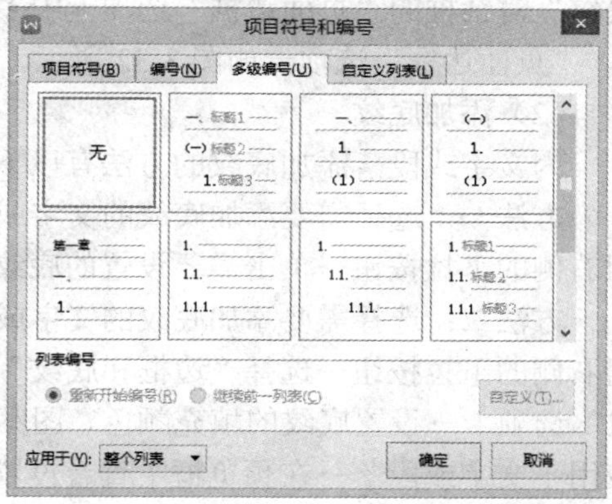


图 3-29 “多级编号”选项卡

4. 边框与底纹

在 WPS 文字中，边框分为文字边框、段落边框和页面边框，底纹分为字符底纹和段落底纹。

（1）添加边框

1）为字符或段落添加边框。选择需要添加边框的文字或段落→单击“开始”选项卡→单击“边框”按钮右侧的下拉按钮→选择要设置的边框。“边框”下拉列表如图 3-30 所示。

若要设置复杂的边框格式，则需选择“边框和底纹”命令→打开“边框和底纹”对话框→单击“边框”选项卡→设置边框类型、线条、颜色、宽度等→在“应用于”下拉列表框中选择应用于文字或段落→在预览框中查看设置效果→单击“确定”按钮。

“边框和底纹”对话框如图 3-31 所示。

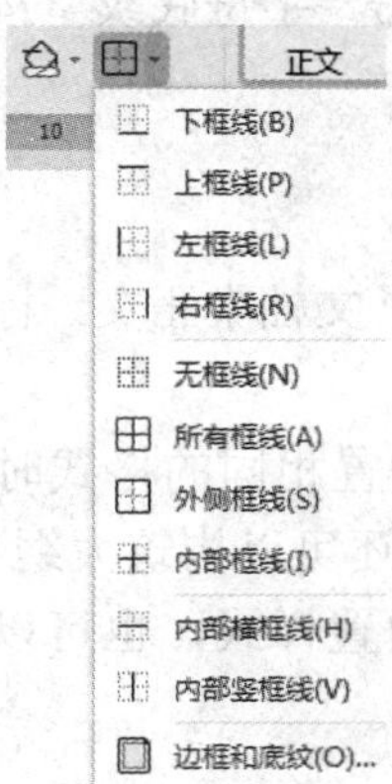


图 3-30 “边框”下拉列表

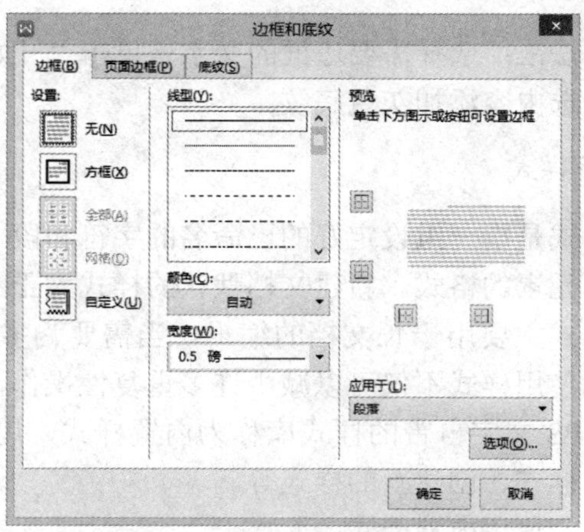


图 3-31 “边框和底纹”对话框

2）为文档页面编辑边框。页面边框的设置与边框设置基本相同，只是在“边框和底纹”对话框的“页面边框”选项卡中多了“艺术型”选项。

“页面边框”选项卡如图 3-32 所示。

（2）添加底纹

为文字或段落添加底纹的方法有以下几种。

方法一：选择需要添加底纹的文字或段落→单击“开始”选项卡→单击“底纹”按钮右侧的下拉按钮→单击需要设置的底纹颜色。

方法二：选择需要添加底纹的文字或段落→单击“开始”选项卡→单击“边框”按钮右侧的下拉按钮→选择“边框和底纹”命令→打开“边框和底纹”对话框→单击“底纹”选项卡→设置底纹的填充颜色、图案样式及颜色→在“应用于”下拉列表框中选择应用于文字或段落→在预览框中查看设置效果→单击“确定”按钮。

“底纹”选项卡如图 3-33 所示。

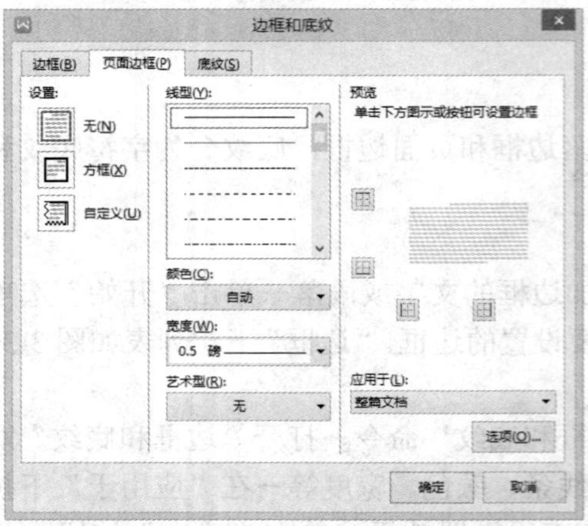


图 3-32 “页面边框”选项卡

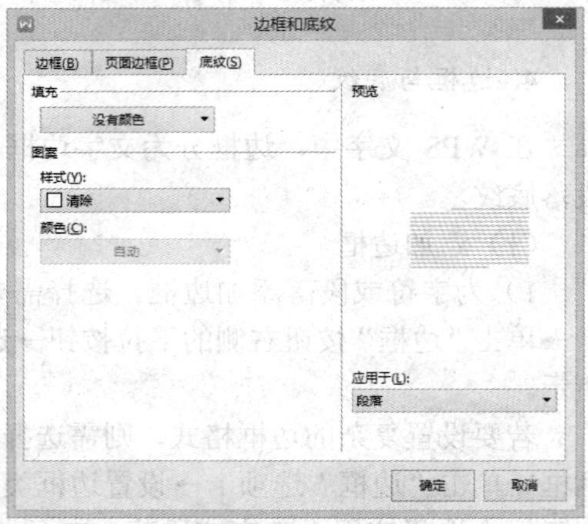


图 3-33 “底纹”选项卡

方法三：选择需要边框的文字→单击“开始”选项卡→单击“字符底纹”按钮，即可为所选内容添加灰色底纹。

5. 样式

样式是指一组设定好的已命名的字符和段落格式。它规定了文档中正文、标题等各个文本元素的格式。新建文档默认的样式为正文。

样式主要用于长文档的编辑，当需要为多个字符或段落设置相同的格式时，正确设置和使用样式不仅可以减少许多重复性操作，提高工作效率，还可以构筑大纲和目录。

WPS 文字自带的样式库称为内置样式，用户可直接套用内置样式，也可以根据需要修改样式、创建新的样式等。

（1）使用内置样式

选中需要设置样式的文本或段落后，用户可以通过多种方法使用内置样式。

方法一：单击“开始”选项卡→单击“样式”列表显示的有效样式。

方法二：单击“开始”选项卡→单击“样式和格式任务窗格启动器”按钮→打开“样式和格式”任务窗格→单击下方的“显示”下拉列表框→选择“所有样式”选项→选择要应用的格式。“样式和格式”任务窗格如图 3-34 所示。

（2）新建样式

除系统提供的样式外，用户还可以根据需要新建样式。新建样式的方法：单击“开始”选项卡→单击“新样式”按钮→选择“新样式”命令→打开“新建样式”对话框→输入样式名称、选择样式类型并根据需要设置具体的格式信息等→单击“确定”按钮。

“新建样式”对话框如图 3-35 所示。

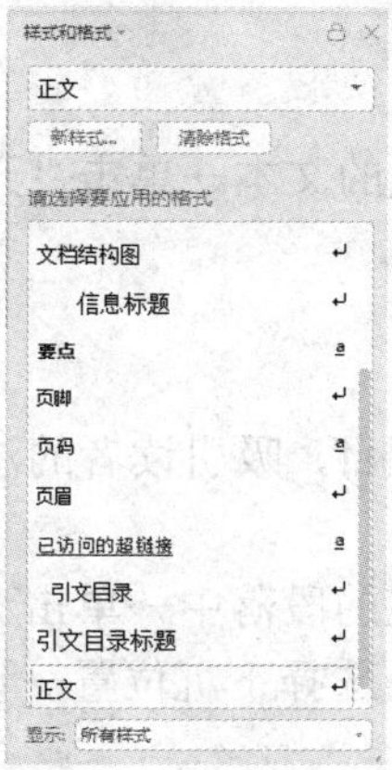


图 3-34 “样式和格式”任务窗格

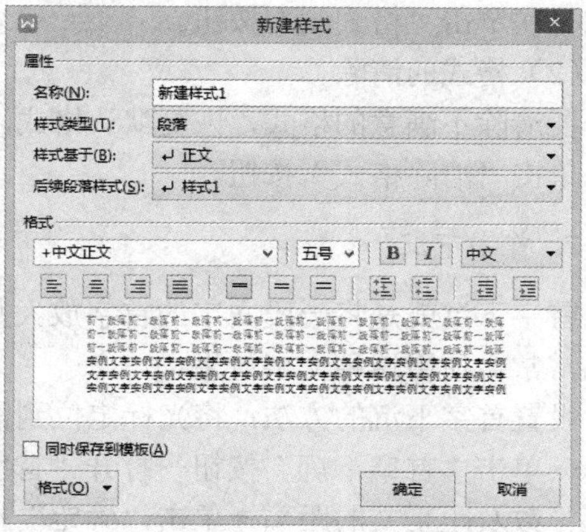


图 3-35 “新建样式”对话框

完成新建样式的设置后，在“开始”选项卡“样式”选项组中会出现新建的样式名称，在“样式和格式”任务窗格中也会出现新建的样式。

（3）修改样式

无论是内置样式还是新建的样式，用户都可以对其进行修改。

修改样式的方法：单击“开始”选项卡→单击“样式和格式任务窗格启动器”按钮→打开“样式和格式”任务窗格→单击下方的“显示”下拉列表框→选择“所有样式”选项→右击要修改的样式名→选择“修改”命令→打开“修改样式”对话框→输入样式名称、选择样式类型并根据需要设置具体的格式信息等→单击“确定”按钮。

“修改样式”对话框如图 3-36 所示。

（4）应用与删除样式

应用用户新建样式的方法与套用内置样式相同。应用样式后若要立即删除应用的样式，可以按 Ctrl+Z 组合键或单击快速访问工具栏上的“撤销”按钮；否则选中要删除样式的内容→单击“开始”选项卡→单击“新样式”按钮→选择“清除格式”命令。

6. 格式刷

格式刷主要用于将设置好的文本格式、段落格式或样式快速复制到文档中需要设置同样格式的其他区域。在文档编排时，格式刷可以避免大量的重复性工作，大大提高了工作效率。

（1）格式的复制

选中已设置好格式的文本→单击“开始”选项卡→单击“格式刷”按钮→将鼠标指针指向需要复制此格式的文本开始处→按下鼠标左键拖动鼠标直到要复制此格式的文档结束处。

若要多次使用格式刷，可双击“格式刷”按钮，当不需要使用格式刷时，可按 Esc 键或再次单击“格式刷”按钮。

（2）格式的清除

要清除不满意的格式，恢复默认格式，可选中应用格式的文本→单击“开始”选项卡→单击“清除格式”按钮。

7. 首字下沉

首字下沉就是将一段文字的首字放大数倍，以使文字醒目，吸引读者的注意。在报刊上常常会使用这种文字效果。

设置首字下沉的方法：将光标定位到需要设置首字下沉的段落中→单击“插入”选项卡→单击“首字下沉”按钮→打开“首字下沉”对话框→选择下沉位置→设置字体、下沉行数及距正文的距离→单击“确定”按钮。

“首字下沉”对话框如图 3-37 所示。在此对话框中，可设置“位置”为“悬挂”或“无”。当设置“位置”为“无”时可取消首字下沉效果。

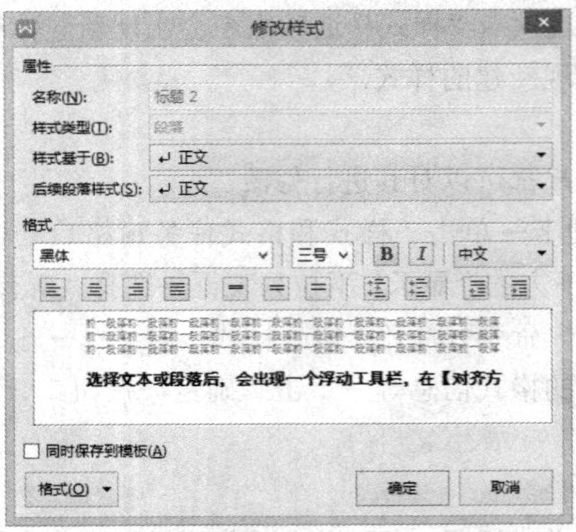


图 3-36 “修改样式”对话框

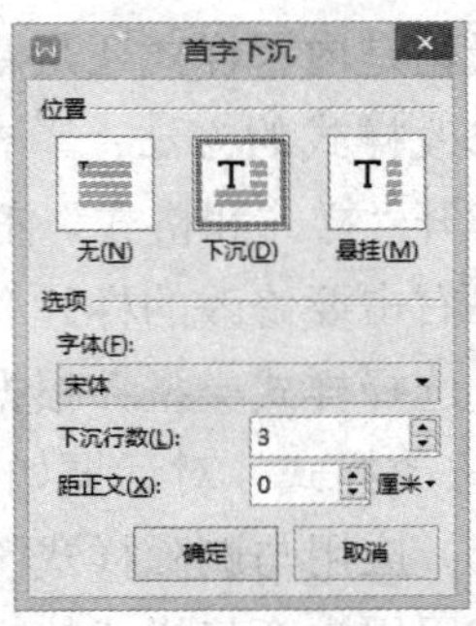


图 3-37 “首字下沉”对话框

8. 艺术字

WPS 文字的艺术字可以为文档中的文字增加特殊、美观的效果，使文档更加赏心悦目。

（1）设置艺术字

设置艺术字的方法：选中需要设置艺术字的文字→单击“插入”选项卡→单击“艺术字”按钮→选择所需的艺术字样式。

（2）插入艺术字

插入艺术字的方法：将光标定位到要插入艺术字的位置→单击“插入”选项卡→单击“艺术字”按钮→选择所需的艺术字样式→在“请在此放置您的文字”处输入文字。

（3）编辑艺术字

编辑艺术字的方法：选中插入的艺术字→单击“文本工具”选项卡或者“绘图工具”选项卡→对艺术字进行编辑。

“文本工具”选项卡与“绘图工具”选项卡如图 3-38 和图 3-39 所示。

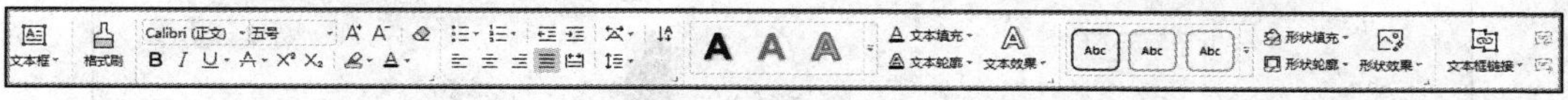

图 3-38 “文本工具”选项卡

图 3-39 “绘图工具”选项卡

9. 文字工具

对于长文档，WPS 文字还提供了多种文字排版工具。

使用文字工具的方法：将光标定位到文档中→单击“开始”选项卡→单击“文字工具”下拉按钮→选择需要的文字工具。

“文字工具”下拉列表如图 3-40 所示。

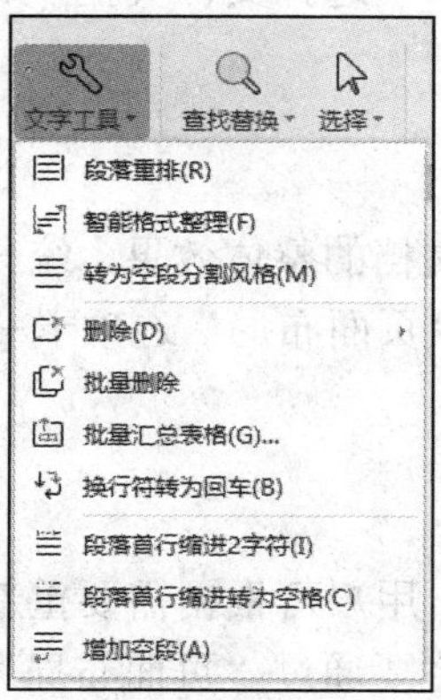


图 3-40 “文字工具”下拉列表

### 3.4.2 页面的排版

1. 模板

模板指包含文本格式、纸张格式及页眉页脚位置等版面设置的一组样式。在创建文档时，WPS 文字为用户提供了非常丰富的模板，如图 3-41 所示。

图 3-41 WPS 文字模板

（1）使用模板

使用模板的方法：打开“文件”菜单→选择“新建”命令→打开图 3-41 所示的模板列表→选择需要的模板。

（2）新建模板

新建模板的方法：打开指定要设置为模板的文档→打开“文件”菜单→选择“另存为”命令→打开“另存文件”窗口→选择文件类型“WPS 文字 模板文件（*.wpt）”→单击“保存”按钮。

2. 主题

通过应用主题可以快速更改文档的整体效果，统一文档风格。主题包括颜色、字体和效果。设置主题的方法：单击“页面布局”选项卡→单击“主题”下拉按钮→选择一种主题样式。

3. 页面布局

完成文档内容录入和编辑后，用户可根据需要重新选择纸张、设置页边距、页面背景、设置主题等。页面格式设置主要通过“页面布局”选项卡实现，如图 3-42 所示。

图 3-42 “页面布局” 选项卡

（1）设置纸张大小、方向

在 WPS 文字中，新建空白文档默认的纸张大小为 A4，纸张方向为纵向，用户可以根据需要进行更改。纸张大小既可选择系统提供的标准规格，也可以由用户自定义；纸张方向既可为纵向，也可为横向。

设置纸张大小、方向可通过如下两种方法实现。

方法一：单击“页面布局”选项卡→单击“纸张大小”按钮或“纸张方向”按钮→单击选择需要的类型。

方法二：单击“页面布局”选项卡→单击“页面设置”启动器按钮→打开“页面设置”对话框→单击“页边距”选项卡→设置纸张方向→单击“纸张”选项卡→设置纸张大小。

“页面设置”对话框如图 3-43 所示。

（2）设置页边距

在 WPS 文字中，新建空白文档默认的页边距为系统内置页边距“普通”，用户可以根据需要进行更改。

1）使用内置页边距。

方法：单击“页面布局”选项卡→“页边距”按钮→选择一种内置页边距。

“页边距”下拉列表如图 3-44 所示。

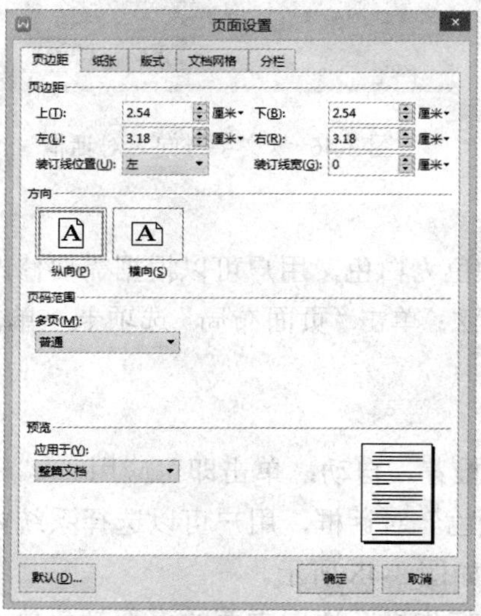


图 3-43 “页面设置”对话框

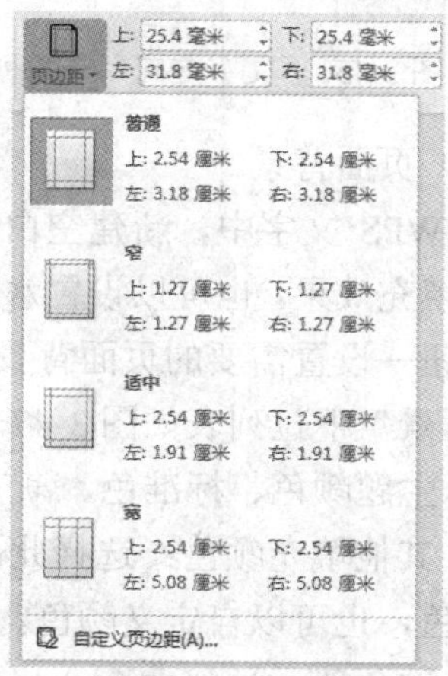


图 3-44 “页边距”下拉列表

2）自定义页边距。

方法一：单击“页面布局”选项卡→在“页边距”按钮右侧的“上”“下”“左”“右”文本框中输入需要的数值。

方法二：单击“页面布局”选项卡→单击“页边距”按钮→选择“自定义页边距”命令→打开“页面设置”对话框→单击“页边距”选项卡→设置上下左右页边距、装订线位置及装订线宽。

（3）设置文字方向

在 WPS 文字中，新建空白文档默认的文字方向为水平方向。文档中的文字方向可根据需要设置为垂直、旋转等，具体方法如下。

单击“页面布局”选项卡→单击“文字方向”按钮→选择“文字方向选项”命令→打开“文字方向”对话框→选择要设置的文字方向→选择“应用于”对象→单击“确定”按钮。

“文字方向”下拉列表及“文字方向”对话框如图 3-45 和图 3-46 所示。

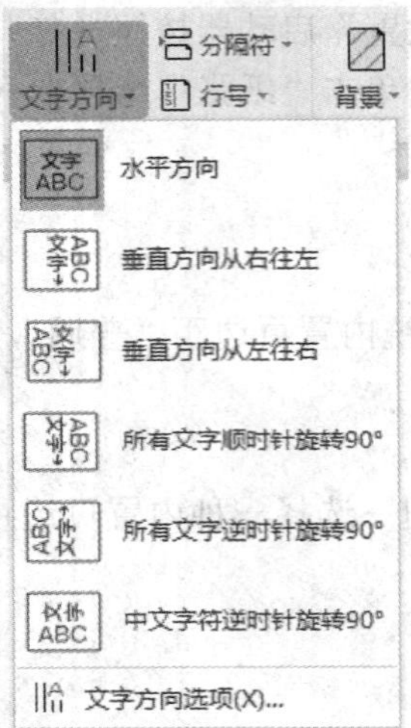


图 3-45 “文字方向”下拉列表

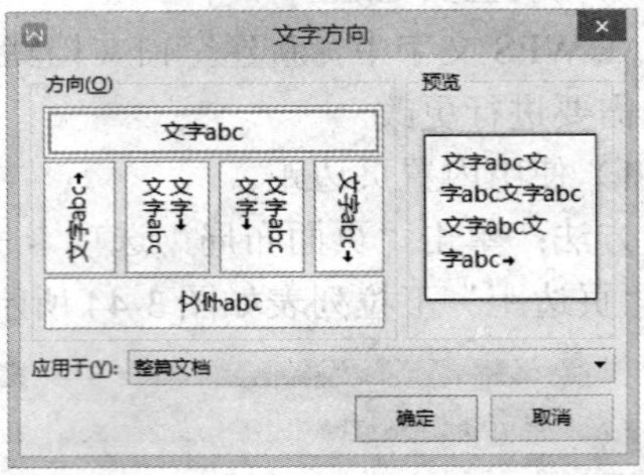


图 3-46 “文字方向”对话框

（4）页面背景

在 WPS 文字中，新建空白文档默认背景颜色为白色，用户可以根据需要修改背景颜色及填充效果，也可以设置水印背景。具体方法：单击“页面布局”选项卡→单击“背景”按钮→设置需要的页面背景。

“背景”下拉列表如图 3-47 所示。

1）主题颜色、标准色、渐变填充、渐变色推荐、自动：单击即可应用。

2）其他填充颜色：选择此命令会打开“颜色”对话框，用户可以选择系统内置的标准颜色，也可以自定义颜色。“颜色”对话框如图 3-48 所示。

3）取色器：选择此命令，在文档中移动鼠标指针，选取需要的页面颜色单击即可取色应用。

4）图片背景：选择此命令，将打开图 3-49 所示的“填充效果”对话框，单击“选择图片”按钮，选择图片文件即可设置图片背景。

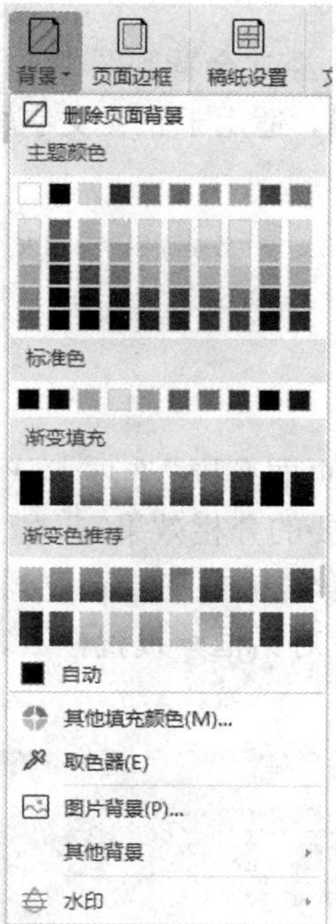


图 3-47　“背景”下拉列表

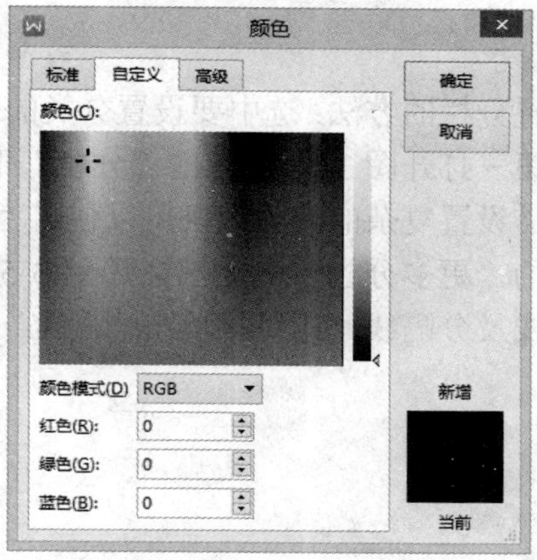


图 3-48　“颜色”对话框

5）其他背景：可设置或选择系统提供的渐变、纹理、图案等作为页面背景。

6）水印：位于文本和图片后面的文本或图片。选择此命令，会打开“水印”下拉列表，用户可以直接单击 WPS 文字中的预设水印，也可以单击“点击添加”按钮，或者选择“插入水印”命令，在打开的“水印”对话框中根据需要自定义水印。“水印”对话框如图 3-50 所示。如需删除水印，可选择“删除文档中的水印”命令。

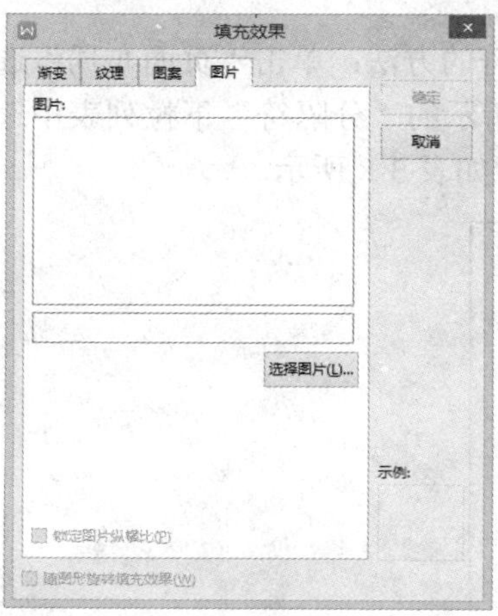


图 3-49　“填充效果”对话框

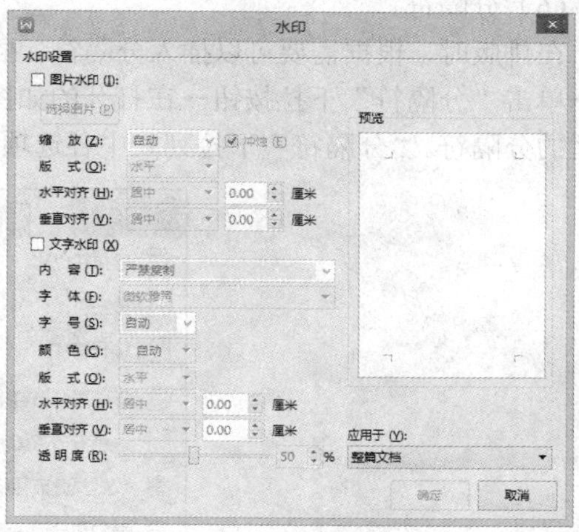


图 3-50　“水印”对话框

（5）分栏

为了增加文档内容的层次感与可读性，在杂志或报纸上经常会看到图 3-51 所示的分栏效果。分栏排版指在页面上把文档分成两栏或多栏编排，适用于正文文字较多而图片、图表等对象较少的文档。

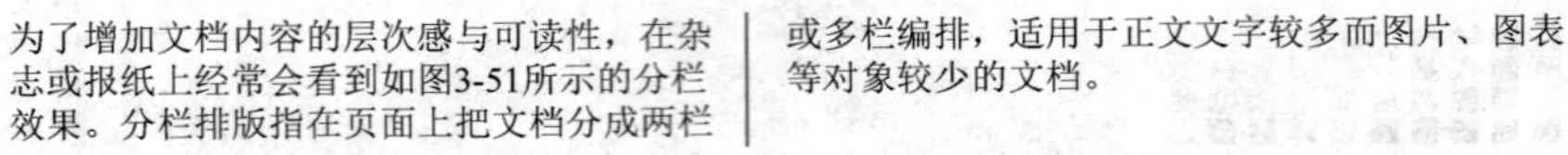
为了增加文档内容的层次感与可读性，在杂志或报纸上经常会看到如图3-51所示的分栏效果。分栏排版指在页面上把文档分成两栏或多栏编排，适用于正文文字较多而图片、图表等对象较少的文档。

图 3-51　分栏效果

设置分栏的方法：选中要设置分类的文档内容→单击“页面布局”选项卡→单击“分栏”按钮→打开图 3-52 所示的“分栏”下拉列表→选择需要的分栏效果。

如需设置复杂的分栏效果可以使用“分栏”对话框。操作方法：选择“分栏”下拉列表中的“更多分栏”命令→打开图 3-53 所示的“分栏”对话框→设置栏数、栏宽、栏分隔线及分隔线间距等→单击“确定”按钮。

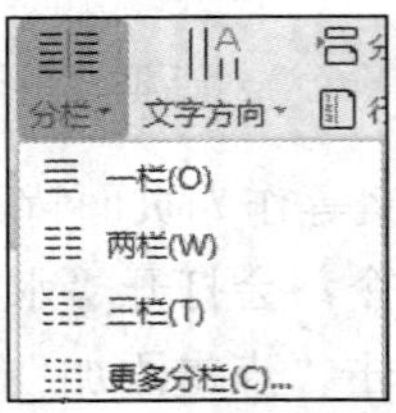


图 3-52　“分栏”下拉列表

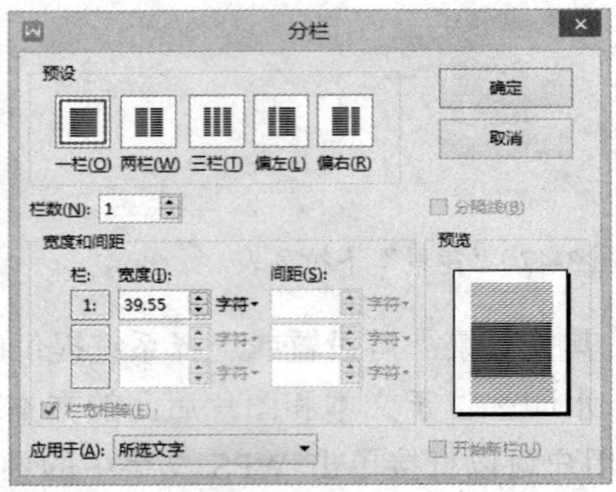


图 3-53　“分栏”对话框

（6）分隔符

在排版时，根据需要可以插入分隔符。插入分隔符的方法：单击“页面布局”选项卡→单击“分隔符”下拉按钮→在打开的如图 3-54 所示的“分隔符”下拉列表中选择合适的分隔符。“分隔符”下拉列表中各选项及其功能如表 3-8 所示。

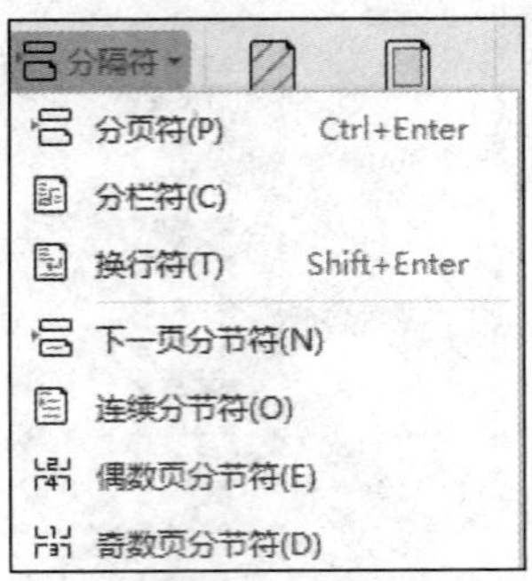


图 3-54　“分隔符”下拉列表

表 3-8 “分隔符”下拉列表中各选项及其功能

| 选项 | 功能 |
| --- | --- |
| 分页符 | 标记一页终止而下一页开始的格式符号。作用同 Ctrl+Enter 组合键 |
| 分栏符 | 插入分栏符的目的是将应用分栏的文本与未分栏的文本分隔开 |
| 换行符 | 当前文字强制换行，但不分段，又称为“软回车”。作用同 Shift+Enter 组合键 |
| 分节符 | 下一页分节符：插入分节符并在下一页上开始新节，插入点后面的内容将移到下一页<br>连续分节符：插入分节符并在同一页上开始新节，新节从当前页开始<br>偶数页分节符：自动在偶数页之间空出一页，插入分节符并在下一个偶数页上开始新节，插入点后面的内容移到下一个偶数页上<br>奇数页分节符：自动在奇数页之间空出一页，插入分节符并在下一个奇数页上开始新节，插入点后面的内容移到下一个奇数页上 |

在 WPS 文字中，新建空白文档默认将整篇文档视为一节，整篇文档具有相同的纸张大小、纸张方向、页眉、页脚等。如果需要在同一篇文档中设置不同的格式，需要先将文档分为不同的节，然后为每个节单独设置不同的格式。

4. *页眉、页脚和页码*

在文档中，每个页面上方页边距区域为页眉；页面下方页边距区域为页脚。

页眉和页脚区一般用于显示一些特定信息，如文档标题、日期、页码、单位标记等文本或图片内容。整个文档可以使用相同的页眉页脚，也可以在文档的不同位置使用不同的页眉页脚。

正常情况下，设置页眉页脚后，整个文档所有页面显示统一的页眉页脚内容。

插入页眉、页脚和页码的通用方法：单击“插入”选项卡→单击“页眉页脚”按钮→激活图 3-55 所示的“页眉页脚”选项卡→单击下列按钮进行相应的设置。

图 3-55 “页眉页脚”选项卡

各按钮的功能说明如下。

1）配套组合：WPS 文字提供了多种风格统一的页眉页脚和页码的组合应用样式，用户可以根据需要自行选用。

2）页眉：WPS 文字提供了页眉版式，用户既可选用内置的页眉版式，也可选择“编辑页眉”命令自定义页眉。

3）页脚：WPS 文字提供了页脚版式，用户既可选用内置的页脚版式，也可选择“编辑页脚”命令自定义页脚。

4）页码：WPS 文字支持为文档添加页码，用户既可选用内置的页码样式，也可选择“页码”命令自定义页码样式。

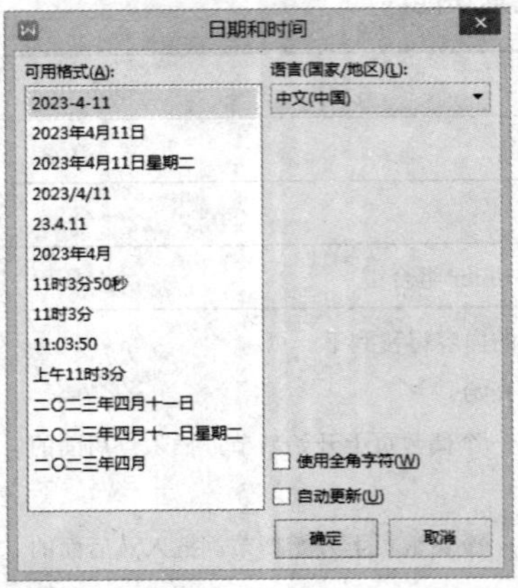


图 3-56 “日期和时间”对话框

5）页眉横线：在页眉处添加一条横线，可设置页眉横线的线型和颜色。

6）日期和时间：在页眉或页脚处插入日期和时间。“日期和时间”对话框如图 3-56 所示。

7）图片：在页眉或页脚处插入图片。

8）域：在页眉或页脚处插入相关命令。

9）页眉页脚切换：编辑页眉或页脚时，单击此按钮可在页眉和页脚之间来回切换。

10）显示前一项：定位到上一节页眉或页脚。

11）显示后一项：定位到下一节页眉或页脚。

12）页眉页脚选项：用于设置页眉页脚首页不同、奇偶页不同等。

13）插入对齐制表位：插入制表位，用于对齐页眉和页脚中的内容。

14）页眉顶端距离：指定页眉区域的高度。

15）页脚底端距离：指定页脚区域的高度。

（1）设置页眉

设置页眉的方法：在“页眉和页脚”选项卡中单击“页眉”按钮→选择使用 WPS 文字提供的页眉版式即可为整个页面添加统一的页眉；单击“页眉页脚选项”按钮→打开“页眉/页脚设置”对话框，在此可以设置页眉首页不同、奇偶页不同等，实现了在文档的不同位置使用不同的页眉。“页眉/页脚设置”对话框如图 3-57 所示。

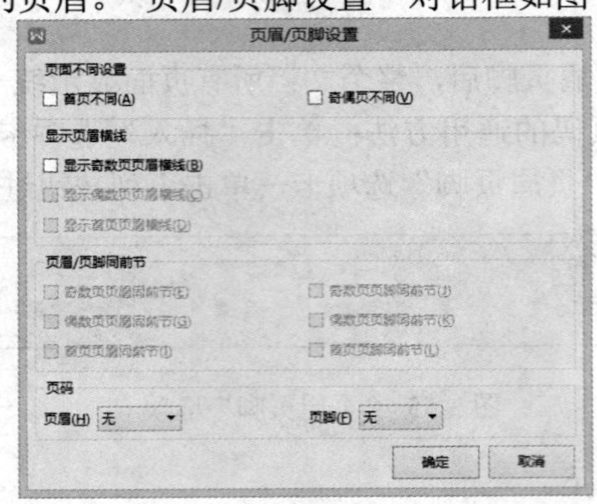


图 3-57 “页眉/页脚设置”对话框

（2）设置页脚

页脚的设置方法与页眉类似：在“页眉和页脚”选项卡中单击“页脚”按钮，或者单击“页眉页脚选项”按钮，即可打开“页眉/页脚设置”对话框，为页面设置相同或不同格式的页脚。

（3）插入页码

WPS 文字提供了多种页码样式，用户既可把页码插入到正文中，也可以将页码插入到页眉或页脚中。

插入页码的常见方法有以下两种。

方法一：单击“插入”选项卡→单击“页码”按钮→打开图 3-58 所示的“页码”下拉列表→选择命令即可进行相应的设置。

方法二：如果用户已经打开了“页眉和页脚”选项卡，则单击“页眉和页脚”选项卡→单击“页码”下拉按钮→打开“页码”下拉列表→选择相应命令。

“页码”下拉列表中的命令说明如下。

① 预设样式：WPS 文字为用户提供了多种格式的页码样式，用户选择一种样式即可为页码添加统一的页码。

② 页码：选择该命令即可打开图 3-59 所示的“页码”对话框，在此可设置页码样式、页码位置、页码编号及应用范围等。

③ 删除页码：用于删除页码。

图 3-58 “页码”下拉列表

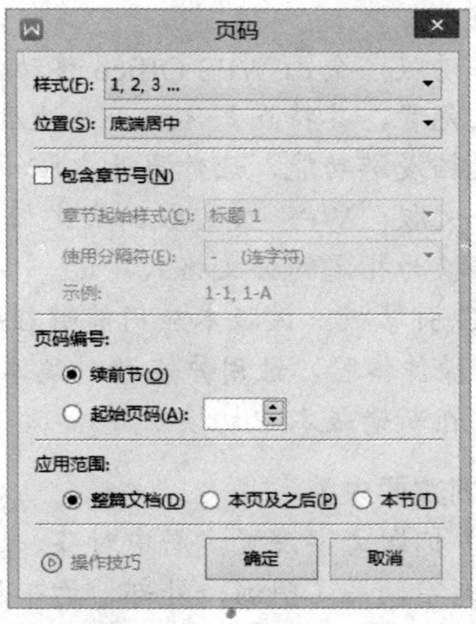


图 3-59 “页码”对话框

### 3.4.3 项目训练

【训练目标】

1）掌握设置字符格式的设置方法。

2）掌握段落格式、边框和底纹、项目符号和编号的设置方法。

3）掌握页面格式的设置方法。

【训练示例】

原始文字：

WPS Office 版本简介

WPS Office 是由北京金山办公软件股份有限公司自主研发的一款办公软件。

1989 年由求伯君正式推出 WPS1.0。可以实现办公软件最常用的文字、表格、演示，

PDF 阅读等多种功能。版本主要包括：个人版、校园版、专业版、租赁版、移动版、公文版以及 PC 引擎版。

个人版：WPS Office 个人版是一款对个人用户永久免费的办公软件产品，其将办公与互联网结合起来，多种界面随心切换，还提供了大量的精美模板、在线图片素材、在线字体等资源，帮助用户轻轻松松打造优秀文档，完全可以满足个人用户日常办公需求。

校园版：WPS Office 校园版是由金山办公软件专为师生打造的全新 office 套件。在融合文档、表格、演示三大基础组件之外，教育版新增了 PDF 组件、协作文档、协作表格、云服务等功能，致力于为教育用户量身打造一款【年轻·个性·创造】的办公软件。

专业版：WPS Office 专业版是针对企业用户提供的办公软件产品，强大的系统集成能力，如今已经与超过 240 家系统开发厂商建立合作关系，实现了与主流中间件、应用系统的无缝集成，完成企业中应用系统的零成本迁移。

租赁版：WPS Office 租赁版是金山办公面向中小企业推出的一款按年收费的企业级协作办公软件，其包含了 4 个版本：轻办公版本、印象笔记版本、imo 版本和搜狐云存储版本。

移动版：金山 WPS Office 移动版是运行于 Android、iOS 平台上的办公软件，个人版永久免费，其特点是体积小、速度快，支持微软 Office、PDF 等 47 种文档格式。特有的文档漫游功能，让你离开电脑一样办公。

公文版：WPS 公文版的公文模式，可自动将版面按照国标要求进行设置，用户可一键转换为指定的公文格式，进一步简化了排版流程。

PC 引擎版：该版本应用能够在手机或平板上，深度还原用户所熟悉的 PC 版 WPS Office 操作体验，让用户在移动端享受和 PC 端相同的办公体验。拥有双引擎内核，支持用户在新老版本中切换。

**【训练要求】**

1）标题文字设置：居中对齐、二号、加粗、文字颜色（渐变填充，深蓝-午夜蓝渐变）、文字效果（阴影，外部，右下斜偏移）。

2）所有正文段落设置：两端对齐、首行缩进 2 字符、段前间距 0.5 行、段后间距 0.5 行、行距 16 磅、文字颜色为“自定义颜色，红色：20，绿色 20，蓝色 180”，中文字体为“华文仿宋”、英文字体“MingLiU”、小四号字。

3）正文第一段设置：首字下沉 2 行，字体为华文彩云，距正文 0.3 厘米。

4）正文第二段设置：偏左两栏，栏间距为 2 字符，加栏分隔线；边框类型为自定义，双实线，黑色，宽度为 0.75 磅，上下边框线；底纹为主题颜色灰色，图案样式为 20%，黄色。

5）正文第 3～9 段设置：添加项目符号，定义新项目符号为☼。

6）页眉和页码设置：页眉文字为“WPS OFFICE 版本简介”右对齐；页码位于页脚右侧。

7）页码格式设置：页面边框为艺术型；水印文字为“严禁复制”版式为倾斜。

**【训练结果】**

训练结果如图 3-60 所示。

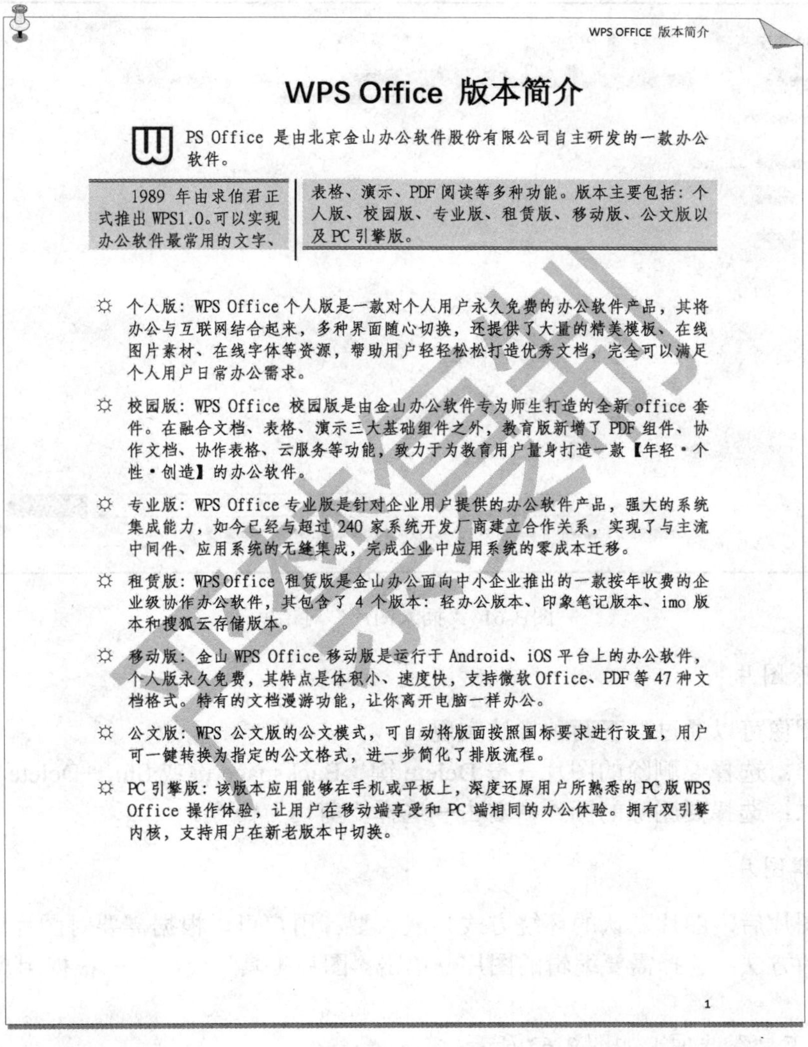

WPS OFFICE 版本简介

## WPS Office 版本简介

WPS Office 是由北京金山办公软件股份有限公司自主研发的一款办公软件。

1989 年由求伯君正式推出 WPS1.0。可以实现办公软件最常用的文字、表格、演示、PDF 阅读等多种功能。版本主要包括：个人版、校园版、专业版、租赁版、移动版、公文版以及 PC 引擎版。

☼ 个人版：WPS Office 个人版是一款对个人用户永久免费的办公软件产品，其将办公与互联网结合起来，多种界面随心切换，还提供了大量的精美模板、在线图片素材、在线字体等资源，帮助用户轻轻松松打造优秀文档，完全可以满足个人用户日常办公需求。

☼ 校园版：WPS Office 校园版是由金山办公软件专为师生打造的全新 office 套件。在融合文档、表格、演示三大基础组件之外，教育版新增了 PDF 组件、协作文档、协作表格、云服务等功能，致力于为教育用户量身打造一款【年轻·个性·创造】的办公软件。

☼ 专业版：WPS Office 专业版是针对企业用户提供的办公软件产品，强大的系统集成能力，如今已经与超过 240 家系统开发厂商建立合作关系，实现了与主流中间件、应用系统的无缝集成，完成企业中应用系统的零成本迁移。

☼ 租赁版：WPS Office 租赁版是金山办公面向中小企业推出的一款按年收费的企业级协作办公软件，其包含了 4 个版本：轻办公版本、印象笔记版本、imo 版本和搜狐云存储版本。

☼ 移动版：金山 WPS Office 移动版是运行于 Android、iOS 平台上的办公软件，个人版永久免费，其特点是体积小、速度快，支持微软 Office、PDF 等 47 种文档格式。特有的文档漫游功能，让你离开电脑一样办公。

☼ 公文版：WPS 公文版的公文模式，可自动将版面按照国标要求进行设置，用户可一键转换为指定的公文格式，进一步简化了排版流程。

☼ PC 引擎版：该版本应用能够在手机或平板上，深度还原用户所熟悉的 PC 版 WPS Office 操作体验，让用户在移动端享受和 PC 端相同的办公体验。拥有双引擎内核，支持用户在新老版本中切换。

1

图 3-60　训练结果

# 3.5　WPS 文字中的图片与图形

## 3.5.1　图片

1. 插入图片

插入图片的方法：将光标定位到文档中需要插入图片的位置→单击“插入”选项卡→单击“图片”按钮→打开“插入图片”对话框→单击“位置”下拉按钮→选中要插入的图片→单击“打开”按钮。

“插入图片”对话框如图 3-61 所示。

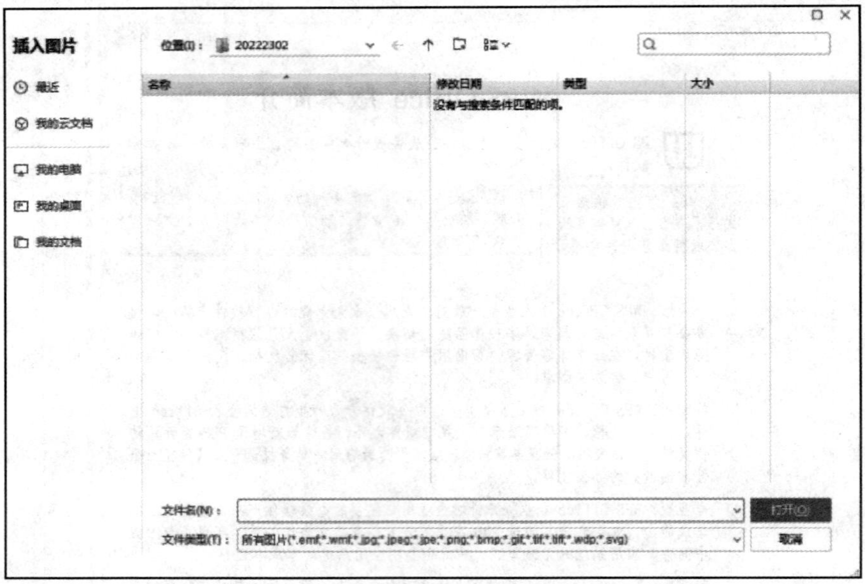

图 3-61 “插入图片”对话框

2. 删除图片

删除图像可以通过如下两种方法实现。

方法一：选择要删除的图片→按 Delete 键、Backspace 键或 Shift+Delete 组合键。

方法二：选择要删除的图片→右击→选择“剪切”命令。

3. 编辑图片

插入图片后，图片默认的环绕方式为嵌入型。用户可以根据需要对图片进行编辑。编辑图片的方法：选择需要编辑的图片→单击“图片工具”选项卡→根据用户需要进行设置。

“图片工具”选项卡如图 3-62 所示。

图 3-62 “图片工具”选项卡

在“图片工具”选项卡中可以设置如下内容。

1）插入图片：图片来源可以是本地图片、扫描图片、手机传图。

2）形状：可插入形状，既可位于文本中，又可位于图片上。

3）压缩图片：对选中的图片进行压缩，以减小图片的尺寸大小。

4）裁剪：选中图片后，用户可以拖动图片四周的编辑框进行裁剪，删除不需要的部分。WPS 文字提供了多种裁剪形式，单击“裁剪”下拉按钮，将打开图 3-63 所示的“裁剪”下拉列表，图 3-64 是将图片裁剪为心形形状。

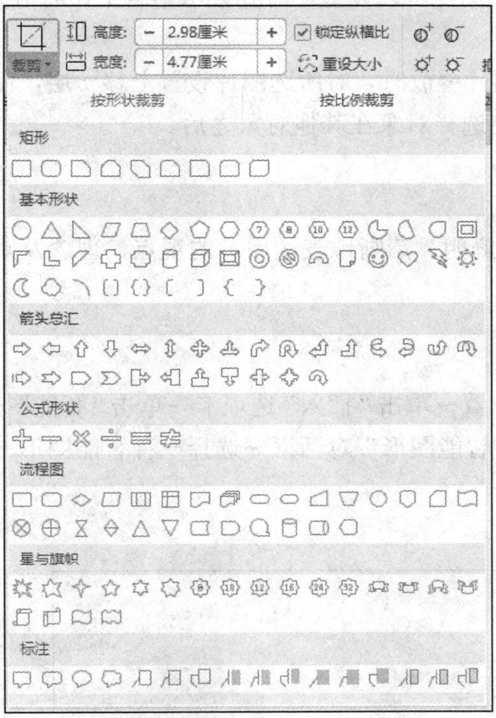


图 3-63　“裁剪”下拉列表

图 3-64　图片的“心形”裁剪

5）亮度、对比度：二者都可以根据需要设置增加或减少。

6）抠除背景：标记背景区域，快速抠除背景，可设置智能抠除背景、设置透明色。

7）颜色：图片默认颜色为自动，可设置为灰度、黑白和冲蚀。

8）图片轮廓：设置图片轮廓的颜色、粗细、线型及图片边框。

9）图片效果：对图片应用阴影、发光、倒影等视觉效果。

10）环绕：WPS 文字提供的文字环绕方式有 7 种类型，分别为嵌入式、四周型环绕、紧密型环绕、衬于文字下方、浮于文字上方、上下型环绕和穿越型环绕。插入的图片默认的文字环绕方式为嵌入型。

11）旋转：旋转图片，可选择向左旋转 90°、向右旋转 90°、水平旋转或垂直旋转。

12）组合：将选中的多个对象组合起来，以便将其作为单个对象处理。

在使用“组合”时，应先选择多个对象。选择多个对象的方法：单击选择一个对象→单击“图片工具”选项卡→按 Ctrl 键或 Shift 键，依次单击其他要选中的对象。将光标定位到下一个需要选择的对象上，当鼠标指针变为 ⇱ 形状时，可以单击选择多个对象。

**注意：**若图片的文字环绕方式为“嵌入型”，则不能与其他图形进行组合。

13）对齐：设置所选图片的对齐方式。图片可以设置左对齐、水平居中、右对齐、顶端对齐、底端对齐等。

14）上移一层、下移一层：当有多个图片叠放时，对所选图片设置上移一层，使其不被前面的对象遮挡；设置下移一层，可使选择对象在其他对象之后。

### 3.5.2 智能图形

WPS 预置了多种智能图形模板，可以鲜明、清晰地表达用户的观点、理念及知识架构等。

1. 插入智能图形

将光标定位到文档中需要插入图片的位置→单击“插入”选项卡→单击“智能图形”按钮→选择“智能图形”命令→打开“选择智能图形”对话框→选择一种智能图形→单击“确定”按钮→编辑图形内的内容。

“选择智能图形”对话框如图 3-65 所示。

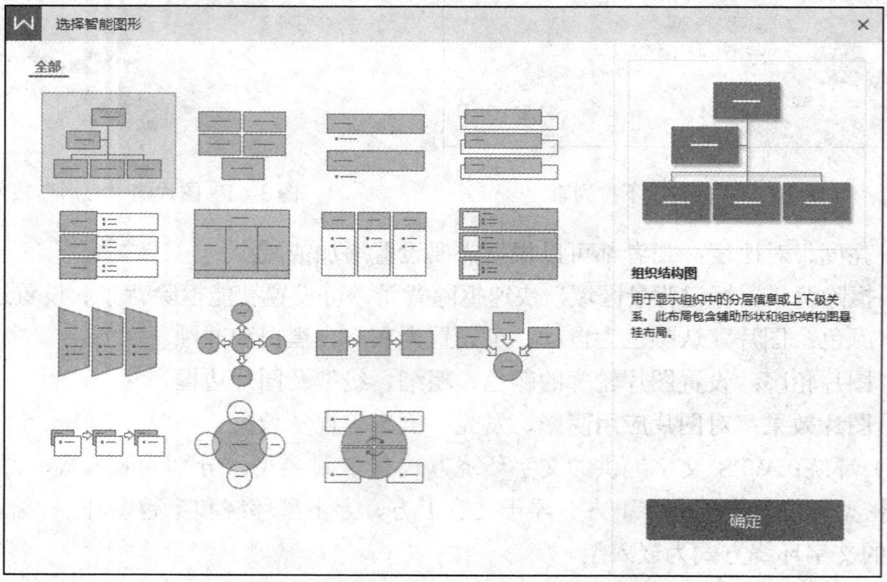


图 3-65 “选择智能图形”对话框

2. 编辑智能图形

编辑智能图形的方法：选中智能图形→单击“设计”选项卡→根据需要进行相应设置。

“设计”选项卡如图 3-66 所示。在此选项卡中可以设置智能图形的颜色、环绕方式、对齐、高度、宽度等。

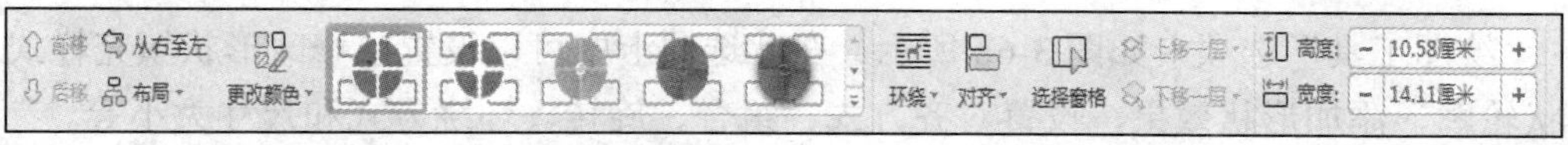


图 3-66 “设计”选项卡

### 3.5.3　关系图

关系图以直观的方式表达信息关系，包括组织结构图、象限、流程并列、时间轴等类型。插入关系图的方法：将光标定位到文档中需要插入图片的位置→单击“插入”选项卡→单击“关系图”按钮→打开“关系图”对话框→选择一种关系图→单击“插入”按钮→编辑图形内的内容。

“关系图”对话框如图 3-67 所示。

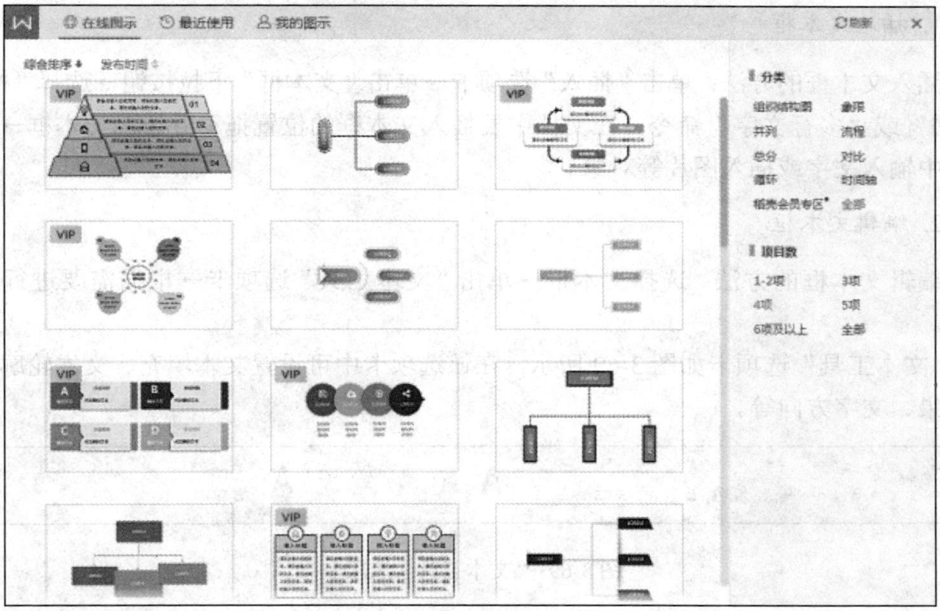


图 3-67 “关系图”对话框

### 3.5.4　形状

1. 插入形状

插入形状的方法：将光标定位到待插入形状的位置→单击“插入”选项卡→单击“形状”下拉按钮→选择所需的形状→拖动鼠标绘制形状。

2. 编辑形状

编辑形状的方法：选中插入的形状→单击“绘图工具”选项卡→根据需要进行相应设置。

“绘图工具”选项卡如图 3-68 所示。在此选项卡中可以设置或修改形状填充样式、形状轮廓、添加形状效果，设置对齐方式、组合、旋转、环绕方式和尺寸大小等。

图 3-68 “绘图工具”选项卡

### 3.5.5 文本框

WPS 文字提供了 3 种文本框：横向、竖向和多行文字。利用文本框可以制作特殊的文档版式。在文本框中既可以输入文本，也可以插入图片、表格等。

1. 插入文本框

插入文本框的方法：单击“插入”选项卡→单击“文本框”下拉按钮→选择“横向”“竖向”或“多行文字”命令→在文档中要插入文本框的位置拖动并绘制文本框→在文本框中输入文字或插入图片等对象。

2. 编辑文本框

编辑文本框的方法：选择文本框→单击“文本工具”选项卡→根据需要进行相应设置。

“文本工具”选项卡如图 3-69 所示，在该选项卡中可设置文本填充、文本轮廓、文字效果、文字方向等。

图 3-69 “文本工具”选项卡

### 3.5.6 项目训练

【训练目标】

1）掌握艺术字的使用。

2）掌握文本框的使用。

3）掌握图片插入及格式设置方法。

4）掌握图形绘制及编辑方法。

【训练示例】

原始文字及图片：

黄山迎客松

黄山，被誉为“天下第一奇山”，以奇松、怪石、云海、温泉、冬雪“五绝”闻名于世，而人们对黄山奇松，更是情有独钟。山顶上，陡崖边，处处都有它们潇洒、挺秀的身影。迎客松就是其中之一。

黄山迎客松屹立在黄山风景区玉屏楼的青狮石旁，海拔 1680 米处。树高 9.91 米，胸围 2.05 米，枝下高 2.54 米。树干中部伸出长达 7.6 米的两大侧枝展向前方，恰似一位好客的主人，挥展双臂，热情地欢迎五湖四海的宾客来黄山游览。

黄山迎客松的生长方式很奇特，它们都扎根在岩石缝里，没有泥土，枝丫都向一侧伸展。不错，漫山遍野的黄山松就是生长在这样的一种环境中。它们的根大半长在空中，像须蔓一般随风摇曳着，为的是能够更好地迎接雨露，拥抱阳光。这里的山峰陡峭，土少石多，无法留住很多水分。但它们却都能长得那么苍翠挺拔、隽秀飘逸！那么，是谁在滋养着这些无本之木？是云？是雾？

黄山迎客松以它的隽秀飘逸告诉世人：生命的承受力远远超出了人们的想象！

迎客松

霄云蕴碧拂境松，挺拔远近看清空。

四季轮转点苍翠，一生傲奇笑春风。

**【训练要求】**

1）根据个人需要，设置文字的字符、段落及页面格式。

2）艺术字：将标题文字设置为艺术字，并调整艺术字的大小、对齐方式等。

3）图片：在正文第二段、第三段中插入图片，并调整图片的环绕方式、图片大小，裁剪图片，调整图片亮度、对比度，设置图片轮廓、图片效果。

4）文本框：在正文第三段图片处插入文本框，输入文字“雪中迎客松”并设置文字格式，设置文本框为无轮廓、无填充颜色等。

5）形状：在文档最后插入形状（横书卷），并将最后的诗词移入其中，设置文字及形状的格式。插入其他形状对文档进行适当点缀修饰。

【训练结果】

训练结果如图 3-70 所示。

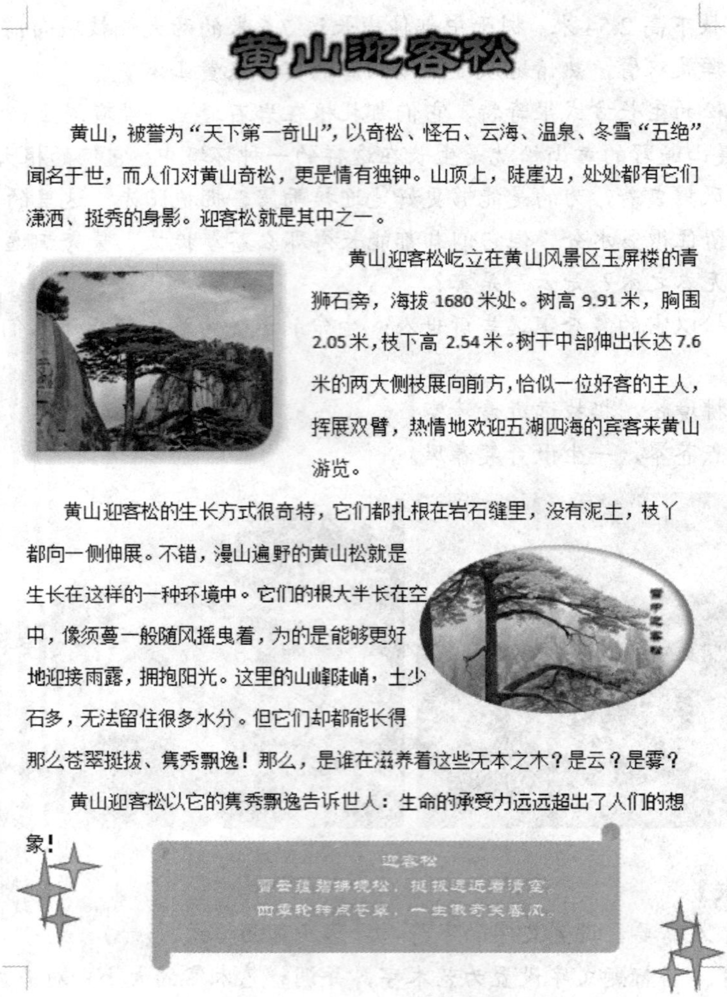


图 3-70　训练结果

## 3.6　WPS 文字中的表格

### 3.6.1　创建表格

WPS 文字提供了多种创建表格的方法，包括插入表格、绘制表格、文本转换成表格等。

1. 插入表格

（1）插入自动表格

此方法最多可插入 8 行 17 列的表格。插入自动表格的方法：将光标定位到需要插入表格的位置→单击“插入”选项卡→单击“表格”按钮→在“表格”栏上拖动鼠标指针选择要插入的表格→单击即可完成表格的插入。

（2）插入指定尺寸的表格

此方法最多可插入 600 行 63 列的表格。插入指定尺寸的表格的方法：将光标定位到需要插入表格的位置→单击“插入”选项卡→单击“表格”下拉按钮→选择“插入表格”命令→打开图 3-71 所示的“插入表格”对话框→设置表格尺寸和列宽选择→单击“确定”按钮。

2. 绘制表格

根据操作需要，还可以通过“绘制表格”功能绘制一些较复杂的表格。绘制表格的步骤如下。

1）单击“插入”选项卡→单击“表格”下拉按钮→选择“绘制表格”命令，此时鼠标指针呈 形状。

2）在需要插入表格的位置上按住鼠标左键不放拖动并绘制表格→释放鼠标左键即可完成表格绘制。

在拖动绘制表格的过程中会出现虚线框，其右下角会显示所绘制表格的行数和列数，拖动鼠标调整虚线框以调整表格大小。

3）在需要插入横线、竖线或斜线的位置上按住鼠标左键不放拖动并绘制→按 Esc 键退出绘制状态。

绘制完表格后，利用“表格样式”选项卡中的相关按钮，如图 3-72 所示，还可对表格进行修改、绘制斜线表头、擦除等操作。

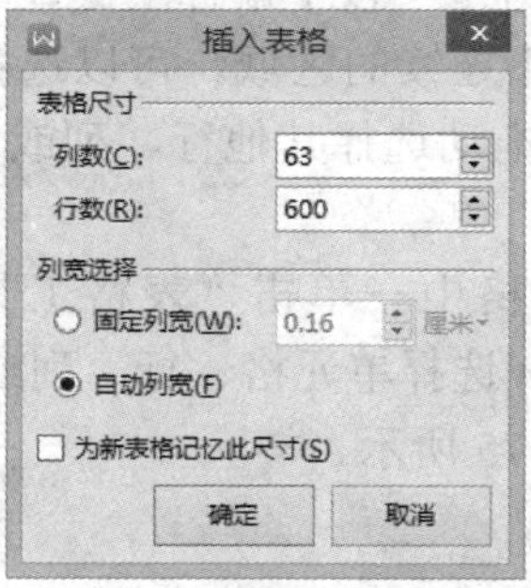


图 3-71 “插入表格”对话框

图 3-72 绘制表格相关按钮

3. 文本转换成表格

WPS 文字提供了文本和表格的互相转换功能，可以将特定格式的文本转换成表格，也可将表格转换成文本。

（1）文本转换成表格

文本转换成表格的步骤如下。

1）录入文本。使用该功能时，需要先输入表格内容，以回车符作为表格一行结束的标志，表中两列内容之间需要使用统一的英文符号间隔，如英文逗号、空格、制表符等。录入的文本如图 3-73 所示。

2）文本转成表格。选中录入的文本→单击“插入”选项卡→单击“表格”下拉按钮→选择“文本转成表格”命令→打开“将文字转换成表格”对话框→设置表格尺寸及文字分隔位置→单击“确定”按钮。表格效果如图 3-74 所示。

1,2,3
4,5,6

图 3-73　录入文本示例

| 1 | 2 | 3 |
|---|---|---|
| 4 | 5 | 6 |

图 3-74　文本转换成表格的效果

（2）表格转换成文本

表格转换成文本的方法：选中需要转换成文本的表格→单击“插入”选项卡→单击“表格”下拉按钮→选择“表格转成文本”命令→打开“表格转换成文本”对话框→设置文字分隔符等→单击“确定”按钮。

### 3.6.2　编辑表格

1. 选择操作区域

对表格进行操作前，需要先选择操作对象。操作对象包括表格、行、列和单元格。常见的选择操作方法有如下几种。

（1）使用鼠标拖动选择

方法：将光标移动到表格中→按下鼠标左键拖动，即可选择连续的区域；若要选择不连续的区域，可以选择某区域后，按住 Ctrl 键不放，依次拖动选择其他行、列或单元格。

（2）使用选项卡选择

方法：将光标移动到表格中→单击“表格工具”选项卡→单击“选择”下拉按钮→选择单元格、行、列或表格。“选择”下拉列表如图 3-75 所示。

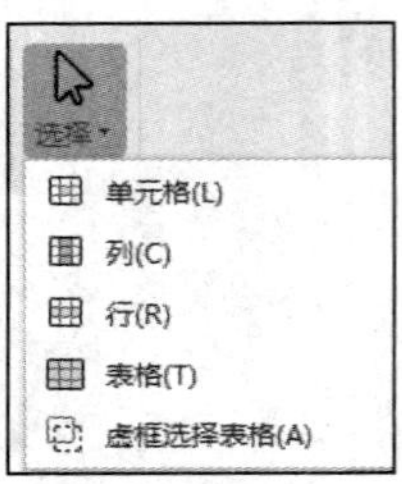


图 3-75　“选择”下拉列表

（3）其他方法

其他选择表格对象的方法如表 3-9 所示。

表 3-9　选择表格对象的方法

| 选择区域 | 方法 |
|---|---|
| 整个表格 | 方法一：单击表格左上角的“全选”按钮。<br>方法二：单击表格左上角第一个单元格→按住 Shift 键不放→单击右下角最后一个单元格 |

续表

| 选择区域 | 方法 |
|---|---|
| 一行 | 将鼠标指针移到表格某行的左侧→当鼠标指针呈↗形状时，单击即可选择该行 |
| 一列 | 将鼠标指针移到表格某列的上方→当鼠标指针呈↓形状时，单击即可选择该列 |
| 单个单元格 | 将鼠标指针指向某单元格的左下角→当鼠标指针呈黑色箭头形状时，单击即可选择该单元格 |
| 连续区域 | 选择起始单元格→按住 Shift 键不放→单击终止单元格 |
| 分散区域 | 选择起始单元格→按住 Ctrl 键不放→依次单击其他要选择的单元格 |

2. 插入或删除行、列或单元格

对表格进行编辑时，可以根据用户实际需要来插入或删除行、列或单元格。

（1）插入行、列或单元格

方法：将光标定位到表格某单元格中→单击“表格工具”选项卡→单击选择图 3-76 所示的按钮→插入一行或一列。

若要一次插入多行或多列，则应先选中多行或多列后，再执行上面的操作。

若需要插入单元格，可以单击图 3-76 右侧的“插入单元格对话框”启动器→打开图 3-77 所示的“插入单元格”对话框→选择相应的选项后即可插入。

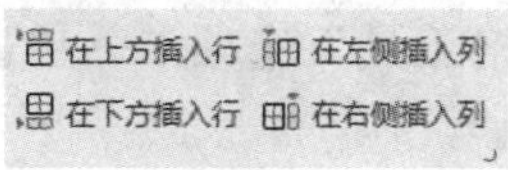


图 3-76　插入选项按钮

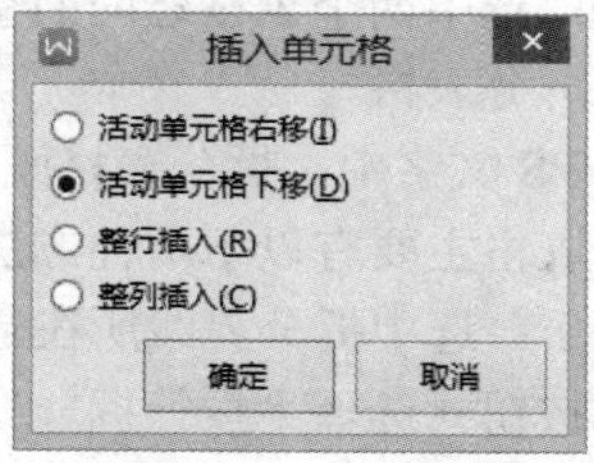


图 3-77　“插入单元格”对话框

（2）删除表格、行、列、或单元格

方法：选中要删除的表格、行、列或单元格→单击“表格工具”选项卡→单击“删除”按钮→在图 3-78 所示的下拉列表中删除指定的对象。

若选择“单元格”命令，则需要在图 3-79 所示的“删除单元格”对话框中选择删除方式。

3. 合并与拆分单元格、表格

（1）合并单元格

合并单元格主要有以下两种方法。

方法一：选择多个相邻且需要合并的单元格→单击“表格工具”选项卡→单击“合并单元格”按钮。

方法二：选择多个相邻且需要合并的单元格→右击选定区域→选择“合并单元格”命令。

（2）拆分单元格

拆分单元格主要有以下两种方法。

方法一：选择需要拆分的单元格→单击“表格工具”选项卡→单击“拆分单元格”按钮→打开“拆分单元格”对话框→设置所需的拆分列数和行数→单击“确定”按钮。

方法二：选择需要拆分的单元格→右击选定区域→选择“拆分单元格”命令→打开“拆分单元格”对话框→设置所需的拆分列数和行数→单击“确定”按钮。

“拆分单元格”对话框如图 3-80 所示。

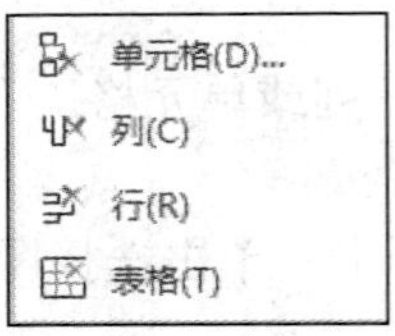


图 3-78 “删除”下拉列表

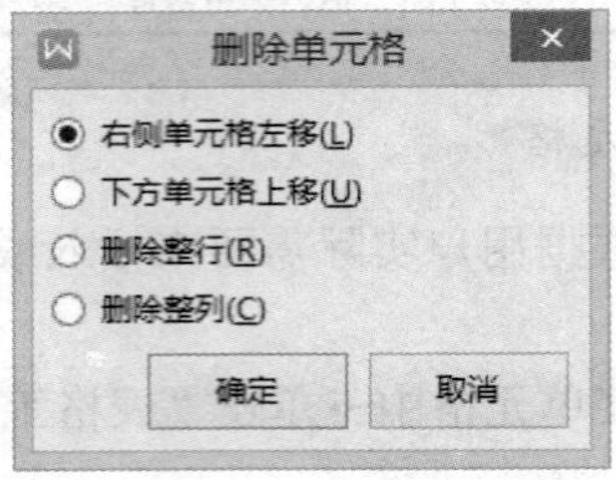


图 3-79 “删除单元格”对话框

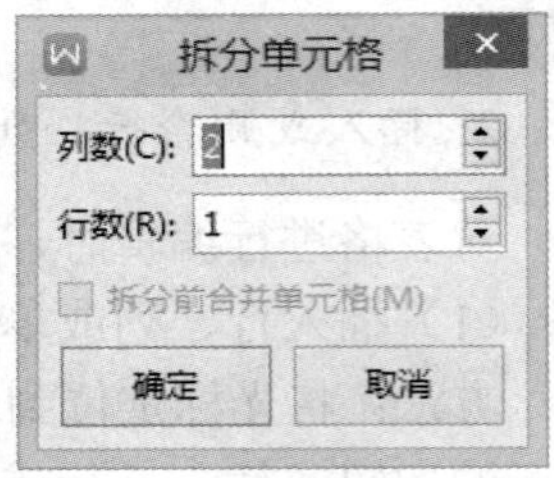


图 3-80 “拆分单元格”对话框

（3）合并表格

方法：选中两个表格之间的空行删除→按 Delete 键。

（4）拆分表格

在 WPS 文字中，拆分表格既可上下拆分，也可左右拆分。

拆分表格主要有以下两种方法。

方法一：选中拆分界线所在行（或列）→单击“表格工具”选项卡→单击“拆分表格”下拉按钮→选择“按行拆分”或“按列拆分”命令。

方法二：将光标定位到拆分界线所在行（或列）的任意一个单元格中→右击→选择“拆分表格”命令→选择“按行拆分”或“按列拆分”命令。

WPS 文字拆分表格时，选中的行将成为新表格的首行，选中的列将成为新表格的首列。

4. 格式化表格

（1）调整行高与列宽

WPS 文字中有多种方法可以调整行高与列宽。

方法一：将光标定位到需要调整大小的单元格中→单击“表格工具”选项卡→在“高度”或“宽度”微调框中输入数值，如图 3-81 所示。

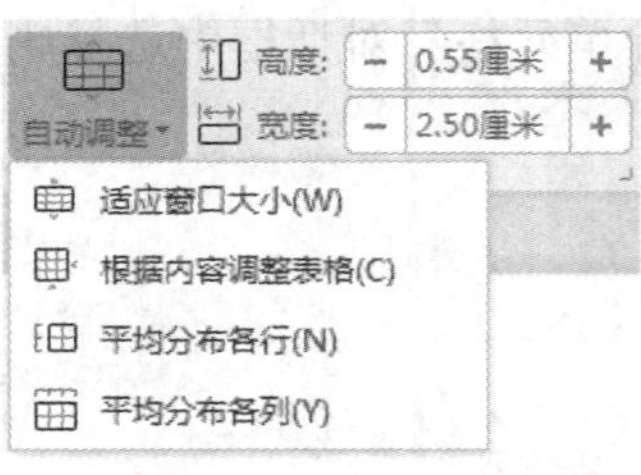


图 3-81 调整行高与列宽选项

单击图 3-81 中的“自动调整”按钮，可以根据需要进行多种设置，如表 3-10 所示。

表 3-10 自动调整表格选项及作用

| 选项 | 作用 | 选项 | 作用 |
| --- | --- | --- | --- |
| 适应窗口大小 | 根据窗口大小设置表格的宽度 | 平均分布各行 | 分布行，在所选行之间平均分布高度 |
| 根据内容调整表格 | 根据列中文字的大小自动调整宽度 | 平均分布各列 | 分布列，在所选列之间平均分布宽度 |

方法二：将光标定位到需要调整大小的单元格中→单击“表格工具”选项卡→单击“表格属性”按钮→打开“表格属性”对话框→单击“行”选项卡→设置行高→单击“列”选项卡→设置列宽→单击“确定”按钮。

“表格属性”对话框如图 3-82 所示。

在“表格属性”对话框中，单击“表格”选项卡，可以设置表格的宽度、对齐方式及文字环绕方式；单击“单元格”选项卡，还可设置单元格的宽度和垂直对齐方式。

方法三：使用鼠标拖动。将鼠标指针移动到要调整的单元格的边框线上→当鼠标指针变成÷或⫲形状时，按下鼠标左键拖动到所需的高度或宽度，释放鼠标即可。

（2）设置单元格对齐方式

1）设置单元格水平对齐方式。

方法：选择需要设置的所有单元格→单击“开始”选项卡→按需要选择是左对齐、居中对齐、右对齐、两端对齐还是分散对齐。

各水平对齐方式依次如图 3-83 所示。

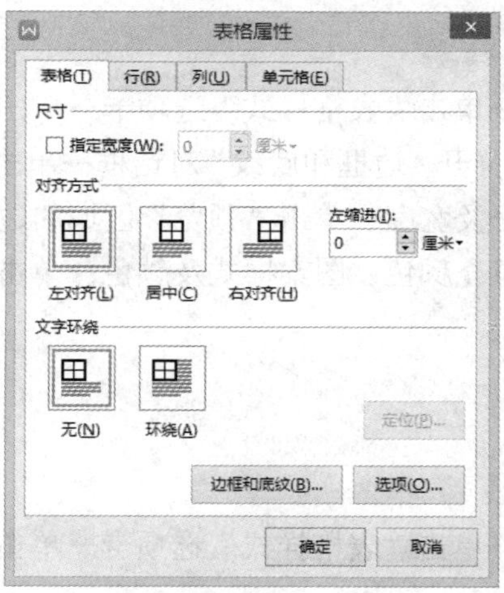


图 3-82 “表格属性”对话框

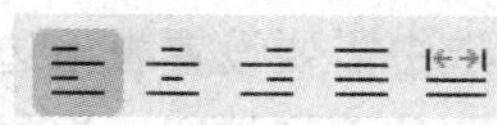

图 3-83 水平对齐方式

2）设置单元格垂直对齐方式。

方法：选择单元格区域→单击“表格工具”选项卡→单击“表格属性”按钮→打开“表格属性”对话框→单击“单元格”选项卡→选择垂直对齐方式→单击“确定”按钮。

3）快速设置单元格对齐方式。

WPS 文字提供了 9 种单元格内容的对齐方式，可快速完成水平和垂直方向的对齐设置。设置方法如下。

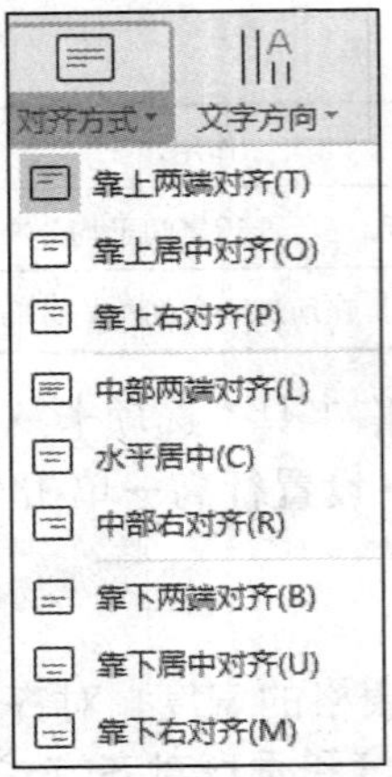


图 3-84 “对齐方式”下拉列表

选择单元格区域→单击“表格工具”选项卡→单击“对齐方式”下拉按钮→选择所需的对齐方式。

“对齐方式”下拉列表如图 3-84 所示。

（3）设置文字方向

方法：选择需要设置文字方向的单元格→单击“表格工具”选项卡→单击“文字方向”下拉按钮→选择所需的文字方向。

（4）设置表格对齐方式

在 WPS 文字中，表格的对齐方式有三种：左对齐、居中和右对齐。

方法：选中表格→单击“表格工具”选项卡→单击“表格属性”按钮→打开“表格属性”对话框→单击“表格”选项卡→选择表格的对齐方式→单击“确定”按钮。

（5）设置边框和底纹

1）设置简单的边框与底纹。

方法：选中需要设置表格边框与底纹的区域→单击“表格样式”选项卡→单击“边框”右侧的下拉按钮→选择系统预设的边框样式→单击“底纹”右侧的下拉按钮→选择所需的底纹颜色。

2）设置复杂的边框与底纹。

方法：选中需要设置表格边框与底纹的区域→单击“表格样式”选项卡→单击“边框”右侧的下拉按钮→选择“边框和底纹”命令→打开“边框和底纹”对话框→单击“边框”选项卡→选择边框类型，设置边框线型、颜色及宽度→单击“预览”区域的边框按钮设置边框→单击“底纹”选项卡→设置底纹的填充颜色、图案样式及颜色→单击“确定”按钮。

“边框和底纹”对话框如图 3-85 所示。

（6）设置表格样式

WPS 文字提供了多种表格预设样式。

方法：选中需要设置表格边框与底纹的区域→单击“表格样式”选项卡→单击“表格样式”右侧的下拉按钮→选择需要的预设样式。

“表格样式”下拉列表如图 3-86 所示。

（7）设置重复标题行

在 WPS 文字中编辑制作与编辑表格时，若同一个表格需要在多个页面中显示，往往需要在每一页中都显示标题行，这可以使用“标题行重复”按钮实现。

方法：选中表格标题行→单击“表格工具”选项卡→单击“标题行重复”按钮。

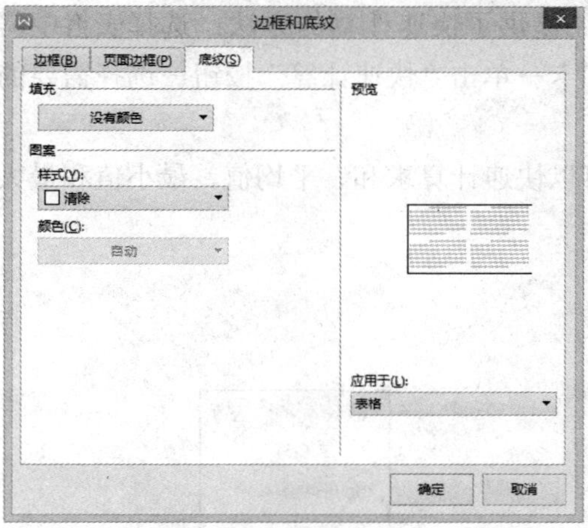


图 3-85 “边框和底纹”对话框

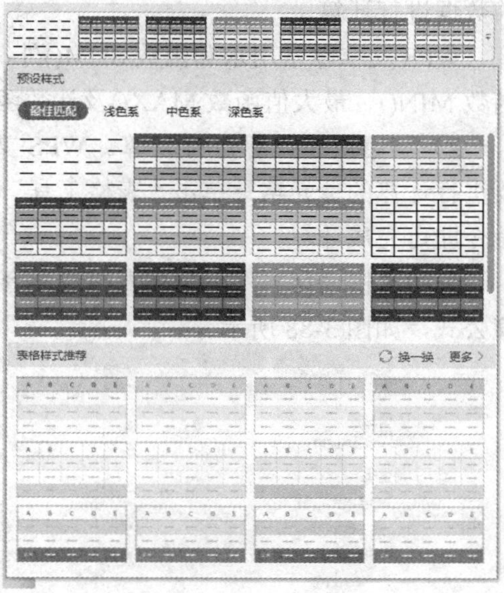


图 3-86 “表格样式”下拉列表

5. 表格数据的计算与排序

（1）单元格命名

WPS 文字表格是由若干行和列组成的一个个的单元格阵列，单元格是表格的基本组成单位。单元格的名称由列标和行号标识，列标在前，行号在后。列标从左到右依次用 A、B、C、D、…、Z、AA、AB、…、AZ、BA、BB、…、BK 表示，最多 63 列；行号从上到下依次用 1、2、3、…、600 表示，最多 600 行。因此，WPS 文字中表格最多可以有 600×63 个单元格。

可以用单元格名称表示一个单元格，如 A5、E8；若表示一个连续的单元格区域，可在此区域左上角的单元格地址和右下角的单元格地址中间加一个英文冒号“:”，如 A5:E8。

（2）数据计算

1）利用公式进行计算。利用公式进行单元格数据计算的具体操作步骤如下。

将光标定位到存放结果的单元格中→单击“表格工具”选项卡→单击“公式”按钮→打开“公式”对话框→输入需要进行计算的公式→单击“确定”按钮。

“公式”对话框如图 3-87 所示。

其中，函数参数对表格中的计算区域进行规定，默认对指定单元格上方的数据进行计算，用“ABOVE”表示；如果上方没有合适数据，则对左侧数据进行计算，用“LEFT”表示。用户还可以使用的参数“RIGHT”和“BELOW”，分别对指定单元格右侧和上方的数据进行计算。

WPS 文字除常用求和函数 SUM()外，还提供了求平均值函数 AVERAGE()、最小值函数 MIN()、最大值函数 MAX()及计数函数 COUNT()等。

2）利用快速计算进行计算。WPS 文字还提供了快速计算的方法：选择表格中需要进行计算的单元格→单击“表格工具”选项卡→单击“快速计算”按钮→选择需要的命令即可完成计算。

使用“快速计算”下拉列表中的命令，可以快速计算求和、平均值、最小值和最大值公式，如图 3-88 所示。

图 3-87 “公式”对话框

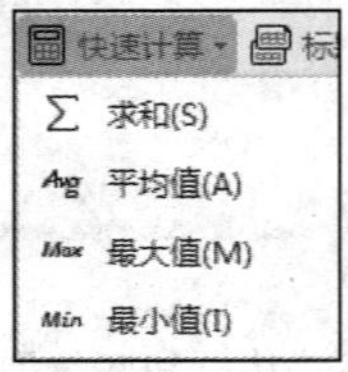


图 3-88 “快速计算”下拉列表

3）公式数据更新。在 WPS 文字中，公式中引用的基本数据源如果发生了变化，计算的结果并不会自动更改，需要用户逐个进行更新。公式数据更新主要有如下两种方法。

方法一：单击需要更新的公式数据→按 F9 键。

方法二：右击需要更新的公式数据→在弹出的快捷菜单中选择“更新域”命令。

（3）表格排序

WPS 文字除了可以对表格进行简单的计算外，还可以对数据排序。

方法：将光标定位到表格中→单击“表格工具”选项卡→单击“排序”按钮→打开“排序”对话框→根据需要进行排序设置→单击“确定”按钮。

“排序”对话框如图 3-89 所示。在 WPS 文字中对表格排序可以进行如下设置。

1）有无标题行。

2）排序依据的关键字，最多可以设置为三个，当主要关键字相同时按次要关键字排序，当次要关键字再次相同时按第三关键字排序。

3）排序次序：升序或降序。

4）排序依据的类型可以是数字、日期、拼音或笔画等。

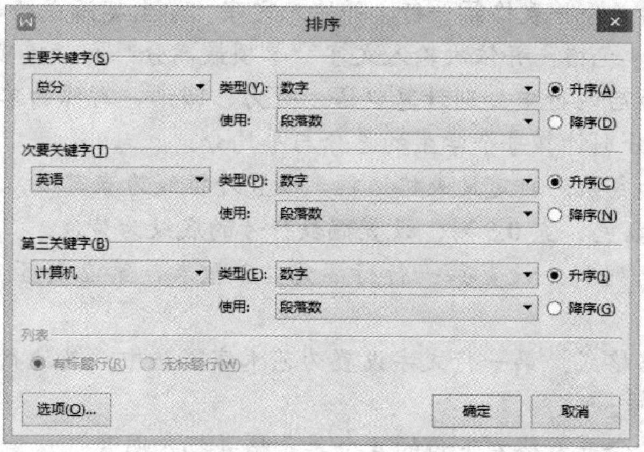


图 3-89 “排序”对话框

### 3.6.3　项目训练

**【训练目标】**

1）掌握 Word 表格的创建、编辑、修改方法。

2）掌握表格的美化方法。

3）掌握表格内容的排序和计算方法。

**【训练示例】**

原始文字与图片：

姓名，性别，口语，听力，阅读，写作

王平，男，92，86，80，78

厉小凡，女，95，88，82，90

张明明，女，88，90，73，80

吴东越，男，68，81，90，76

秦璐，女，80，76，86，76

肖博文，男，96，90，92，88

**【训练要求】**

1）创建表格：输入原始文字，并将文本转换为表格。

2）插入行：在表格开头处插入一行，在表格结尾处插入两行。

3）插入列：在表格结尾处插入两列。

4）合并单元格：合并表格第一行，并输入文字“学生英语成绩表”；分别合并表格最后两行的前两个单元格，并依次输入文字“单项最高分”和“单项最低分”。

5）计算：在最后两行中分别计算口语、听力、阅读、写作的单项最高分与单项最低分；在最后两列分别计算每个学生的总分与平均分。

6）设置边框和底纹：自定义表格边框，设置外框线为双实线、蓝色、宽 0.75 磅，内框线为单实线、蓝色、宽 0.5 磅；设置偶数行号的底纹为黄色。

7）设置行高与列宽：设置第一行行高为 1.2 厘米，第 2 行至第 10 行行高为 0.8 厘米。

8）设置单元格格式：第一行文字设置为艺术字，居中；其他行文字设置为华文隶书、五号、水平居中。

9）插入图片：合并表格右下角的 4 个单元格并插入图片。

**【训练结果】**

训练结果如图 3-90 所示。

| 学生英语成绩表 | | | | | | | |
|---|---|---|---|---|---|---|---|
| 姓名 | 性别 | 口语 | 听力 | 阅读 | 写作 | 总分 | 平均分 |
| 王平 | 男 | 92 | 86 | 80 | 78 | 336 | 84 |
| 厉小凡 | 女 | 95 | 88 | 82 | 90 | 355 | 88.75 |
| 张明明 | 女 | 88 | 90 | 73 | 80 | 331 | 82.75 |
| 吴东继 | 男 | 68 | 81 | 90 | 76 | 315 | 78.75 |
| 慕婷 | 女 | 80 | 76 | 86 | 76 | 318 | 79.5 |
| 肖德文 | 男 | 96 | 90 | 92 | 88 | 366 | 91.5 |
| 单项最高分 | | 96 | 90 | 92 | 90 |  | |
| 单项最低分 | | 68 | 76 | 73 | 76 | | |



图 3-90　训练结果

# 3.7　WPS 文字的其他功能

## 3.7.1　自动生成目录

对于长文档，创建目录可以方便用户对文档进行查阅。在 WPS 文字中创建自动目录需要提前为出现目录的文字设置大纲级别。

### 1. 设置大纲级别

选中标题后，有多种方法可以为标题设置大纲级别。

方法一：单击“开始”选项卡→单击“段落对话框”启动器→打开“段落”对话

框→单击“缩进和间距”选项卡→在“大纲级别”下拉列表框中选择 1 级至 9 级中的某一大纲级别→单击“确定”按钮。

大纲级别如图 3-91 所示。

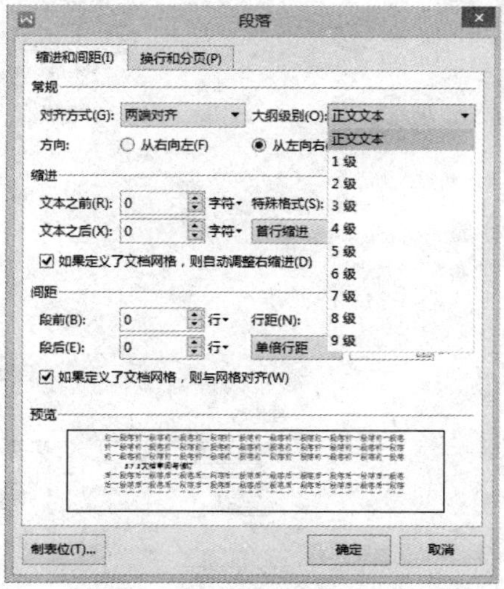


图 3-91　大纲级别

方法二：单击“视图”选项卡→单击“大纲”按钮→选中文本→单击“大纲”选项卡→选择 1 级至 9 级中的某一大纲级别。

“大纲”选项卡如图 3-92 所示。

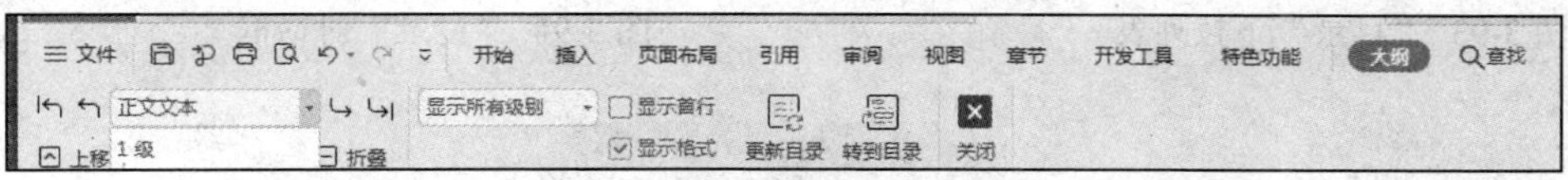


图 3-92　“大纲”选项卡

## 2. 生成目录

设置完大纲级别后，就可以生成自动目录了：将光标定位到生成目录的位置→单击“引用”选项卡→单击“目录”按钮→选择某一“智能目录”。

“目录”下拉列表如图 3-93 所示。在此对话框中还可进行如下操作。

1）自定义目录：若选择此命令，将打开“目录”对话框，如图 3-94 所示。用户可以根据需要自定义目录中所需的“制表符前导符”，设置目录的显示级别、是否显示页码、页码是否右对齐、是否使用超链接等。

2）删除目录：选择此命令，可以删除插入的目录。

## 3. 更新目录

如果文档正文经过修改后，原目录的标题文字或页码发生了变化，则需要对目录进行更新操作。

方法：单击“引用”选项卡→单击“目录”按钮→打开“更新目录”对话框→选择“只更新页码”或“更新整个目录”单选按钮→单击“确定”按钮。

“更新目录”对话框如图 3-95 所示。

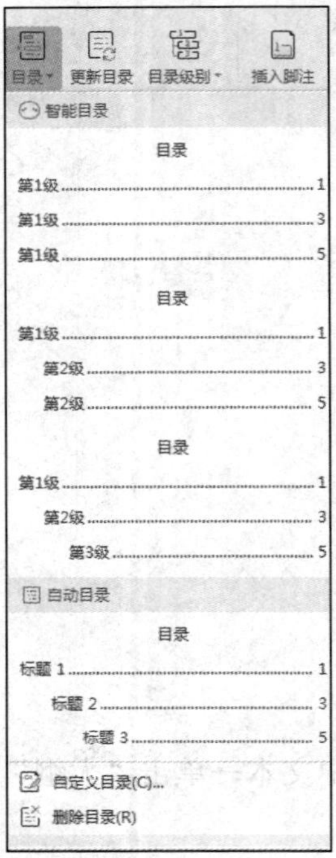


图 3-93 “目录”下拉列表

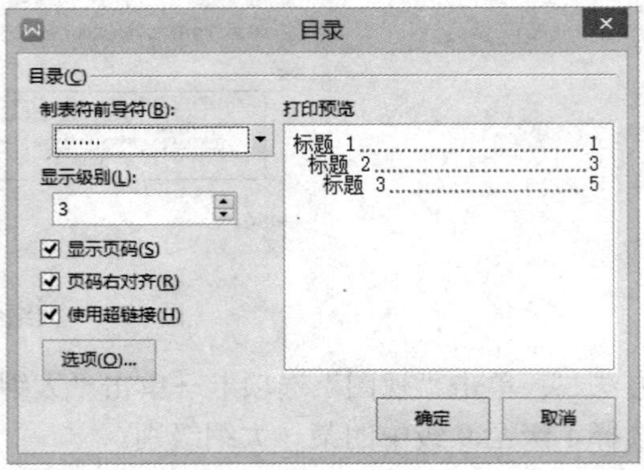


图 3-94 “目录”对话框

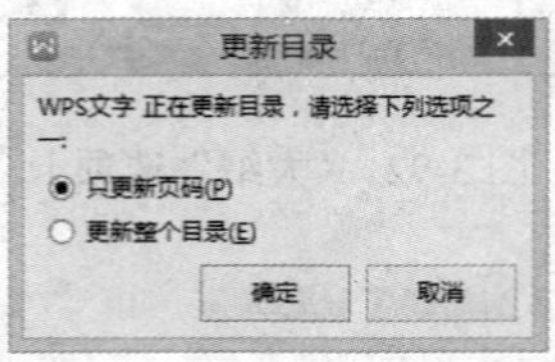


图 3-95 “更新目录”对话框

### 3.7.2　文档审阅与修订

WPS 文字的“审阅”选项卡提供了字数统计、文档校对、繁简转换、插入或删除批注及修订等功能，单击“审阅”选项卡中的相应按钮即可完成对应的操作。

“审阅”选项卡如图 3-96 所示。

图 3-96 “审阅”选项卡

#### 1. 字数统计

统计文档中的页数、字数、字符数及段落数。

方法：单击“审阅”选项卡→单击“字数统计”按钮→打开“字数统计”对话框→查看统计信息。若只需统计一部分文档，则只需选中需要统计的文档内容，再进行上述操作。

“字数统计”对话框如图3-97所示。此操作默认对整篇文档进行统计。

#### 2. 繁简转换

WPS文字提供了繁简转换功能，以方便用户在繁体字和简体字之间进行切换。

方法：选中要转换的文字→单击“审阅”选项卡→单击“繁转简”或“简转繁”命令即可完成转换。

#### 3. 插入或删除批注

批注是对文档内容的注释。在审阅文档时，给文档添加批注可以让审阅者更方便地与作者进行沟通。WPS文字中的批注既可插入也可删除。

（1）插入批注

方法：选择需要注释的文字→单击“审阅”选项卡→单击“插入批注”按钮→输入批注内容。

（2）删除批注

方法：选中添加了批注的文字→单击“审阅”选项卡→单击“删除”按钮右侧的下拉按钮→选择相应命令。

“插入批注”按钮与“删除”下拉列表如图3-98所示。

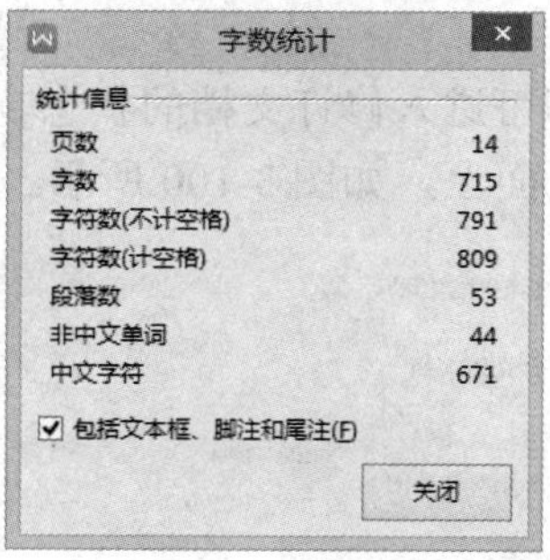


图3-97 “字数统计”对话框

图3-98 “插入批注”按钮与“删除”下拉列表

#### 4. 修订

WPS 文字提供了文档修订功能，以方便审阅者与作者沟通修改意见。开启文档修订功能后，WPS 文字将自动跟踪并标记对文档的所有更改，包括插入、删除、格式更改等。

（1）设置修订选项

方法：单击“审阅”选项卡→单击“修订”按钮右侧的下拉按钮→选择“修订选项”命令→打开“选项”对话框→设置修订标记→单击“确定”按钮。

“选项”对话框如图 3-99 所示。

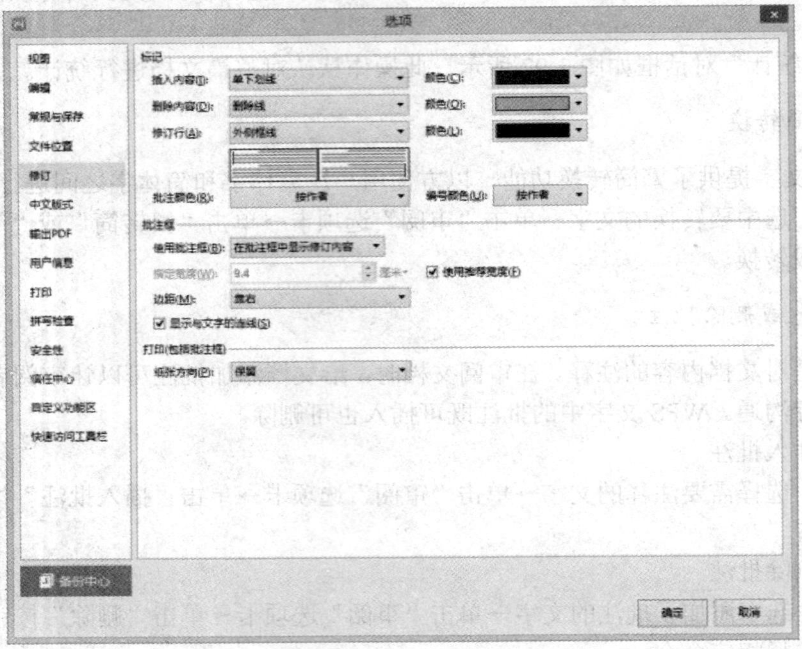

图 3-99 “选项”对话框

（2）修订文档

方法：单击“审阅”选项卡→单击“修订”按钮，即可进入修订文档的状态。此时，对文档所做的插入、删除等操作都被标识在页面上，如图 3-100 所示。

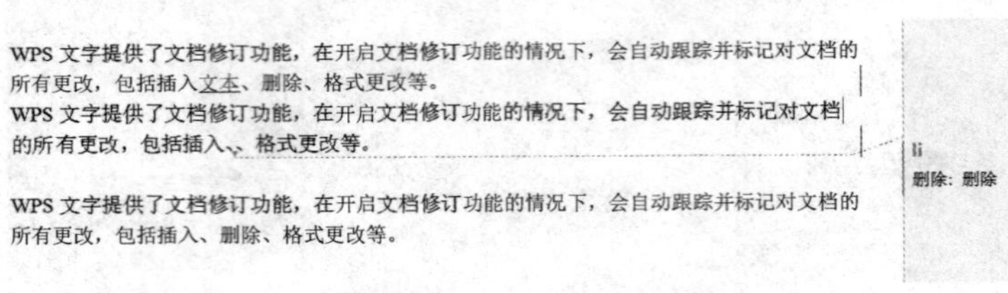


图 3-100 带修订标记的文档

（3）接受或拒绝修订

对于修订过的文档，作者可以对修订做出接受或拒绝操作。

方法：将光标定位到文档中修订过的位置→单击“审阅”选项卡→单“接受”或“拒绝”按钮右侧的下拉按钮→选择相应的选项。

“接受”和“拒绝”下拉列表如图 3-101 和图 3-102 所示。

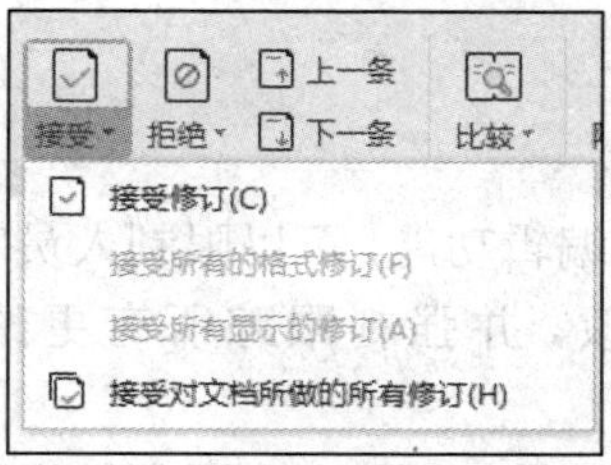


图 3-101 “接受”下拉列表

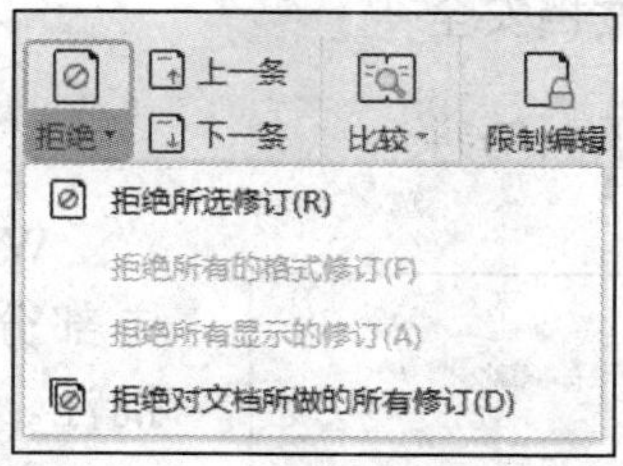


图 3-102 “拒绝”下拉列表

5. 文档比较

文档比较是一个可以对两个文档进行比较并标记两者不同之处的工具。文档常用于文档修改前后的对比。

方法：单击“审阅”选项卡→单击“比较”按钮右侧的下拉按钮→选择“比较”命令→打开“比较文档”对话框→选择“原文档”文件→选择“修订的文档”文件→在“更多”面板中进行更多设置→单击“确定”按钮。

### 3.7.3 文档检查

WPS 文字提供了拼写检查功能，输入文本后，系统默认根据文本的拼写和语法要求进行智能检查，帮助用户减少拼写错误和语法错误。

方法：将光标定位到文档任意处→单击“审阅”选项卡→单击“拼写检查”按钮右侧的下拉按钮→选择“拼写检查”命令→打开“拼写检查”对话框→根据检查的结果和实际需要进行“更改”“忽略”“删除”等操作。

“拼写检查”对话框如图 3-103 所示。

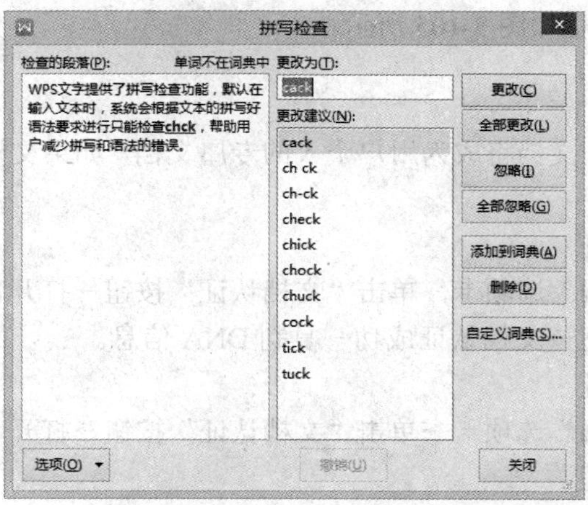


图 3-103 “拼写检查”对话框

### 3.7.4 文档安全

1. 限制编辑

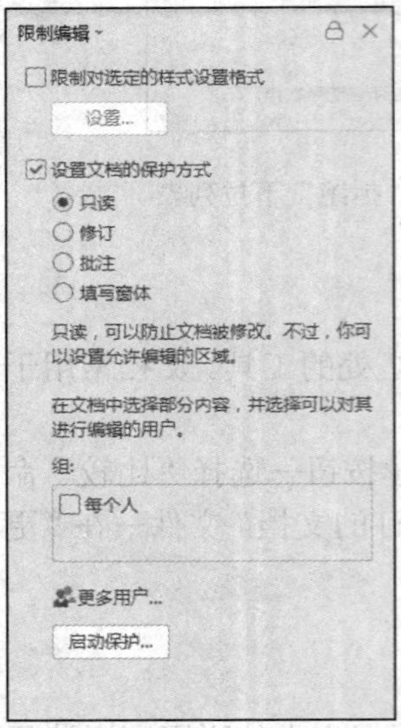


图 3-104 “限制编辑”窗格

WPS 文字提供了限制编辑功能，可以限制人员对文档特定部分的编辑或格式更改，并强制跟踪所有更改或启用批注。

方法：单击“审阅”选项卡→单击“限制编辑”按钮→打开“限制编辑”窗格→根据需要选择是否开启“限制对选定的样式设置格式”功能并进行相应设置→根据需要选择是否开启“设置文档的保护方式”功能并进行相应设置→单击“启动保护”按钮→打开“启动保护”对话框→设置保护密码。

“限制编辑”窗格如图 3-104 所示。在此窗格中可以设置文档的保护方式，包括只读、修订、批注等。

2. 文档权限

开启 WPS 文档权限功能后，文档将转为私密文档，只允许文档拥有者和指定人员查看或编辑。该功能需要联网使用，私密文档绑定个人账户。

方法：单击“审阅”选项卡→单击“文档权限”按钮→打开“文档权限”对话框→单击“私密文档保护”链接→打开“确认保护”窗口→确认本人账号→单击“开启保护”按钮→单击“添加指定人”按钮→打开“添加指定人”窗口→根据需要添加指定人。

“文档权限”对话框如图 3-105 所示。

3. 文档认证

开启文档认证后，文档将成为用户个人的专属文档，如果文档被篡改则会实时更新文档状态。

（1）开启文档认证

方法：单击“审阅”选项卡→单击“文档认证”按钮→打开“文档认证”对话框→单击“开启认证”按钮→文档认证成功→复制 DNA 信息。

（2）关闭文档认证

方法：单击“审阅”选项卡→单击“文档认证”按钮→打开“文档认证”对话框→单击“取消认证”按钮。

“文档认证”对话框如图 3-106 所示。

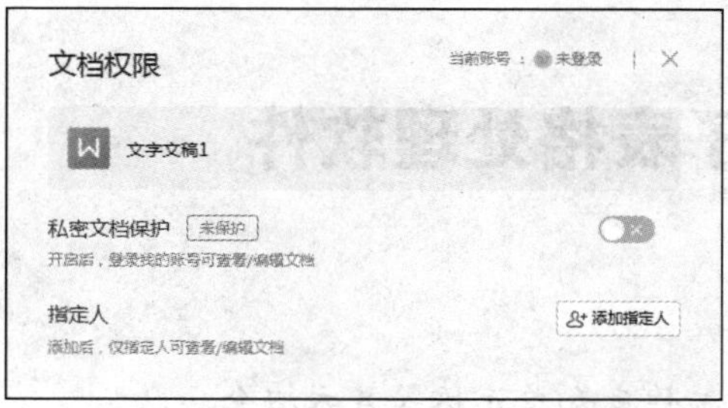


图 3-105 “文档权限”对话框

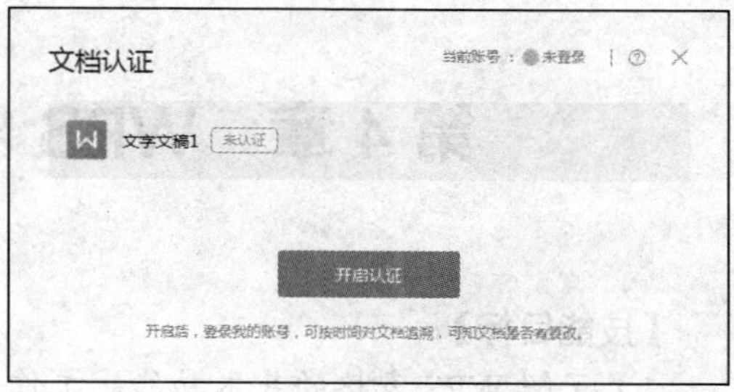


图 3-106 “文档认证”对话框

### 3.7.5 邮件合并

在日常生活中，人们经常会看到通知书、邀请函，它们共同的特点是，多份文档中的主要内容类似，只有具体数据有所区别。在 WPS 中，使用邮件合并功能可以方便快捷地处理这类文档。

邮件合并需要两部分文档：一是主文档，即相同部分的内容，如录取通知书正文；二是数据源文件，即可变化部分，如姓名、录取专业等，可以使用 WPS 表格数据作为数据源。

邮件合并的主要步骤如下。

1）创建主文档。新建一个空白 WPS 文字文档，输入主文档内容。

2）创建数据源。新建一个 WPS 表格文件，输入主文档中需要的数据源数据。

3）插入合并域。

方法：将光标定位到主文档中→单击“引用”选项卡→单击“邮件”按钮→打开“邮件合并”选项卡→单击“打开数据源”按钮右侧的下拉按钮→选择“打开数据源”命令→打开“选取数据源”对话框→选择数据源文件→单击“打开”按钮→将光标定位到主文档中要插入数据的区域中→单击“邮件合并”选项卡→单击“插入合并域”按钮→打开“插入域”对话框→选择插入“数据库域”单选按钮→在“域”列表框中依次选择需要插入合并的选项→单击“插入”按钮。

4）查看并邮件合并。

方法：单击“查看合并数据”按钮→单击“上一条”“下一条”按钮来切换显示数据→单击“合并到新文档”按钮→打开“合并到新文档”对话框→选择“全部”单选按钮→单击“确定”按钮。

# 第 4 章　WPS 电子表格处理软件

【技能目标】

1）了解 WPS 表格的基本功能，工作簿、工作表和单元格等基本概念。

2）掌握工作簿的新建、保存和保护等基本操作，掌握工作表的建立、重命名、复制和删除等基本操作。

3）能准确输入原始数据，会对数据进行批量编辑；掌握单元格的复制、移动、插入、删除和清除等基本操作；掌握单元格格式的设置，熟悉条件格式操作。

4）掌握运算符的使用，能够熟练运用单元格引用，能够熟练运用公式进行计算，理解参数的含义并能正确选择函数、参数。

5）能熟练地进行排序操作并会设置排序选项；能对表格数据进行多条件筛选，会构造高级筛选条件，并对表格中的数据进行高级筛选；能熟练地进行分类汇总操作，会对单元格数据设置数据有效性。

6）掌握图表的创建，会设置图表格式，能熟练地编辑图表。

7）会进行页面设置，能熟练地设置打印参数。

【思政育人目标】

1）能够多维度地展示 Excel 表格处理中的数据，做中学、学中做，培养学生的计算思维，提高学生运用信息技术解决实际问题的能力。

2）充分利用所学技能，根据实际情况完成电子表格对数据的处理，在数据处理过程中，巩固诚信、合作、创新元素。

3）工欲善其事，必先利其器。在掌握技能之前，需先扎实地学习并掌握一定的理论知识。掌握电子表格工具的使用，培养学生合理运用数字化资源与工具的能力，养成数字化学习与实践创新的习惯，能够开展自主学习。

利用 WPS 电子表格可以完成批量数据的编辑、分析、计算和统计。因此，WPS 电子表格被广泛地应用于金融、税务、财务、管理和统计等领域。

## 4.1　初识 WPS 电子表格

### 4.1.1　了解 WPS 电子表格的基本功能

WPS 电子表格能够处理数值、文本、图形、图像、图表等多种类型的数据。数据分类输入后，可以把要处理的数据转换为图表再进行分析，这样数据呈现会更加直观、清晰、形象。

WPS 电子表格基本功能包括数据高效录入、数据查找、数据转换、利用公式函数计算、数据分类汇总、筛选、排序、数据透视表制作、数据透视图制作、图表制作、图像处理等，因此深受广大办公人员的青睐。

### 4.1.2　掌握电子表格的基本概念

本节介绍 WPS 电子表格的基本功能，以及 WPS 电子表格中工作簿、工作表、单元格的基本概念。一个 WPS 电子表格文件就是一个工作簿，一个工作簿包含若干张工作表，一张工作表由若干个单元格组成。掌握这些基本概念是后面熟练进行 WPS 电子表格相关操作的基础。

WPS 电子表格涉及的基本操作对象包括工作簿、工作表和单元格。所有用户操作都是基于工作簿、工作表和单元格进行的。下面详细介绍这 3 个基本概念。

1. 工作簿

工作簿是用来储存和处理用户数据的文件。新建的 WPS 电子表格文件保存后就形成了一个工作簿文件，即一个工作簿就是一个 WPS 电子表格文件。一个工作簿文件至少包含一张工作表，工作簿是一系列工作表的集合。

用户要对电子表格进行操作，需要先打开或者新建一个 WPS 工作簿文件。用户打开 WPS 电子表格并创建一个空白 WPS 表格文档后，WPS Office 会自动建立一个名为“工作簿 1”的空白工作簿。若用户希望新建更多的电子表格文件，WPS Office 会自动把新建的工作簿依次命名为工作簿 2、工作簿 3、工作簿 4、工作簿 5 等。编辑完工作簿文件进行保存时，可重命名工作簿 1、工作簿 2、工作簿 3、工作簿 4、工作簿 5 等工作簿。

WPS 工作簿存储文件时默认的扩展名为.et，这是 WPS 工作簿最常见的存储格式。为了与其他电子表格软件相兼容，WPS Office 还可以保存和处理扩展名为.xls、.xlsx、.xlt、.xltx 的 Microsoft Excel 文件，扩展名为.csv 的逗号分隔值文件等。

2. 工作表

工作表是工作簿的基本组成单位，是工作簿中用来编辑用户数据的区域，它被保存在工作簿中。人们处理工作簿文件时，直接处理的基本对象就是工作表。

一个工作簿可由多张工作表组成，WPS Office 新建的工作簿默认只有 1 张工作表，名称为“Sheet1”，位于窗口左下角。用户根据实际情况可以插入更多的工作表，并依次命名为 Sheet2、Sheet3、Sheet4、Sheet5……实际处理数据时，用户可以根据实际需要重命名、删除或隐藏这些工作表。

每张工作表最多可包括 1048576 行和 16384 列数据。行的编号从小到大依次用自然数 1 到 1048576 表示，列的编号用字母 A、B、C……表示，行号显示在工作表的最左侧，列号显示在工作表的最上方。

3. 单元格

（1）单元格简介

WPS 电子表格中行与列交叉处的矩形区域称为单元格。单元格是电子表格最基本的操作单位，可以用来存储数字、字符串、公式和函数等。一个电子表格可以存放的单元格多达 1048576×16384 个。

（2）单元格表示

工作表中单元格的地址（名称）用列号加行号表示。列号位于各列上方的灰色字母区，行号位于各行左侧的灰色编号区。例如，位于第 E 列第 6 行交叉处的单元格名称为 E6，位于第 F 列第 8 行交叉处的单元格名称为 F8。

（3）多单元格引用

表格中既可以一次引用一个单元格地址，也可以一次引用多个单元格地址。如果要引用连续的单元格地址，则需要在起始两个地址之间用半角冒号分隔，也就是用“起始地址:终止地址”表示从起始地址到终止地址之间的所有单元格地址。例如，“C4:E8”表示以 C4 到 E8 为对角线的包含 15 个单元格的矩形区域，“2:7”表示第 2 行到第 7 行的所有单元格区域，“C:F”表示 C 列到 F 列的所有单元区域。

如果要表示不连续的单元格区域，各个单元格区域之间用半角逗号分隔，如“B2:D3，F5，G6”表示 3 个单元格区域、8 个单元格地址。

（4）活动单元格

在 WPS 工作表中单击某个单元格，则该单元格就被选中成为活动单元格，活动单元格的边框会加粗显示，活动单元格的名称会出现在名称框中。工作表中总有一个单元格为活动单元格。如果新建一个 WPS 表格文件，则 Sheet1 工作表的 A1 单元格为活动单元格。如果打开一个现存的工作簿文件，则上次存盘时选中的单元格为活动单元格。

## 4.2 WPS 电子表格基础操作

### 4.2.1 WPS 电子表格的启动与退出

1. WPS 电子表格的启动

启动 WPS 电子表格可以通过如下几种方法实现。

方法一：双击扩展名为.et、.xls、.xlsx、.xlt、.xltx、.csv 等的文件，WPS 电子表格就会自动启动。

方法二：双击桌面上的 WPS Office 图标，启动 WPS Office 软件→在 WPS Office 首页上单击“新建”按钮→在“新建”标签列表中单击“表格”按钮→单击“空白表格”按钮。

方法三：打开“开始”菜单→选择“WPS Office”命令→启动 WPS Office 软件→在 WPS Office 首页上单击“新建”按钮→在“新建”标签列表中单击“表格”按钮→单击“空白表格”按钮。

2. WPS 电子表格的退出

退出 WPS 电子表格可以通过如下几种方法实现。

方法一：单击 WPS 窗口右上角的“关闭”按钮。

方法二：单击标签列表区中文档名称右侧的“关闭”按钮。

方法三：在标签列表区中选择要关闭的 WPS 电子表格文档→将鼠标指针指向在文档名称→右击→选择“关闭”命令。

### 4.2.2 认识 WPS 电子表格工作界面

启动 WPS Office 电子表格后，进入其工作界面，如图 4-1 所示。下面介绍 WPS Office 电子表格工作界面的几个重要组成部分（在 WPS 文字部分已经对功能区做过详细介绍，此处不再赘述）。

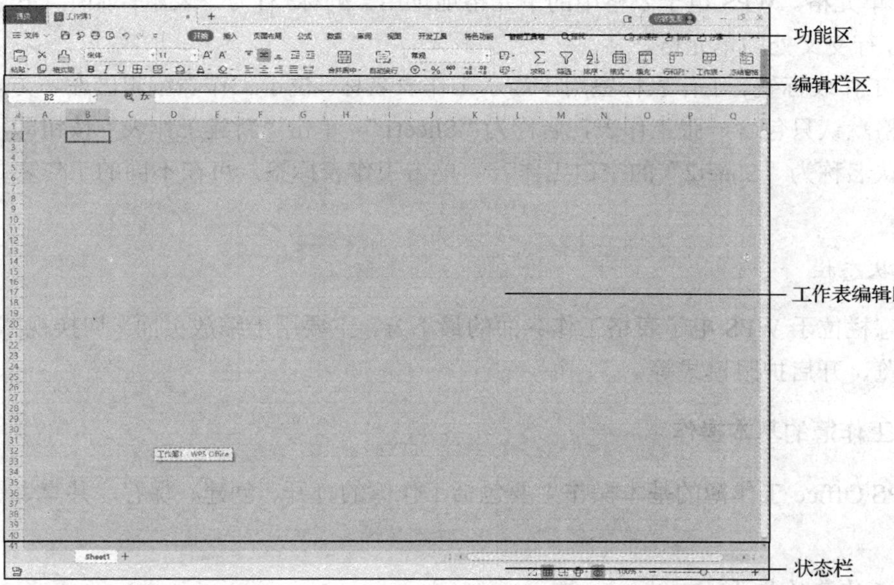


图 4-1　WPS 电子表格工作界面

1. 编辑栏区

编辑栏区用于显示和编辑活动单元格中的数据，是电子表格软件独有的区域。编辑栏区主要包括名称框、“浏览公式结果”按钮、“插入函数”按钮、编辑栏、“取消”按钮和“确认”按钮。

1）名称框：显示当前单元格的名称（地址）。

2）“浏览公式结果”按钮：用于显示当前单元格包含的公式或函数的计算结果。

3）“插入函数”按钮 $fx$：用于打开“插入函数”对话框或“函数参数”对话框。

4）编辑栏：用于显示用户在单元格中输入或编辑的数据，用户也可在编辑栏中直接输入数据。

5）“确认”按钮✓：用于确认在单元格中输入的内容，直接按 Enter 键也可实现此功能。

6）“取消”按钮×：用于取消在单元格中输入的内容。直接按 Esc 键也可实现此功能。

2. 工作表编辑区

工作表编辑区是用户编辑数据的区域。工作表编辑区包括列标题、行标题、单元格和工作表标签。

1）列标题。WPS 电子表格中的列标题由大写英文字母 A、B、C……标识。

2）行标题。WPS 电子表格中的行标题由数字 1、2、3……标识。

3）单元格。WPS 电子表格中的单元格地址用“列标+行号”表示，如用 D6 表示第 4 列第 6 行交叉处的单元格。

4）工作表标签。工作表标签用于显示工作表名称，位于工作表编辑区左下方，WPS 电子表格默认只包含一张工作表，名称为“Sheet1”。单击“新建工作表”按钮即可创建一张默认名称为“Sheet2”的空白工作表。单击工作表标签，可在不同的工作表之间来回切换。

3. 状态栏

状态栏位于 WPS 电子表格工作界面的最下方，主要用于缩放页面、切换视图模式、分页预览、开启护眼模式等。

### 4.2.3 工作簿的基本操作

WPS Office 工作簿的基本操作主要包括工作簿的打开、创建、保存、共享、保护和加密等。

1. 工作簿的打开

打开 WPS 工作簿的方法主要有以下几种。

方法一：找到工作簿文件所在的位置，直接双击要打开的工作簿文件。

方法二：启动 WPS Office→在 WPS Office 首页上单击“打开”按钮，在弹出的“打开文件”对话框中选择需要打开的工作簿文件。

方法三：启动 WPS Office→在 WPS Office 首页上按 Ctrl+O 组合键，在弹出的“打开文件”对话框中选择需要打开的工作簿文件。

方法四：启动 WPS Office→将需要打开的工作簿文件拖动到 WPS Office 工作界面。

### 2. 工作簿的建立

WPS Office 工作簿的创建主要有以下几种方法。

方法一：打开“开始”菜单→选择“WPS Office”命令进入 WPS Office 首页→单击“新建”按钮→在“新建”标签列表中单击“表格”按钮→单击“空白表格”按钮即可创建一个名称为 Sheet1 的工作簿。

方法二：双击桌面上的 WPS Office 图标→启动 WPS Office 进入 WPS Office 首页→单击“新建”按钮→在“新建”标签列表中单击“表格”按钮→单击“空白表格”按钮。

方法三：打开一个电子表格文件后，按 Ctrl+N 组合键也可创建一个新工作簿。

### 3. 工作簿的保存

WPS Office 工作簿的保存主要有以下几种方法。

方法一：打开“文件”菜单→选择“保存”命令，新建的工作簿文件第一次保存时会打开“另存为”对话框，修改文件名、文件类型和保存位置，单击“保存”按钮完成保存。WPS Office 支持把工作簿文件存储为 et、xls 、xlsx、xlt、xltx 等类型的文件。如果已经保存过工作簿文件，则不会弹出“另存为”对话框。

方法二：按 Ctrl+S 组合键→打开“另存为”对话框→修改文件名、文件类型和保存位置→单击“保存”按钮。

方法三：单击“保存”按钮→打开“另存为”对话框→打开修改文件名、文件类型和保存位置→单击“保存”按钮。

### 4. 工作簿的关闭

WPS Office 工作簿的关闭主要有以下几种方法。

方法一：单击 WPS Office 窗口右上角的“关闭”按钮。

方法二：在标签列表区中选择要关闭的 WPS 表格文档→在文档名称上右击选择“关闭”命令。

方法三：按 Alt+F4 组合键。

### 5. 工作簿的保护

工作簿的保护不仅可以防止工作簿的结构和窗口被修改，还可以防止用户插入工作表、删除工作表、重命名工作表、修改工作表标签颜色、移动工作表、复制工作表、隐藏工作表等。工作簿的保护具体操作如下：

1）单击“审阅”选项卡→单击“保护工作簿”按钮→打开“保护工作簿”对话框。

2）在打开的“保护工作簿”对话框中输入密码→单击“确定”按钮→在打开的“确认密码”对话框中再次输入相同密码→单击“确定”按钮。

如果想撤销工作簿的保护，可单击“审阅”选项卡→单击“撤销工作簿保护”按钮→在打开的“撤销工作簿保护”对话框中输入正确的密码→单击“确定”按钮。

6. 工作簿的文件加密

为保护 WPS 工作簿文件，防止数据被非法查看，可以对文件加密。文件加密成功后，打开文件时需要提供正确的密码。可通过以下几种方法对工作簿文件进行加密。

方法一：单击“文件”菜单→选择“文档加密”命令→选择“密码加密”命令→按照相关要求设置密码。

方法二：单击“文件”菜单→选择“另存为”命令→打开“另存为”对话框→单击“加密”按钮→按照相关要求设置密码。

方法三：单击“文件”菜单→选择“选项”命令→选择“安全性”选择→按照相关要求设置密码。

7. 工作簿的共享

工作簿的共享能够实现多人同时查看和修改工作簿数据，以便及时快速地更新数据，达到高效协同办公的目的。工作簿的共享操作过程如下：

方法：单击“审阅”选项卡→单击“共享工作簿”按钮→打开“共享工作簿”对话框→选定“允许多用户同时编辑，同时允许工作簿合并”复选框→单击“确定”按钮。

### 4.2.4 工作表的基本操作

1. 工作表的建立

一个工作簿文件建立以后，WPS Office 会自动为其新建一张名为 Sheet1 的工作表。如果需要添加新的工作表，可采用以下方法。

方法一：单击“开始”选项卡→单击“工作表”下拉按钮→选择“插入工作表”命令→输入插入数目，选择插入位置。此方法适用于一次插入一张或多张工作表。

方法二：右击左下角的 Sheet1 工作表标签→选择“插入工作表”命令→输入插入工作表的数目，选择插入的位置。此方法可一次插入一张或多张工作表，如图 4-2 所示。

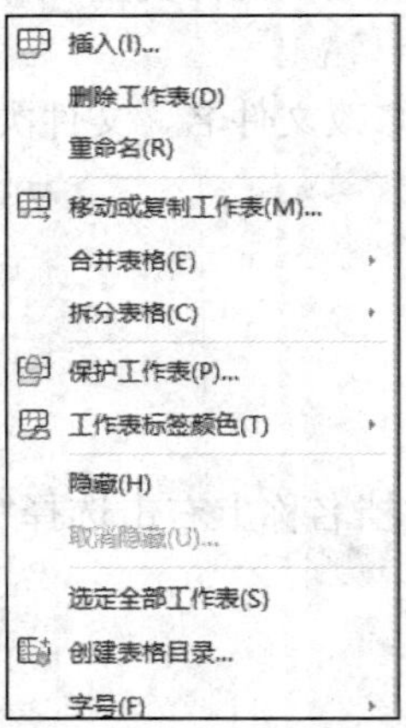


图 4-2 插入工作表快捷菜单

方法三：单击 WPS Office 工作界面左下角 Sheet1 工作表标签右边的“+”即可插入一张工作表。

2. 工作表的重命名

重命名工作表可以通过如下两种方法实现。

方法一：右击 Sheet1 工作表标签→选项“重命名”命令→工作表标签切换到可编辑状态→输入新的名称。

方法二：单击“开始”选项卡→单击“工作表”下拉按钮→选择“重命名”命令→工作表标签切换到可编辑状态→输入新的名称。

### 3. 工作表的删除

删除工作表可以通过如下两种方法实现。

方法一：右击 Sheet1 工作表标签→选择“删除”命令，即可删除当前工作表 Sheet1。删除当前工作表后，下一张工作表 Sheet2 成为当前工作表。如果只有一张工作表 Sheet1，则不能删除。

方法二：单击“开始”选项卡→单击“工作表”下拉按钮→选择“删除工作表”命令，即可删除当前工作表 Sheet1。

### 4. 工作表的切换

单击工作表标签能够实现工作表之间的切换，切换后的工作表即成为当前工作表。按 Ctrl+PageUp 和 Ctrl+PageDown 组合键也可实现相邻工作表间的切换。

### 5. 工作表的移动和复制

复制工作表可以通过如下两种方法实现。

方法一：单击“开始”选项卡→单击“工作表”下拉按钮→选择“移动或复制工作表”命令→打开“移动或复制工作表”对话框（图 4-3）→选择工作簿名称，选择移动或复制工作表的位置→单击“确定”按钮。如果选中“建立副本”复选框，则表示复制当前工作表。

方法二：右击左下角 Sheet1 工作表标签→选择“移动或复制工作表”命令。

### 6. 工作表的隐藏与显示

通过隐藏工作表标签，可以防止其他用户查看和篡改工作表数据，起到一定的保护作用。隐藏工作表可以通过如下两种方法实现。

方法一：单击“开始”选项卡→单击“工作表”下拉按钮→选择“隐藏工作表”命令。

方法二：右击左下角 Sheet1 工作表标签→选择“隐藏”命令。

如果要让被隐藏的工作表重新显示出来，右击左下角工作表标签→选择“取消隐藏”命令→在打开的对话框中选择需要显示的工作表。

### 7. 工作表标签字号和颜色的设置

方法：右击 Sheet1 工作表标签→选择“字号”或“工作表标签颜色”命令进行相应设置。

### 8. 工作表的保护

保护工作表可以防止他人篡改用户工作表数据，避免数据遭到破坏。保护工作表可以通过如下两种方法实现。

方法一：单击“开始”选项卡→单击“工作表”下拉按钮→选择“保护工作表”命令→打开“保护工作表”对话框（图 4-4）→输入密码→单击“确定”按钮。

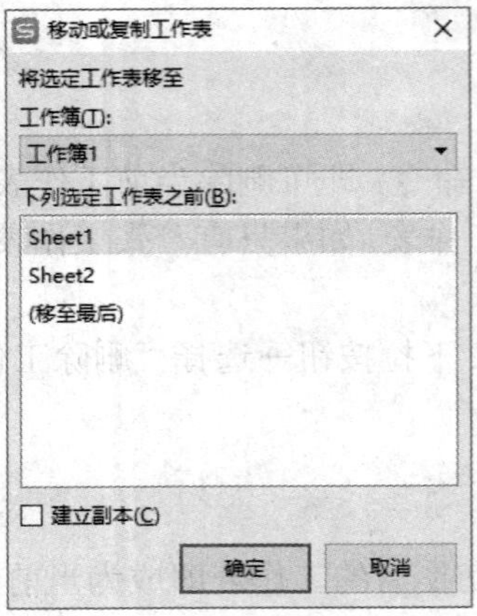


图 4-3 “移动或复制工作表”对话框

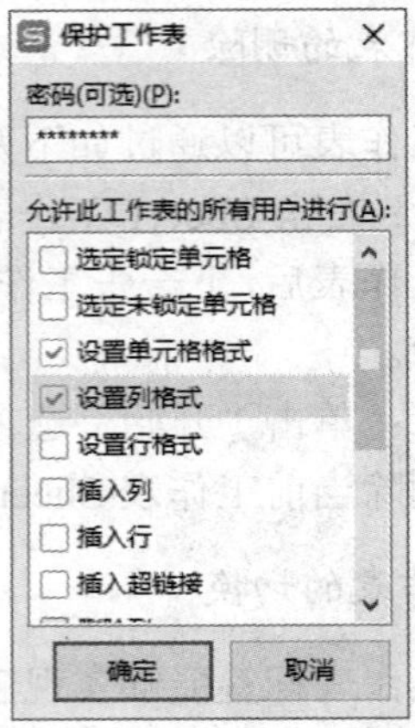


图 4-4 “保护工作表”对话框

方法二：右击 Sheet1 工作表标签→选择“保护工作表”命令。

如果要撤销工作表的保护，左下角要撤销保护的工作表标签→选择“撤销工作表保护”命令→在打开的对话框中输入密码→单击“确定”按钮。

## 4.3 WPS 电子表格单元格基本操作

设置单元格格式和条件格式，可以使表格数据更加美观、更加清晰。本节主要介绍数据的快速批量录入、数字格式的设置、对齐方式的设置，以及行高、列宽、条件格式的设置等。

### 4.3.1 认识单元格数据

新建 WPS Office 工作表后，需要在其中输入和处理数据。数据存放在单元格中。单元格中的数据涉及数据类型，数据的输入和修改，以及快速输入数据等。

1. 数据类型

（1）文本型数据

在 WPS 电子表格中，文本型数据是一个字符串，主要由数字、字母、符号和汉字等组成。用户输入的文本型数据默认左对齐。

（2）数值型数据

在 WPS 电子表格中，数值型数据应用较多，主要由 0～9、%、E、e 等字符组成。用户输入的数值型数据默认右对齐。

（3）日期和时间型数据

WPS 表格提供了多种日期和时间格式，如日期型数据“2024 年 10 月 28 日”，既可以用“2024/10/28”表示，也可以用“10/28/24”表示；时间型数据“上午 10 点 50 分整”，既可以用“10:50:00”表示，也可以用“10 时 50 分 00 秒”表示。因此，一般需要对输入的日期和时间格式进行设置。用户输入的日期和时间型数据默认右对齐。

（4）逻辑型数据

逻辑型数据包括逻辑真（TRUE）和逻辑假（FALSE）两个逻辑值。在单元格中输入逻辑判断表达式后，系统会自动判断逻辑值。用户输入的逻辑型数据默认居中对齐。

### 2. 数据的输入与修改

（1）数据的输入

在单元格中输入数据有如下几种方法可以实现。

方法一：将光标定位到要输入数据的单元格中→在“编辑栏”中单击→输入相应数据→按 Enter 键或 Tab 键确认。

方法二：将光标定位到要输入数据的单元格中→在单元格中直接输入相应数据→按 Enter 键或 Tab 键确认。

方法三：双击要输入数据的单元格→在单元格中直接输入相应数据→按 Enter 键或 Tab 键确认。

（2）数据的修改

在单元格中输入数据后可以对其进行修改。

方法一：单击要修改数据的单元格→在单元格中输入新的数据，此时单元格中原有的数据会被覆盖→按 Enter 键或 Tab 键确认。

方法二：单击要修改数据的单元格→单元格中的数据出现在编辑栏中，直接在编辑栏中修改数据→按 Enter 键或 Tab 键确认。采用这种方法，单元格中原有数据不会被覆盖。

方法三：双击要修改数据的单元格→插入点出现在单元格中→对单元格中的数据进行修改→按 Enter 键或 Tab 键确认。

### 3. 输入数据时的几点说明

1）在单元格中输入分数时，需要先输入 0 和一个空格，以便与日期型数据的输入区分开来。例如，输入“0　4/5”表示五分之四；如果只输入 4/5，单元格数据会变为日期型数据。

2）在单元格中输入负数时，需要先输入一个“-”，再输入数字；也可以用圆括号“()”把数字括起来，如输入“-6”或“(6)”都表示-6。

3）WPS Office 能够智能识别常见的文本型数据。当在单元格输入编号、身份证等长串字符或以 0 开头超过 5 位的数字字符时，WPS 表格能够智能识别输入的文本型数据，避免了手工设置格式或添加半角单引号带来的麻烦。

4）如果希望将一串数字作为文本型数据输入，则输入时需要在数字前加上一个半角单引号，或将数字用半角双引号括起来后，前面再加一个“=”。因此，如果希望将 2469 作为文本处理，既可以输入“'2469”，也可以输入“="2469"”。

5）按 Alt+Enter 组合键，可在单元格中的光标处强制换行。

6）按 Ctrl+;组合键可在单元格中输入当前系统日期，按 Ctrl+Shift+;组合键可在单元格中输入当前系统时间。

7）默认情况下按 Enter 键后，下一行对应位置的单元格会成为活动单元格，如果希望上一行对应位置单元格成为活动单元格，可以按 Enter+Shift 组合键。

8）默认情况下按 Enter 键后，下一行对应位置的单元格会成为活动单元格，如果希望左侧单元格成为活动单元格，可以按 Shift+Tab 组合键。

### 4.3.2 快速输入数据

WPS 表格为用户提供了如下几种快速输入数据的方法。

1. 利用填充柄快速输入数据

WPS 表格中每个单元格右下角都有一个填充柄，如图 4-5 所示。用户可以通过拖动填充柄实现在相邻单元格中输入一组相同的或具有等差规律的数据的操作。利用填充柄实现快速输入数据的具体操作如下。

1）首先输入图 4-5 所示的数据→选中 A2:A5 单元格区域→将光标移至右下角的填充柄处→当鼠标指针变为实心十字形后，按住鼠标左键不放，向下或向右拖动若干单元格后释放鼠标左键，这些单元格就被快速填充上数据，如图 4-6 所示。

2）在利用填充柄快速输入数据后，会在单元格右下角显示“自动填充选项”按钮，单击该按钮，会打开“填充选项”列表，如图 4-7 所示。在此可以根据需要选择“复制单元格”“以序列方式填充”“仅填充格式”“不带格式填充”或“智能填充”选项。

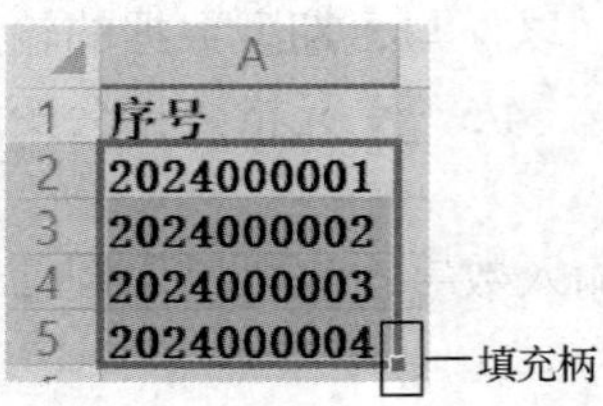


图 4-5 填充柄

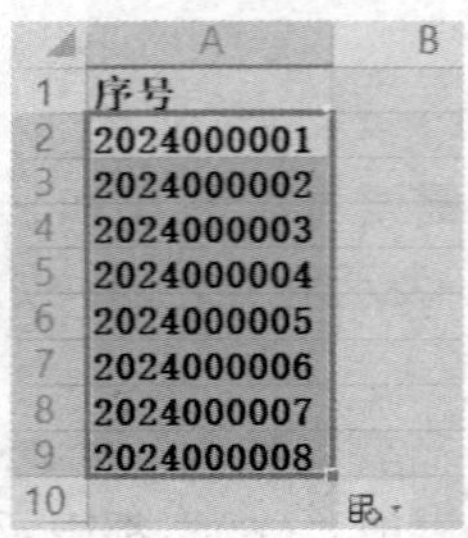


图 4-6 填充数据

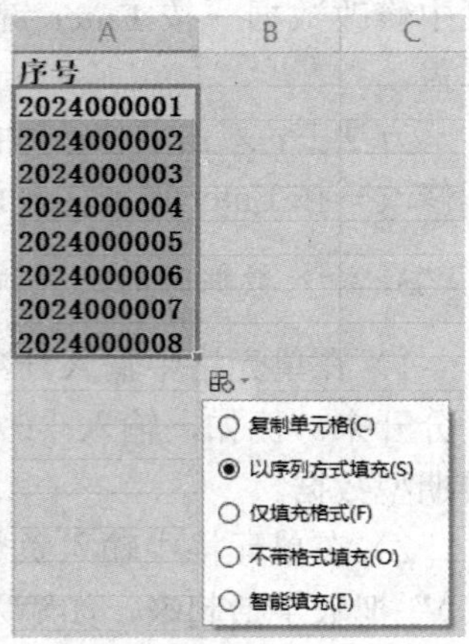


图 4-7 自动填充选项

2. 利用序列填充数据

利用序列可实现数据的快速输入，具体操作步骤如下。

1）首先输入图 4-8（a）所示的数据→选中 A2 单元格→单击“开始”选项卡→单击“填充”下拉按钮→选择“序列”命令→打开“序列”对话框，如图 4-8（b）所示。

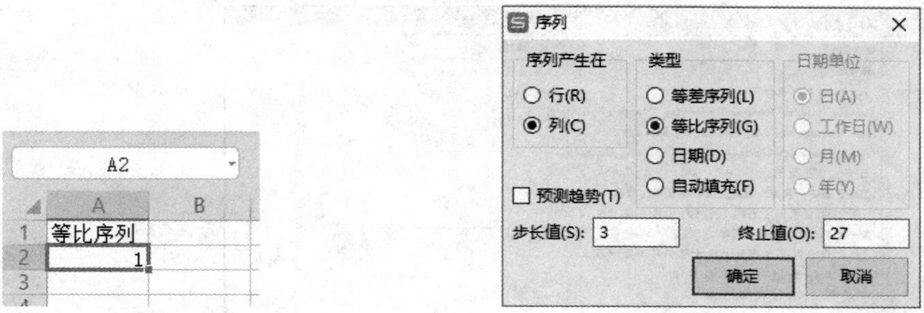


（a）　　　　　　　　　　　　　　（b）

图 4-8　利用序列填充数据

2）设置序列参数。设置序列产生在“列”，类型为“等比序列”，步长值为“3”，终止值为 27，单击“确定”按钮。

这样就利用序列完成了“1，3，9，27”的快速输入。

### 3. 利用自定义序列自动填充数据

WPS 表格允许用户自定义序列，以便于更快速、批量地完成数据的输入。具体操作步骤如下。

1）单击“文件”选项卡→选择“选项”命令→打开“选项”对话框（图 4-9）→选择“自定义序列”选项。

2）中间“自定义序列”列表框中列举了系统提供的序列，只需在单元格中输入列表中的内容，即可拖动自动填充柄按照序列顺序填充数据。

3）如果用户要自定义新的序列，则可在“输入序列”列表框中输入新的序列，中间用半角逗号或回车符分隔，如“沈阳故宫, 北陵公园, 植物园, 老北市, 棋盘山”。

4）单击“添加”→在“自定义序列”列表框的最下方出现“沈阳故宫, 北陵公园, 植物园, 老北市, 棋盘山”→单击“确定”按钮。

5）在单元格中输入“沈阳故宫”，拖动填充柄，系统就会自动填充“北陵公园, 植物园, 老北市, 棋盘山”序列，如图 4-10 所示。

### 4. 从下拉列表中选择

从下拉列表中只能输入文本型数据，此方法可在某一列中重复输入本列中已经输入的文本数据。具体操作步骤如下。

右击已输入文本内容所在单元格的同列单元格，在弹出的快捷菜单中选择“从下拉列表中选择”命令。在下拉列表中选择需要输入的文本，就可以实现文本型数据的快速添加。

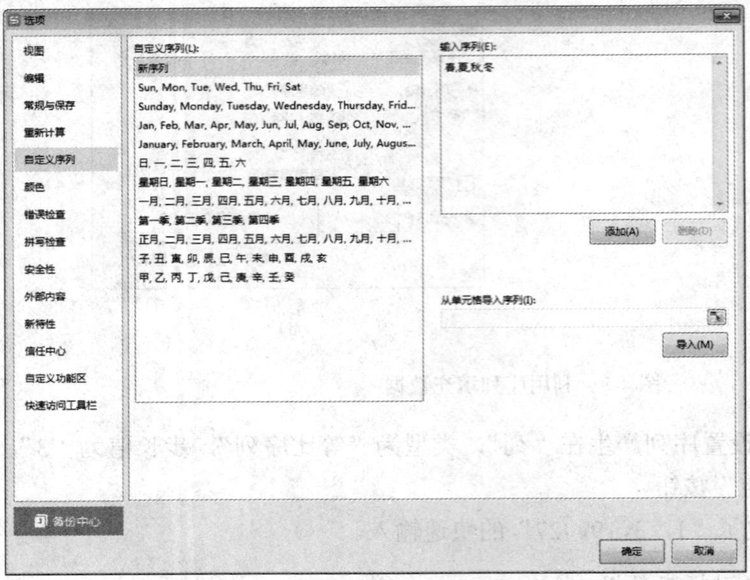

图 4-9 “选项”对话框

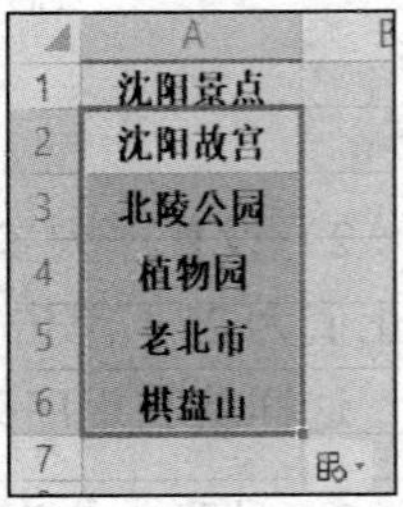


图 4-10 自定义序列自动填充数据

### 4.3.3 单元格的基本操作

单元格的基本操作主要包括单元格的选定、复制、移动、插入、删除和清除等。

1. 选定单元格

对单元格数据进行处理之前，需要先选定相关的单元格数据区域。

1）选定一个单元格。单击该单元格即可完成选定。

2）选定连续单元格区域。按住鼠标左键，从选定区域某个角的单元格拖动到对应角的单元格；或单击该区域的某个角的第一个单元格，按住 Shift 键不放，再单击想要选择的区域最后一个单元格。

3）选定不连续单元格区域。先选定第一个单元格区域区，按住 Ctrl 键不放，接着选定第二个单元格区域，再选定第三个单元格区域……直至最后一个单元格区域，最后释放 Ctrl 键。

4）选定整行（或整列）。单击左侧的行号（或上方的列标）。

5）选定多行（或多列）。先选定第一行或第一列，按住 Ctrl 键不放，再单击其他行号（或列标）。

6）选定全部单元格。按 Ctrl+A 组合键，或者直接单击左上角行列交叉处的“全选”按钮。

2. 复制和移动单元格

（1）复制单元格

方法：选定需要复制数据的单元格→单击“开始”选项卡→单击“复制”按钮，或Ctrl+C 组合键复制源数据→选定目标单元格→单击“粘贴”按钮，或者按 Ctrl+V 组合键粘贴数据。

（2）选择性粘贴单元格

复制单元格中的数据后，粘贴时有多种粘贴方式供用户选择。

方法：选定需要复制数据的单元格→按 Ctrl+C 组合键复制源数据→选定目标单元格并右击→选择“选择性粘贴”命令→打开“选择性粘贴”对话框，如图 4-11 所示。

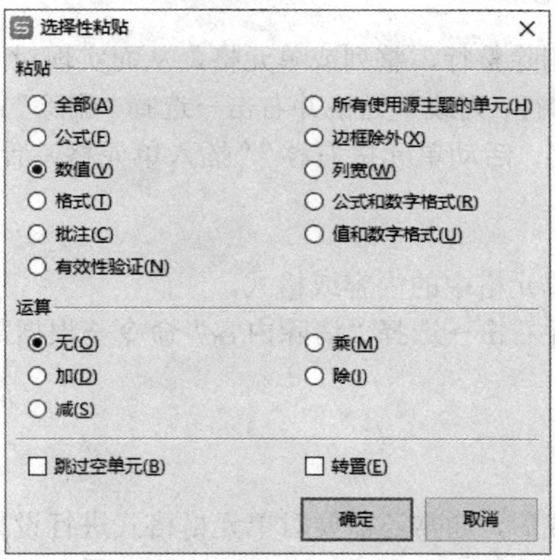


图 4-11 “选择性粘贴”对话框

“选择性粘贴”对话框部分选项的功能如表 4-1 所示。

**表 4-1 “选择性粘贴”对话框部分选项的功能**

| | | |
|---|---|---|
| 粘贴 | 全部 | 粘贴源单元格所有数据和格式 |
| | 公式 | 只粘贴公式 |
| | 数值 | 只粘贴值 |
| | 格式 | 只粘贴格式 |
| | 边框除外 | 粘贴除边框外的数据和格式 |
| | 列宽 | 只将源单元格区域的列宽复制到目标单元格区域 |
| 运算 | | 将已复制的数据与粘贴目标区域的数据进行“加”“减”“乘”“除”等运算 |
| 转置 | | 将行数据和列数据交换 |

（3）移动单元格

方法：选定要移动数据的单元格区域→单击“开始”选项卡→单击“剪切”按钮，或者按 Ctrl+X 组合键→定位到目标单元格→单击“粘贴”按钮，或者按 Ctrl+V 组合键。也可以利用鼠标拖动的方法完成数据的移动。

3. 插入行、列或单元格

创建好的工作表还可以插入行、列或单元格，从而实现对行、列和单元格的调整。

方法：右击要插入行、列或单元格区域中的任意单元格→选择“插入”命令→根据需要选择“插入行”“插入列”“插入单元格，活动单元格右移”“插入单元格，活动单元格下移”等命令。

4. 删除行、列或单元格

好的工作表还可以删除整行、整列或单元格，从而实现对工作表的调整。

方法：选定要删除的行、列或单元格并右击→选择“删除”命令→根据需要选择“整行”“整列”“插入单元格，活动单元格右移”“插入单元格，活动单元格下移”等命令。

5. 清除单元格

清除单元格指删除单元格中的内容或格式。

方法：选定单元格并右击→选择“清除内容”命令→根据需要选择“全部”“格式”“内容”等命令。

### 4.3.4 设置单元格格式

单元格数据输入完成后，通常还需要对单元格格式进行设置，以美化工作表。单元格格式包括单元格数字格式、对齐方式、字体、边框、图案和保护。设置单元格格式通常在“单元格格式”对话框中进行。

1. 数字格式设置

单元格中的数字、时间等都是以数字类型存储的，WPS 会根据所在单元格的格式显示这些数据。数字显示格式包括小数的位数、是否使用千位分隔符和负数的显示方式。可按照下列操作步骤设置单元格的数字格式。

1）选择要设置数字格式的单元格区域并右击→选择“设置单元格格式”命令→打开“单元格格式”对话框。

2）单击“数字”选项卡→在“分类”列表框中选择要设置的数字类别，然后在右侧进行具体设置。如果选定的单元格区域需要显示 1 位小数，可在“分类”列表框中选择“数值”→设置“小数位数”为 1→单击“确定”按钮，如图 4-12 所示。

2. 设置对齐方式

在 WPS Office 电子表格中，文本型数据默认左对齐，数字型、日期和时间型数据默认右对齐。用户可以根据需要调整数据的对齐方式进行调整。

方法：选定要设置数字格式的单元格区域并右击→选择“设置单元格格式”命令打开“单元格格式”对话框→单击“对齐”选项卡→设置单元格中数据的水平和垂直对齐方式、文本控制、文字方向等参数，如图 4-13 所示→设置完成后，单击“确定”按钮。

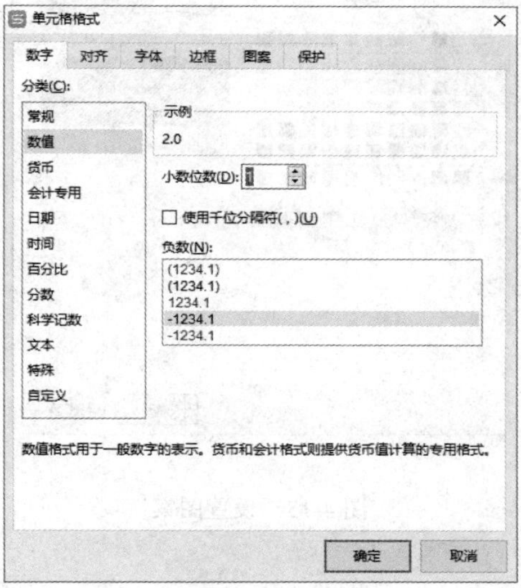


图 4-12　设置数字格式

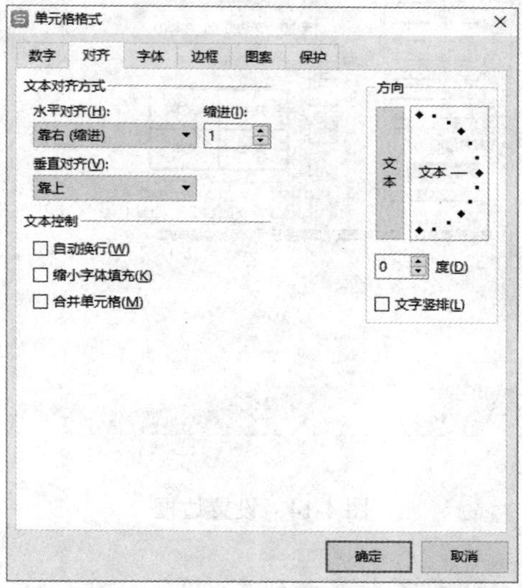


图 4-13　设置对齐方式

3. 设置边框

WPS 电子表格工作表中的网格线是灰色的，打印时不显示网格线，如果需要在打印时显示网格线，需要对表格边框进行设置。具体操作步骤如下。

1）选定需要设置边框的单元格区域并右击→选择“设置单元格格式”命令→打开“单元格格式”对话框→单击“边框”选项卡，如图 4-14 所示。

2）自定义内部框线。在“边框”选项卡中，选择内部框线的样式和颜色→在“预置”栏中选择“内部”→在“边框”栏中单击“水平内框线”按钮，可添加或取消水平内框线；单击“垂直内框线”按钮，可添加或取消垂直内框线。

3）自定义外边框。在“边框”选项卡中，选择边框线的样式和颜色→在“预置”栏中选择“外边框”→在“边框”栏中单击“上边框线”按钮，添加上边框线。

4）如果不需要网格线，可以在“预置”栏中选择“无”。

4. 设置图案

可通过为单元格添加图案实现单元格的美化。

方法：选定需要设置图案的单元格区域并右击→选择“设置单元格格式”命令→打开“单元格格式”对话框→单击“图案”选项卡→在“颜色”栏中选择需要的颜色→在“图案样式”下拉列表中选择合适的样式，如图 4-15 所示→设置完成后，单击“确定”按钮。

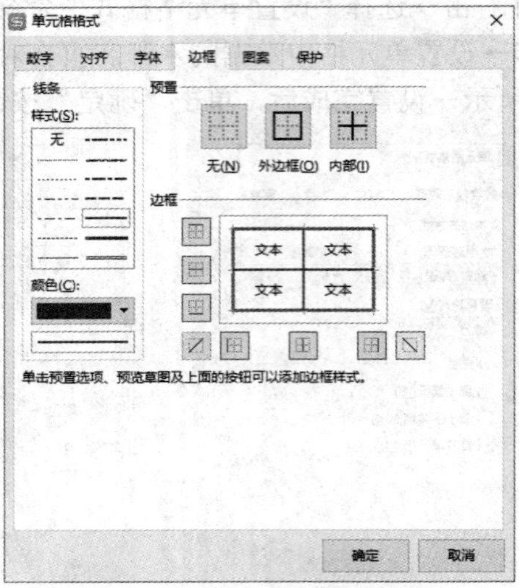


图 4-14 设置边框

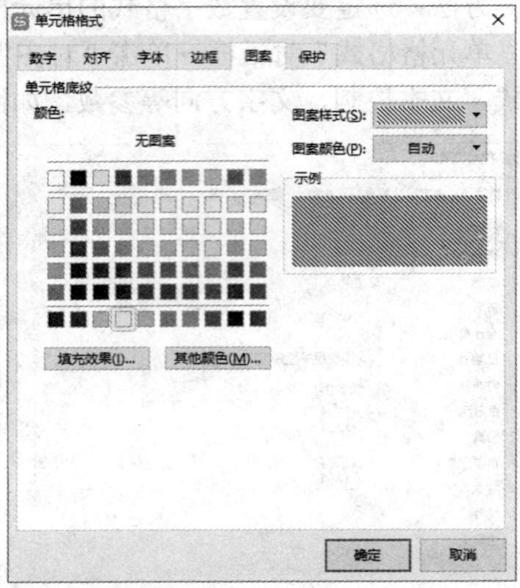


图 4-15 设置图案

5. 设置行高和列宽

在 WPS 电子表格中，可以根据需要重新设置行高或列宽。设置行高和列宽可以通过如下 3 种方法实现。

方法一：选定需要重新设置行高和列宽的单元格区域→单击“开始”选项卡→单击“行和列”下拉按钮→选择“行高”或“列宽”命令。

方法二：在选定行号或列标上右击→选择“行高”或“列宽”命令。

方法三：选定需要重新设置行高和列宽的单元格区域→单击“开始”选项卡→单击“行和列”下拉按钮→选择“最适合的行高”或“最适合的列宽”命令，可以让系统自动设置最适合的行高或列宽。

将行高或列宽设置成“0”会隐藏该行或列。

### 4.3.5 设置条件格式

条件格式指如果满足了给定的条件，则 WPS 允许用户根据该条件来自动更改单元格格式，可使用数据条或图标集等直观地显示满足条件的单元格，以突出显示某些特定数据。条件格式的设置可通过“开始”选项卡的“条件格式”按钮来完成。

1. 突出显示单元格规则

突出显示单元格规则对包含数字、文本等的单元格设置条件格式，条件格式基于比较运算设置。

2. 项目选取规则

项目选取规则仅对排名靠前或靠后的值设置单元格格式，可用于查找单元格区域中的前 25 项、后 25 项、前 10%、最后 10%、高于平均值、低于平均值等的值。

3. 数据条

WPS 电子表格根据单元格中数值的大小添加相应颜色的数据条，单元格数值越大，数据条越长。

4. 色阶

色阶根据单元格中数值的大小来添加颜色渐变效果，颜色的深浅表示数值的大小。内置的色阶最上方的颜色代表较大值，中间颜色代表中间值，下方的颜色代表较小值。

5. 图标集

图标集能够在数据旁附注旗帜、圆形、五角星或箭头等图标，以对数据进行注释，每个图标代表一个值的范围。

如果系统中提供的规则不能满足用户的需要，用户还可以自定义规则：单击“开始”选项卡→单击“条件格式”按钮→选择“新建规则”命令→进行相应规则设置。

可根据需要取消设置的条件格式：单击“开始”选项卡→单击“条件格式”按钮→选择“清除规则”命令。

### 4.3.6 项目训练

**【训练目标】**

1）掌握 WPS 表格工作簿文件的建立、打开和保存等基本操作。

2）掌握 WPS 表格工作表的插入、重命名、删除、隐藏等基本操作。

3）掌握在单元格中输入常见数据的方法。

4）掌握单元格的格式化（字体、颜色、边框、底纹、对齐方式等）设置方法。

5）掌握条件格式、行高等的设置方法。

**【操作步骤】**

1）启动 WPS Office→新建一个工作簿文件→在工作表 Sheet1 中输入图 4-16 所示的原始数据→以文件名“XX 班级专业课成绩表.et”或“XX 专业课成绩表.xlsx”保存文件。

2）将鼠标指针指向工作表 Sheet1，插入一张新工作表 Sheet2。

3）将鼠标指针指向工作表 Sheet2，执行“隐藏”命令，隐藏工作表 Sheet2。

4）将鼠标指针指向 Sheet1，执行“重命名”命令，将工作表 Sheet1 重命名为“XX 班级专业课成绩表”。

5）选定单元格区域 B1:G1→执行“合并居中”命令→将标题“XX 班级专业课成绩表”设为微软雅黑，16 号。

6）选定单元格区域 B2:G2→将此区域字体设为宋体，居中，加粗，14 号字；选定单元格区域→将此区域字体设置为居中对齐，12 号字。

7）设置标题所在单元格 B1 的底纹颜色为“蓝色”。

8）将第 2 行的行高设为 18，B 列的列宽设为 16。

9）给 B2:G17 单元格区域添加红色粗线的外框线，绿色细线的内框线。

10）利用条件格式将 G3:G17 中大于 90 的单元格设为蓝色，加粗。

11）设置单元格格式，F3:F17 所有数值保留 1 位小数。

12）单击“保存”按钮保存文件。

【训练结果】

训练结果如图 4-16 所示。

| XX班级专业课成绩表 | | | | | |
|---|---|---|---|---|---|
| 学号 | 姓名 | 性别 | 电路 | 电机学 | 系统分析 |
| 2400666601 | 张毅 | 女 | 91 | 79.0 | 97 |
| 2400666602 | 李泓 | 男 | 79 | 91.0 | 80 |
| 2400666603 | 王利 | 男 | 69 | 70.0 | 88 |
| 2400666604 | 李晓路 | 女 | 80 | 69.0 | 75 |
| 2400666605 | 许杰 | 男 | 76 | 77.0 | 81 |
| 2400666606 | 段强 | 男 | 62 | 78.0 | 69 |
| 2400666607 | 徐丽 | 女 | 82 | 55.0 | 70 |
| 2400666608 | 周生 | 男 | 70 | 83.0 | 83 |
| 2400666609 | 白丽娜 | 女 | 69 | 65.0 | 60 |
| 2400666610 | 马琳琳 | 女 | 65 | 70.0 | 80 |
| 2400666611 | 张通 | 男 | 75 | 69.0 | 75 |
| 2400666612 | 杜晓艳 | 女 | 82 | 66.0 | 74 |
| 2400666613 | 杨天 | 男 | 63 | 90.0 | 76 |
| 2400666614 | 陆月 | 女 | 88 | 67.0 | 79 |
| 2400666615 | 赵大海 | 男 | 57 | 69.0 | 80 |

图 4-16 训练结果

## 4.4 WPS 电子表格数据运算

利用 WPS Office 电子表格提供的公式和函数，用户可以完成常见的算术、财务、统计和科学计算。

公式是一种数据形式，可以包含各种运算符号、常量、函数及单元格引用等。函数是一些预先定义的内置公式，当对工作表进行复杂的运算时，使用函数可大大降低公式的复杂程度和出错率。

公式和函数的使用过程中需要大量运用单元格的绝对引用、相对引用和混合引用，以得到计算结果。熟练地使用公式或函数，是学生需要掌握的必备技能。

### 4.4.1 认识运算符

1. 运算符的分类

（1）算术运算符

算术运算符能够完成基本的数学运算，包括加号（+）、减号（-）、乘号（*）、除号（/）、乘方（^）和百分比（%），常用于数值型数据的计算，其结果是一个数值。

（2）比较运算符

比较运算符用于比较两个相同类型数据的大小。当用比较运算符比较两个值时，产生的结果为 TRUE 或 FALSE。

比较运算符包括等于（=）、不等于（<>）、大于（>）、小于（<）、大于或等于（>=）、小于或等于（<=）。

（3）文本运算符

文本运算符用于将两个文本连接成一个新文本。文本运算符用“&”表示。

（4）引用运算符

引用运算符是公式中常用的一种运算符，可以将单元格区域引用合并计算。

1）区域运算符：两个引用之间，用“:”表示。例如，“F3:H5”表示 F3 单元格到 H5 单元格之间的单元格区域。

2）联合运算符：将多个引用合并为一个引用，用“,”表示。例如，“B4,F1,G6,H10”表示 B4、F1、G6、H10 4 个单元格。

3）交叉运算符：对两个单元格区域交叉区域的引用，用空格“ ”表示。例如，“B7:E10 C6:C13”表示 B7:E10 和 C6:C11 的交叉部分，即 C7:C10。

WPS 电子表格中的常用运算符如表 4-2 所示。

表 4-2　WPS 电子表格中的常用运算符

| 运算符 | 含义 | 运算符 | 含义 |
|---|---|---|---|
| + | 加法 | > | 大于 |
| − | 减法 | < | 小于 |
| * | 乘法 | >= | 大于或等于 |
| / | 除法 | <= | 小于或等于 |
| % | 百分比（除 100） | < > | 不等于 |
| ^ | 乘方 | = | 等于 |
| & | 文本连接 | , | 联合运算符 |
| 空格 | 交叉运算符 | : | 区域运算符 |

2. 运算符的优先级

在 WPS 电子表格中，所有公式均以“=”开始，后面紧跟常量、运算符、函数、单元格引用等。

如果公式中同时用到了多种运算符，则需依照运算符优先级的高低依次进行。

表 4-3 给出了常见运算符的优先级。

表 4-3 公式中运算符的优先级

| 运算符（优先级从高到低） | 含义 | 运算符（优先级从高到低） | 含义 |
|---|---|---|---|
| : | 区域运算符 | ^ | 乘方运算符 |
| , | 联合运算符 | *和/ | 乘和除运算符 |
| 空格 | 交叉运算符 | +和- | 加和减运算符 |
| - | 负数运算符 | & | 文本运算符 |
| % | 百分比运算符 | =, >, <, >= , <= , <> | 比较运算符 |

例如，对于公式“=G5*5−(D4+A1^2)/9”，要先完成括号中的运算，括号中要先进行乘方运算，再与 D4 进行求和运算，之后计算 G5 乘以 5 及后面的值除以 9，最后将两个数作差。

### 4.4.2 掌握单元格引用

单元格引用用于指明公式中所使用数据的位置，以便告诉软件引用哪些单元格中的数据。引用位置用单元格的地址表示。

在公式中经常要使用某一单元格或单元格区域的引用来代替单元格中的具体数据，当公式中被引用的单元格中的具体数据发生变化时，公式的计算结果也会随之发生变化。复制公式或移动公式来实现数据填充时，单元格引用方式不同，计算结果也会不同。单元格引用包括相对引用、绝对引用和混合引用三种类型。

1. 相对引用

相对引用用字母表示列，用数字表示行。当公式单元格被复制到其他的单元格时，WPS 电子表格可以根据位置更新引用单元格。

例如，在 C3 单元格中输入公式“=A3+B3”→选定 C3 单元格，按 Ctrl+C 组合键→单击 C4 单元格→按 Ctrl+V 组合键→此时 C4 单元格的公式为“=A4+B4”。这种相对引用会随着公式所在单元格位置的变化而变化。

2. 绝对引用

绝对引用即在列标和行号前分别加上“$”符号，表示指向工作表中固定位置的单元格。“$”的作用是固定行或固定列。“$”在行标题前时，该行固定不变；“$”在列标题时，该列固定不变。无论公式单元格的位置如何改变，被引用的单元格地址均不会发生变化。若在复制单元格时，不希望对某些单元格的引用随着公式位置的变化而改变，此时可以使用绝对引用。

例如，在 D1 单元格中输入公式“=$B$l+$C$1”，然后将该公式复制到 D2，该公式仍然为“=$B$l+$C$1”。这表明在绝对引用中，单元格地址不会改变。

3. 混合引用

混合引用指公式中既有相对引用，又有绝对引用。当含有公式的单元格因插入、复制、删除等原因引起行、列变化时，公式中相对引用部分随公式位置的变化而变化，绝对引用部分则不会随公式位置的变化而变化。

例如，对于“$B5”，当公式单元格向下移动一行时，公式中的单元格地址变为“$B6”；当公式单元格向右移动一列，公式中的单元格地址仍为“$B5”。

4. 不同工作表的单元格的引用

在利用公式实施计算时，可以引用不同工作簿不同工作表中单元格中的内容，具体格式为“[工作簿文件名]工作表名!单元格地址”。如果引用的是同一个工作簿中不同工作表中的内容，则“[工作簿文件名]”可省略。

例如，在工作簿 3 中 Sheet3 工作表的 B3 单元格中计算工作簿 4 中 Sheet4 工作表的 B2:C4 单元格区域的数据总和，在 Sheet3 工作表 B3 单元格中输入“:=SUM([工作簿4]Sheet4!$B$2:$C$4)”。

### 4.4.3 利用公式计算

在 WPS 电子表格中使用公式，既可以完成一般的算术运算，也可以完成复杂的财务、统计和科学计算。这些计算可以通过公式完成。

存放公式的单元格显示的是公式的计算结果。只有当该单元格成为活动单元格时，公式才能在编辑栏中显示出来。输入公式时必须以等号“=”开始。

1. 输入公式

输入公式的步骤如下。

1）选中要输入公式的单元格。

2）在单元格中先输入一个等号。

3）在等号后面输入公式的内容。

4）输入完成后，按 Enter 键、Tab 键或单击编辑栏中的✔按钮。

例如，在单元格 C6 中输入公式“=C3+C4+C5”，则该公式会显示在编辑栏中，计算结果会显示在 C6 单元格中。当变更单元格 C3 中的数值时，WPS 电子表格会重新计算与 C3 有关的所有公式。也就是说，C6 中的数据会自动重新调整。

2. 编辑公式

如果要对输入的公式进行修改，则可双击该单元格或直接在编辑栏中进行修改。需要删除公式时，可以按 Delete 键实现。

3. 复制公式

当利用公式完成一个单元格的数据计算后，可以直接通过填充或复制的方式快速完成其他单元格的数据计算，具体操作如下。

1）选择需要复制的单元格区域，按 Ctrl+C 组合键完成复制。

2）将光标定位到需要复制到的目标单元格，按 Ctrl+V 组合键进行粘贴。

3）也可以直接拖动填充柄完成公式的复制。

**【任务要求】**

新建“XX 班级电路成绩总评表.xlsx”工作表，输入图 4-17 所示的原始数据（总评成绩不需要输入），进行以下操作。

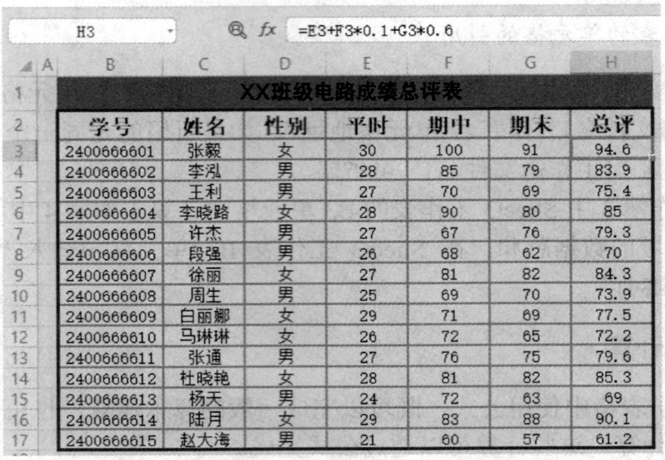

H3 fx =E3+F3*0.1+G3*0.6

| | A | B | C | D | E | F | G | H |
|---|---|---|---|---|---|---|---|---|
| 1 | | XX班级电路成绩总评表 | | | | | | |
| 2 | | 学号 | 姓名 | 性别 | 平时 | 期中 | 期末 | 总评 |
| 3 | | 2400666601 | 张毅 | 女 | 30 | 100 | 91 | 94.6 |
| 4 | | 2400666602 | 李泓 | 男 | 28 | 85 | 79 | 83.9 |
| 5 | | 2400666603 | 王利 | 男 | 27 | 70 | 69 | 75.4 |
| 6 | | 2400666604 | 李晓路 | 女 | 28 | 90 | 80 | 85 |
| 7 | | 2400666605 | 许杰 | 男 | 27 | 67 | 76 | 79.3 |
| 8 | | 2400666606 | 段强 | 男 | 26 | 68 | 62 | 70 |
| 9 | | 2400666607 | 徐丽 | 女 | 27 | 81 | 82 | 84.3 |
| 10 | | 2400666608 | 周生 | 男 | 25 | 69 | 70 | 73.9 |
| 11 | | 2400666609 | 白丽娜 | 女 | 29 | 71 | 69 | 77.5 |
| 12 | | 2400666610 | 马琳琳 | 女 | 26 | 72 | 65 | 72.2 |
| 13 | | 2400666611 | 张通 | 男 | 27 | 76 | 75 | 79.6 |
| 14 | | 2400666612 | 杜晓艳 | 女 | 28 | 81 | 82 | 85.3 |
| 15 | | 2400666613 | 杨天 | 男 | 24 | 72 | 63 | 69 |
| 16 | | 2400666614 | 陆月 | 女 | 29 | 83 | 88 | 90.1 |
| 17 | | 2400666615 | 赵大海 | 男 | 21 | 60 | 57 | 61.2 |

图 4-17　利用公式计算总评成绩

1）按照图 4-17 所示，美化工作表。

2）利用公式，计算每名学生的总评成绩。公式为“总评=平时+期中*10%+期末*60%”。

3）总评保留 1 位小数。

4）完成保存操作。

**【操作步骤】**

1）新建“XX 班级电路成绩总评表.xlsx”工作表，输入图 4-17 所示的原始数据。

2）参考 4.3.6 节的内容，完成工作表格式的设置。

3）单击 H3 单元格，输入“=E3+F3*0.1+G3*0.6”，如图 4-17 所示，利用公式完成 H3 单元格总评的计算。

4）拖动填充柄完成对单元格区域 H4:H17 中公式的复制，可以看到 H4:H17 单元格区域自动完成了求和计算。

5）选中单元格区域 H3:H17，单击“增加小数位数”按钮，保留 1 位小数。

6）单击“保存”按钮。

### 4.4.4　利用函数计算

WPS 电子表格提供了大量功能强大的函数，熟练使用这些函数可以大大提高工作效率。

函数一般由函数名和函数参数两部分组成，其中函数名表示函数的功能，参数是数字、单元格地址等运算对象。

1. 函数的输入

在 WPS 电子表格中使用函数进行计算，可以采用以下两种方式之一。

（1）手动输入函数

1）单击需要输入函数的单元格，在编辑栏中输入一个等号“=”。

2）在“=”之后输入函数名。例如，在所选中的单元格中输入“=SUM(C2:E2)”，可计算 C2:E2 单元格区域中 3 个单元格的数据之和。

（2）自动输入函数

使用 WPS 提供的“插入函数”对话框输入函数，具体操作步骤如下。

1）单击需要输入函数的单元格。单击“公式”选项卡→单击“插入函数”按钮→打开“插入函数”对话框→选择一个函数，对话框下方会显示该函数功能的介绍，如图 4-18 所示。

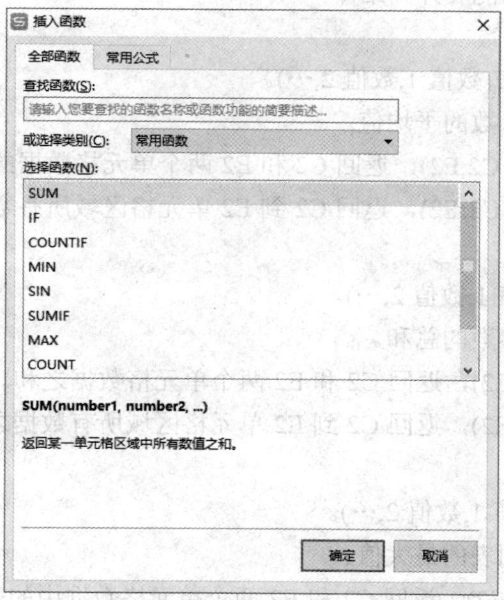


图 4-18　“插入函数”对话框

2）在“插入函数”对话框中选择需要插入的函数“SUM”→单击“确定”按钮→打开“函数参数”对话框，该对话框下方有“SUM”函数参数的详细介绍，如图 4-19 所示。

3）根据提示输入函数的各个参数，若要引用单元格地址作为参数，可从工作表中直接选定该单元格区域（这里选定 E3:G3），也可手工输入“E3:G3”。如果需要选择的单元格区域被“函数参数”对话框挡住了，可以单击参数框右侧的“收缩”按钮，在对话框变小后再进行操作。

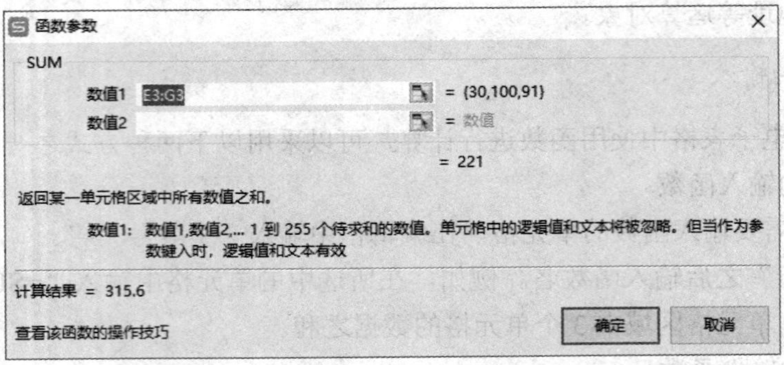


图 4-19 “函数参数”对话框

2. 常用函数介绍

WPS 电子表格提供了数学与三角函数、财务等多类函数。下面对 WPS 电子表格中的一些常用函数及其功能展开介绍。

（1）AVERAGE 函数

格式：=AVERAGE(数值 1,数值 2,…)。

功能：返回所有参数的平均值。

举例：=AVERAG(C2,E2)，返回 C2 和 E2 两个单元格数据的平均值。

=AVERAG(C2:E2)，返回 C2 到 E2 单元格区域所有数据的平均值。

（2）SUM 函数

格式：=SUM(数值 1,数值 2,…)。

功能：返回所有参数的总和。

举例：=SUM(C2,E2)，返回 C2 和 E2 两个单元格数据之和。

=SUM(C2:E2)，返回 C2 到 E2 单元格区域所有数据之和。

（3）MAX 函数

格式：=MAX(数值 1,数值 2,…)。

功能：返回参数列表的最大值。

举例：=MAX(C2,E2)，返回 C2 和 E2 两个单元格数据中的较大值。

=MAX(C2:E2)，返回 C2 到 E2 单元格区域所有数据的最大值。

（4）MIN 函数

格式：=MIN(数值 1,数值 2,…)。

功能：返回参数列表的最小值。

举例：= MIN(C2,E2)，返回 C2 和 E2 两个单元格数据中的较小值。

= MIN(C2:E2)，返回 C2 到 E2 单元格区域所有数据的最小值。

（5）COUNT 函数

格式：=COUNT(值 1,值 2,…)。

功能：返回参数列表中数字类型的数据的个数。

举例：=COUNT(C2,E2)，返回 C2 和 E2 两个单元格中包含数字类型数据的单元格数。

=COUNT(C2:E2)，返回 C2 到 E2 单元格区域中包含数字类型数据的单元格数。

（6）IF 函数

格式：=IF(测试条件,真值,[假值])。

功能：如果测试条件成立，则返回真值；否则，返回假值。

举例：=IF(F7>=80,"良好","一般")，如果 F7 单元格的值大于等于 80，则在当前单元格中显示“良好”，否则显示“一般”。

（7）COUNTIF 函数

格式：=COUNTIF(区域,条件)。

功能：计算区域中满足给定条件的单元格的数量。

举例：=COUNTIF(C2:E2,">=80")，计算 C2 到 E2 单元格区域中数值大于等于 80 的单元格的数量。

（8）SUMIF 函数

格式：=SUMIF(区域,条件,[求和区域])。

功能：在给定的区域内，对满足条件并在数据求和区域中的数据求和。[求和区域]可以省略，省略后对区域内数据求和。

举例：=SUMIF(D3:D5,"男",C3:C5)，计算 D3 到 D5 单元格区域中，性别为“男”的单元格对应数据之和，求和源数据存放在单元格区域 C3:C5 中。

（9）RANK 函数

格式：=RANK(数值,引用,[排位方式])。

功能：返回某一数值在一列数值中相对于其他数值的排名。数值是要进行排名的数值或其所在单元格地址；引用是所有进行排名的数值或它们所在的单元格区域；[排位方式]指定排名的方式，0 或忽略为降序，非 0 值为升序。

举例：=RANK(A3,A3:A5,0)，返回 A3 单元格中的数值在 A3 到 A5 单元格区域中的排名。

（10）VLOOKUP 函数

格式：=VLOOKUP(查找值,数据表,列序数,[匹配条件])。

功能：根据查找值，到数据表中查找目标数据，然后根据列序数返回数据表中指定列的值。[匹配条件]指是否进行精确匹配，0 为精确匹配，1 或忽略为大致匹配。

举例：=VLOOKUP(H4,[工作簿 1.et]Sheet1!$B$4:$F$9,3,0)，根据 H4 单元格中的数据，到工作簿 1 的工作表 Sheet1 的 B4:F9 中进行查找，然后返回第 3 列中的数据内容。

3. WPS 电子表格常见错误信息

在利用 WPS 电子表格中的公式或函数进行计算的过程中，常常会出现因用户输入等方面的错误导致公式无法被正确执行的场景。错误发生时，WPS 电子表格会提示相应的错误信息。WPS 电子表格常见错误信息及原因如表 4-4 所示。

表 4-4 WPS 电子表格常见错误信息及原因

| 错误信息 | 可能的引起原因 | 错误信息 | 原因 |
| --- | --- | --- | --- |
| #DIV/0! | 除数为零 | #NUM! | 使用了无效数字 |
| #N/A | 无可用数值 | #REF! | 单元格引用无效 |
| #NAME? | 名称错误 | #VALUE! | 类型错误 |
| #NULL! | 单元格区域的交集为空 | | |

4. 函数的使用

【任务要求】

打开“XX 专业课成绩表.xlsx”工作簿，进行如下操作。

1）在 H2 单元格处输入“平均分”。

2）按照图 4-20 所示，重新设置表格的边框。

3）利用函数，计算每名同学的单科平均成绩。

4）平均分保留 2 位小数。

5）完成上述操作后，保存工作表。

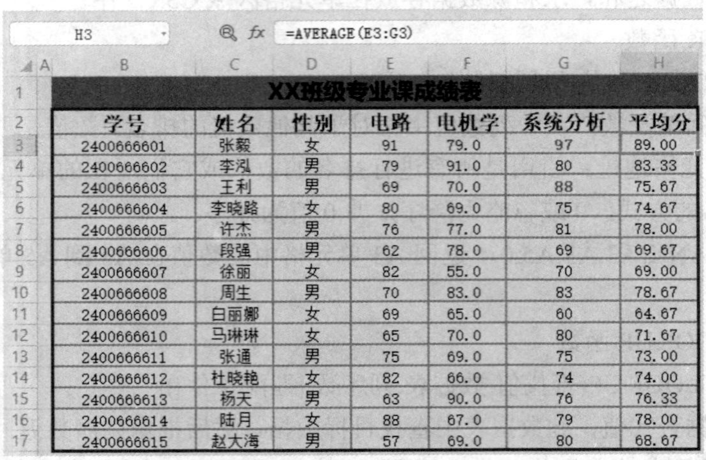

H3 =AVERAGE(E3:G3)

| XX班级专业课成绩表 | | | | | | |
| --- | --- | --- | --- | --- | --- | --- |
| 学号 | 姓名 | 性别 | 电路 | 电机学 | 系统分析 | 平均分 |
| 2400666601 | 张毅 | 女 | 91 | 79.0 | 97 | 89.00 |
| 2400666602 | 李泓 | 男 | 79 | 91.0 | 80 | 83.33 |
| 2400666603 | 王利 | 男 | 69 | 70.0 | 88 | 75.67 |
| 2400666604 | 李晓路 | 女 | 80 | 69.0 | 75 | 74.67 |
| 2400666605 | 许杰 | 男 | 76 | 77.0 | 81 | 78.00 |
| 2400666606 | 段强 | 男 | 62 | 78.0 | 69 | 69.67 |
| 2400666607 | 徐丽 | 女 | 82 | 55.0 | 70 | 69.00 |
| 2400666608 | 周生 | 男 | 70 | 83.0 | 83 | 78.67 |
| 2400666609 | 白丽娜 | 女 | 69 | 65.0 | 60 | 64.67 |
| 2400666610 | 马琳琳 | 女 | 65 | 70.0 | 80 | 71.67 |
| 2400666611 | 张通 | 男 | 75 | 69.0 | 75 | 73.00 |
| 2400666612 | 杜晓艳 | 女 | 82 | 66.0 | 74 | 74.00 |
| 2400666613 | 杨天 | 男 | 63 | 90.0 | 76 | 76.33 |
| 2400666614 | 陆月 | 女 | 88 | 67.0 | 79 | 78.00 |
| 2400666615 | 赵大海 | 男 | 57 | 69.0 | 80 | 68.67 |

图 4-20 利用函数计算平均分

【操作步骤】

1）打开“XX 班级专业课成绩表.xlsx”工作表。

2）在 H2 单元格处输入“平均分”。

3）单击 H3 单元格→单击“公式”选项卡→单击“插入函数”按钮→打开“插入函数”对话框→选择 AVERAGE 函数→单击“确定”按钮→打开“函数参数”对话框。

4）在文本框中输入“E3:G3”，也可从工作表中直接选定该单元格区域→单击“确定”按钮。这样就利用 AVERAGE 函数完成对 H3 单元格的计算。

5）拖动填充柄完成单元格区域 H4:H17 公式的复制，可以看到 H4:H17 单元格区域自动完成了均值计算。

6）选中单元格区域 H3:H17→设置保留 1 位小数。

7）选中单元格区域 H3:H17→单击“开始”选项卡→单击“增加小数位数”按钮→设置保留 2 位小数。

8）重新设置表格的外框线和内部框线。

9）另存文件为“XX 专业课成绩表函数.xlsx”。

### 4.4.5　项目训练

**【训练目标】**

1）掌握 WPS 电子表格中公式的使用。

2）掌握 WPS 电子表格中常见函数的使用。

3）掌握 WPS 电子表格中公式和函数的复制。

4）掌握单元格相对引用和绝对引用的使用。

**【操作步骤】**

1）打开“XX 专业课成绩表.xlsx”工作簿→以文件名“XX 专业课成绩统计分析表.et”或“XX 专业课成绩统计分析表.xlsx”保存文件→按照图 4-22 所示输入相关内容。

2）计算总分。单击 H3 单元格→输入“=E3+F3+G3”，利用公式完成总分的计算→拖动填充柄完成单元格区域 H4:H17 公式的复制。

3）计算平均分。单击 I3 单元格→输入“=AVERAGE（E3:G3）”，利用函数完成平均分的计算→拖动填充柄完成单元格区域 I4:I17 公式的复制。选中单元格区域 I3:I17→设置保留 1 位小数。

4）计算总评。单击 I3 单元格→输入“=IF（I3>=90,"优秀",IF（I3>=80,"良好",IF（I3>=70,"中等","一般"）））”或“=IF（AND（I3>=60,I3<70），"一般"，IF（AND（I3>=70,I3<80）,"中等",IF（AND（I3>=80,I3<90）,"良好","优秀"）））”→拖动填充柄完成单元格区域 J4:J17 公式的复制。

5）计算排名。单击 K3 单元格→输入“=RANK（H3,$H$3:$H$17,0）”。因为单元格区域 I4:I17 在复制的过程中需要保持不变，所以应采用单元格的绝对引用。

6）利用 MIN 和 MAX 函数计算各科最低分和各科最高分。

7）统计各科优秀人数。单击 E20 单元格→输入“=COUNTIF（E3:E17,">=90"）”→拖动填充柄完成单元格区域 F20:G20 函数的复制。统计也可通过“函数参数”对话框来完成，如图 4-21 所示。

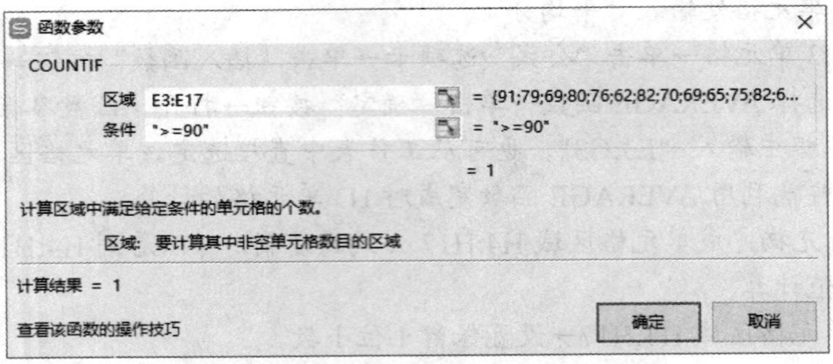


图 4-21　COUNTIF 函数详细参数设置

8）利用条件格式将 K3:K17 单元格区域中排名前 5 的单元格设为红色、粗体。

9）为单元格区域 B2:K20 添加红色内部框线和蓝色边框线。

10）单击“保存”按钮保存文件。

**【训练结果】**

训练结果如图 4-22 所示。

XX班级专业课成绩表

| 学号 | 姓名 | 性别 | 电路 | 电机学 | 系统分析 | 总分 | 平均分 | 总评 | 排名 |
|---|---|---|---|---|---|---|---|---|---|
| 2400666601 | 张毅 | 女 | 91 | 79 | 97 | 267 | 89.00 | 良好 | 1 |
| 2400666602 | 李泓 | 男 | 79 | 91 | 80 | 250 | 83.33 | 良好 | 2 |
| 2400666603 | 王利 | 男 | 69 | 70 | 88 | 227 | 75.67 | 中等 | 7 |
| 2400666604 | 李晓路 | 女 | 80 | 69 | 75 | 224 | 74.67 | 中等 | 8 |
| 2400666605 | 许杰 | 男 | 76 | 77 | 81 | 234 | 78.00 | 中等 | 4 |
| 2400666606 | 段强 | 男 | 62 | 78 | 69 | 209 | 69.67 | 一般 | 12 |
| 2400666607 | 徐丽 | 女 | 82 | 55 | 70 | 207 | 69.00 | 一般 | 13 |
| 2400666608 | 周生 | 男 | 70 | 83 | 83 | 236 | 78.67 | 中等 | 3 |
| 2400666609 | 白丽娜 | 女 | 69 | 65 | 60 | 194 | 64.67 | 一般 | 15 |
| 2400666610 | 马琳琳 | 女 | 65 | 70 | 80 | 215 | 71.67 | 中等 | 11 |
| 2400666611 | 张通 | 男 | 75 | 69 | 75 | 219 | 73.00 | 中等 | 10 |
| 2400666612 | 杜晓艳 | 女 | 82 | 66 | 74 | 222 | 74.00 | 中等 | 9 |
| 2400666613 | 杨天 | 男 | 63 | 90 | 76 | 229 | 76.33 | 中等 | 6 |
| 2400666614 | 陆月 | 女 | 88 | 67 | 79 | 234 | 78.00 | 中等 | 4 |
| 2400666615 | 赵大海 | 男 | 57 | 69 | 80 | 206 | 68.67 | 一般 | 14 |
| 各科最低分 | | | 57 | 55 | 60 | | | | |
| 各科最高分 | | | 91 | 91 | 97 | | | | |
| 各科优秀人数 | | | 1 | 2 | 1 | | | | |

图 4-22　训练结果

# 4.5　WPS 电子表格数据处理

WPS 电子表格具有强大的数据分析和数据处理功能，为用户提供了许多分析和处理数据的有效工具，包括排序、筛选、分类汇总、数据透视表和数据透视图等。

数据排序是数据分析不可缺少的组成部分。排序可以使用数据清单中一列或多列中的数据按升序或降序显示。对数据进行排序有助于快速直观地显示数据并查找所需数据。使用筛选，可以只显示满足条件的数据行，便于快速而方便地查找所需数据。使用分类汇总，可以运用求和、平均值等汇总方式对分类值进行计算。使用分类汇总还会分级显示列表。数据透视表是一种可以从源数据清单中快速批量汇总信息的报表，能使数据更加观、清晰地显示出来。

### 4.5.1　建立数据清单

在 WPS 电子表格中，数据的排序与筛选操作需要通过数据清单来进行。数据清单是包含相似数据的带标题的一组数据行，可以将数据清单看作数据库，其中列标题相当于数据库中的字段名称，行相当于数据库中的记录。数据清单是一种特殊的表格，必须包含表结构和纯数据。表中的数据是按某种关系组织起来的，所以可以把数据清单看作关系表。

数据清单中的第一行（标题行）数据称为表结构，WPS 电子表格利用标题名来进行查找、排序及筛选等操作。

建立数据清单时应遵守以下规则。

1）尽量避免在一张工作表中建立多个数据清单。

2）列标题名唯一且同列数据的数据类型和格式应完全相同。

3）在数据清单的第一行中创建列标题。

数据清单记录的添加、删除等可通过“记录单”命令实现。如果“记录单”命令不在功能区中，可将其添加到功能区。添加“记录单”命令到功能区的操作步骤如下。

1）单击“文件”选项卡→选择“选项”命令→在打开的对话框中单击“自定义功能区”按钮→在右侧的“从下列位置选择命令”下拉列表中选择“不在功能区中的命令”选项→在下方列表框中选择“记录单”命令。

2）单击“新建选项卡”按钮→新建一个选项卡→将其重命名为“记录”。

3）单击“新建组”按钮→将新建组重命名为“记录单”。

4）单击“添加”按钮。

对于一个已经建立数据清单的工作表，选定数据清单内任意单元格→单击“记录”选项卡→单击“记录单”按钮，即可创建图 4-23 所示的记录单。

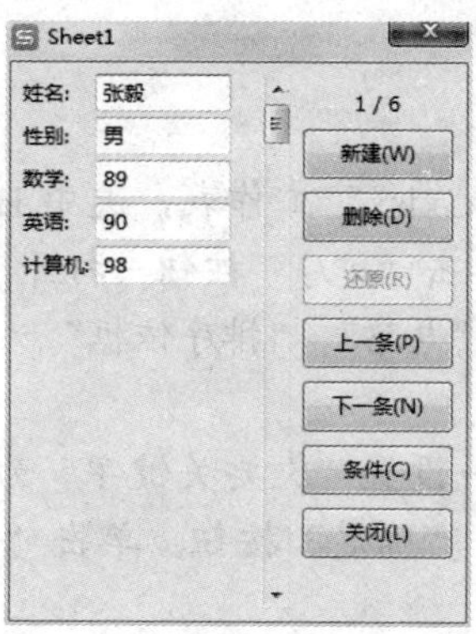


图 4-23　“记录单”对话框

### 4.5.2 数据排序

在数据清单中，记录是依照数据的输入顺序排列的。排序可以使用数据清单的一列或多列中的数据按升序或降序显示。数据排序中，有一个非常重要的概念——关键字。关键字是工作表进行排序的依据。

一般情况下，排序分为简单排序和复杂排序两种情况。

1. 简单排序

简单排序是在工作表中以一列单元格中的数据为依据，对工作表中的所有数据进行排序。简单排序方法：确定排序关键字所在列→选定此列中的一个单元格→单击“数据”选项卡→单击“升序”或“降序”按钮，WPS 表格会根据选中的单元格所在列的列标题自动排序。

升序排序默认的排序顺序如下：

1）对于数字，按数值从小到大的顺序进行排序。

2）对于文本，按音序表顺序进行排序。

3）对于逻辑值，FALSE 较小，TRUE 较大。

4）所有错误值的优先级相同。

5）空格排最后。

2. 复杂排序

排序时，经常会遇到一些列的数据相同的情况。如果需要进一步排序，则需要再指定一列或多列为关键字。第一次排序的关键字为主要关键字，后面排序的关键字为次要关键字。

**【任务要求】**

1）打开“XX 专业课成绩表.xlsx”工作簿，将其另存为“XX 专业课成绩表排序.xlsx”。

2）将工作表中的 B2:G17 单元格区域按主要关键字“电路”升序排序，按次要关键字“电机学”升序排序。

3）保存文件。

**【操作步骤】**

1）打开“XX 专业课成绩表.xlsx”工作表，选中 B2:G17 单元格区域。

2）单击“数据”选项卡→单击“排序”按钮→打开“排序”对话框，如图 4-24 所示。

3）设置“主要关键字”为“电路”，“排序依据”为“数值”，“次序”为“升序”→选中“数据包含标题”复选框。

4）单击“添加条件”按钮→设置“次要关键字”为“电机学”，“排序依据”为“数值”，“次序”为“升序”→单击“确定”按钮。单击“删除条件”按钮，可以删除关键字重新设置排序选项。

5）将文件另存为“XX 专业课成绩表排序.xlsx”。

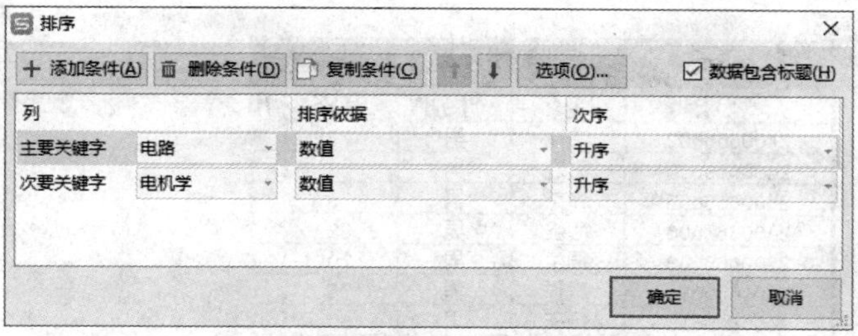


图 4-24 “排序”对话框

### 4.5.3　数据筛选

数据筛选可方便用户快速查看管理数据量大的数据清单。通过数据筛选能够从数据清单中筛选出满足条件的数据，而将不符合条件的数据隐藏起来。WPS 电子表格提供了自动筛选和高级筛选两种数据筛选方式。

1. 自动筛选

自动筛选能够根据用户设定的条件，快速筛选满足指定条件的记录，隐藏不满足指定条件的记录。

**【任务要求】**

1）打开“XX 专业课成绩表.xlsx”工作簿，利用工作表的“筛选”功能完成操作。

2）在工作表的 B2:G17 单元格区域中筛选男生数据。

3）在 2）的基础上，继续筛选“电机学”成绩低于 80 分的数据。

4）保存文件。

**【操作步骤】**

1）打开“XX 专业课成绩表.xlsx”工作簿，将其另存为“XX 专业课成绩表自动筛选.xlsx”。

2）选中 B2:G17 单元格区域→单击“数据”选项卡→单击“自动筛选”按钮→进入自动筛选状态，此时单元格列标题右侧会显示“筛选”按钮。

3）找到“性别”列→在 D2 单元格中单击“筛选”按钮→选中“男”复选框→单击“确定”按钮。这样就筛选出所有男生数据，如图 4-25 所示。

4）可继续添加筛选条件，筛选“电机学”成绩低于 80 分的数据。找到“电机学”列→在 F2 单元格中单击“筛选”按钮→单击“数字筛选”按钮→选择“小于”选项→在“自定义自动筛选方式”对话框的“小于”右侧编辑框中输入“80”。这样就筛选出男生中“电机学”成绩低于 80 分的数据，如图 4-26 所示。

5）单击“保存”按钮保存文件。

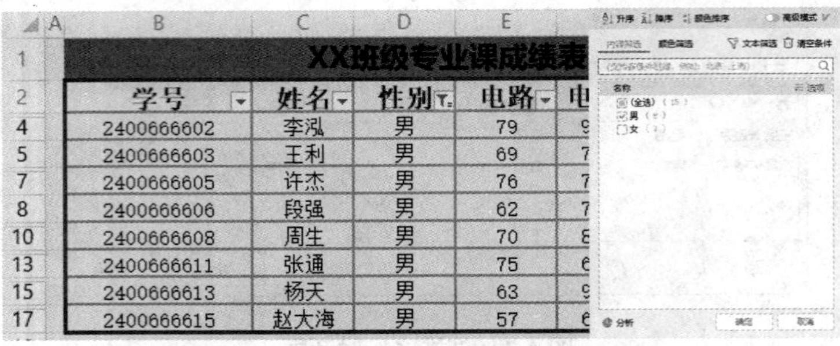

图 4-25　筛选男生数据

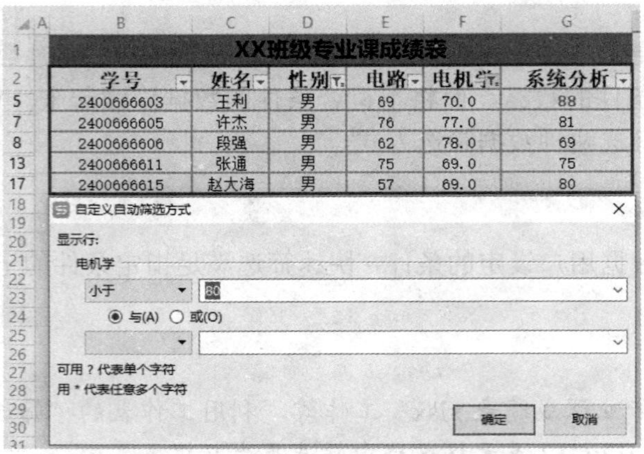

图 4-26　筛选男生中电机学成绩低于 80 分的数据

2. 高级筛选

高级筛选能够根据用户设定在条件区域的条件来筛选数据，并且筛选出来的数据会自动复制到工作表的指定区域，而工作表原来的数据保持不变。条件区域一般应与工作表原来的数据区域间隔一行或一列。

如果“高级筛选”按钮没有出现在功能区中，可利用上文所述的添加记录单的方式添加“高级筛选”按钮，这里不再赘述。

**【任务要求】**

1）打开“XX 专业课成绩表.xlsx”工作簿，利用工作表的“高级筛选”功能完成操作。

2）在工作表的 B2:G17 单元格区域筛选出“系统分析”成绩高于等于 80 分的女生数据。

3）保存文件。

**【操作步骤】**

1）打开“XX 专业课成绩表.xlsx”工作簿，将其另存为“XX 专业课成绩表高级筛选.xlsx”。

2）在第 19、20 行输入图 4-27 所示的条件数据。

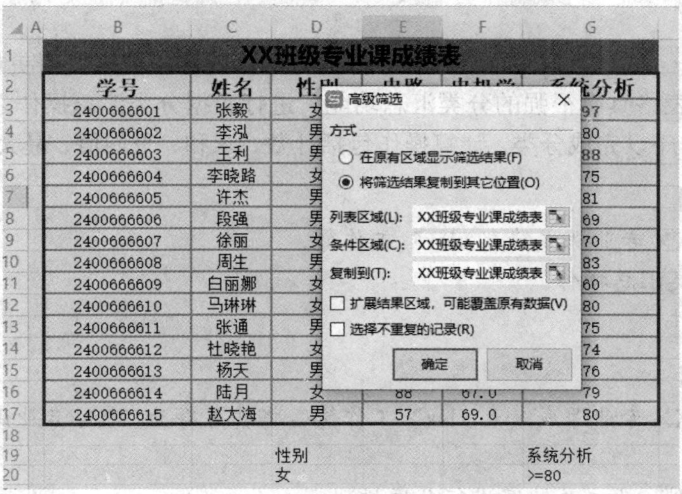


图 4-27　高级筛选设置

3）选中 B2:G17 单元格区域→单击“数据”选项卡→单击“高级筛选”按钮→打开“高级筛选”对话框。

4）选中“将筛选结果复制到其它位置”单选按钮→“列表区域”选择整个数据清单→“条件区域”选择构造的条件→“复制到”选择 B22 单元格，如图 4-27 所示。

5）单击“确定”按钮→显示高级筛选后的结果，如图 4-28 所示。

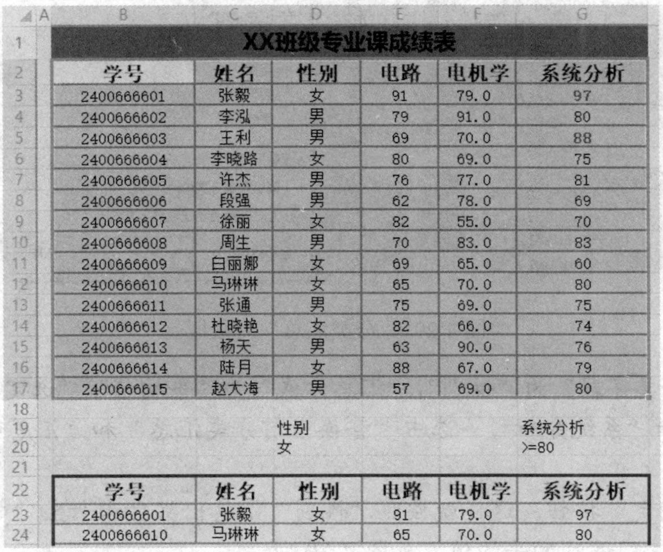


图 4-28　高级筛选结果

6）单击“保存”按钮保存文件。

### 4.5.4　分类汇总

分类汇总是一种对数据实行分析和计算的方法，能够使数据变得更加直观。

WPS 电子表格具有很强的分类汇总功能。进行数据分类汇总操作之前，需要先对分类字段进行排序以完成分类。计算操作包括计数、求和、平均值、最大值、最小值等。

**【任务要求】**

1）打开“XX 专业课成绩表.xlsx”工作簿。

2）完成分类汇总操作。

3）保存文件。

**【操作步骤】**

1）打开“XX 专业课成绩表.xlsx”工作簿，将其另存为“XX 专业课成绩表分类汇总.xlsx”。

2）以“性别”为主关键字进行升序排列。

3）单击工作表数据区任一单元格→单击“数据”选项卡→单击“分类汇总”按钮→打开“分类汇总”对话框，如图 4-29 所示。

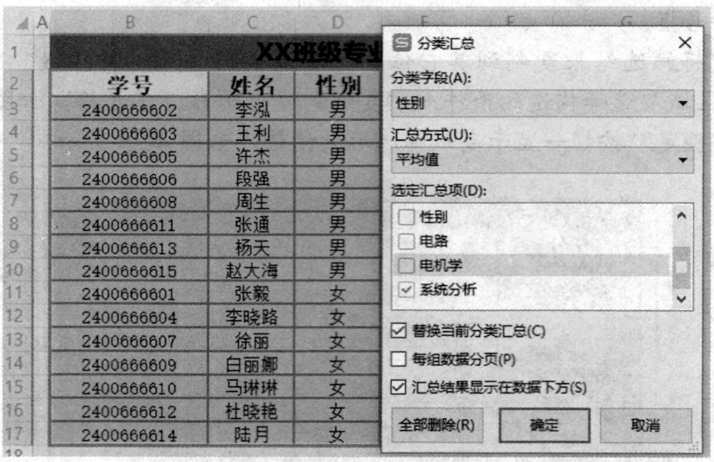


图 4-29　“分类汇总”对话框

4）设置“分类字段”为“性别”，“汇总方式”为“平均值”，“选定汇总项”为“电路”“电机学”和“系统分析”→选中“替换当前分类汇总”和“汇总结果显示在数据下方”复选框。

5）单击“确定”按钮。这样就按照“性别”汇总出男生和女生“电路”“电机学”和“系统分析”三门课程的平均值，如图 4-30 所示。

6）单击“保存”按钮保存文件。

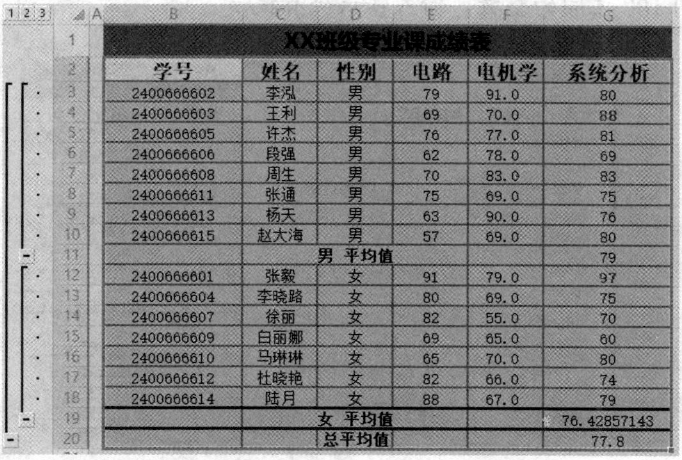

| 学号 | 姓名 | 性别 | 电路 | 电机学 | 系统分析 |
|---|---|---|---|---|---|
| XX班级专业课成绩表 | | | | | |
| 2400666602 | 李泓 | 男 | 79 | 91.0 | 80 |
| 2400666603 | 王利 | 男 | 69 | 70.0 | 88 |
| 2400666605 | 许杰 | 男 | 76 | 77.0 | 81 |
| 2400666606 | 段强 | 男 | 62 | 78.0 | 69 |
| 2400666608 | 周生 | 男 | 70 | 83.0 | 83 |
| 2400666611 | 张通 | 男 | 75 | 69.0 | 75 |
| 2400666613 | 杨天 | 男 | 63 | 90.0 | 76 |
| 2400666615 | 赵大海 | 男 | 57 | 69.0 | 80 |
| | | 男 平均值 | | | 79 |
| 2400666601 | 张毅 | 女 | 91 | 79.0 | 97 |
| 2400666604 | 李晓路 | 女 | 80 | 69.0 | 75 |
| 2400666607 | 徐丽 | 女 | 82 | 55.0 | 70 |
| 2400666609 | 白丽娜 | 女 | 69 | 65.0 | 60 |
| 2400666610 | 马琳琳 | 女 | 65 | 70.0 | 80 |
| 2400666612 | 杜晓艳 | 女 | 82 | 66.0 | 74 |
| 2400666614 | 陆月 | 女 | 88 | 67.0 | 79 |
| | | 女 平均值 | | | 76.42857143 |
| | | 总平均值 | | | 77.8 |

图 4-30 “分类汇总”结果

有关分类汇总的几点说明：

1）进行分类汇总时，需要事先按照分类字段排序。

2）一旦表格内数据发生变化，分类汇总结果会自动重新计算。

3）数据表进行分类汇总后，数据将分级显示。在列标左侧有 3 个按钮，表示分类汇总数据分为三级，可单击对应按钮显示各级内容。

### 4.5.5 数据有效性

WPS 电子表格的数据有效性可以指定单元格数据的有效性规则，限制用户输入数据的范围和类型，降低出错的可能，提高效率。在数据有效性规则下，只有符合规则的数据才被允许输入，不符合规则的数据不允许输入或提示用户输入数据错误。

**【任务要求】**

1）打开“XX 专业课成绩表.xlsx”工作簿。

2）设置“系统分析”列的有效性条件为“整数”，数据介于 0 到 100 之间。

3）设置“性别”列的数据验证序列，并以下拉列表的方式进行选择，选项依次为“男”“女”。

4）设置违反规则的出错警告信息。

5）保存文件。

**【操作步骤】**

1）打开“XX 专业课成绩表.xlsx”工作簿，将其另存为“XX 专业课成绩表数据有效性.xlsx”。

2）选中数字区域 G3:G17→单击“数据”选项卡→单击“有效性”下拉按钮→选择“有效性”命令→打开“数据有效性”对话框→设置“允许”为“整数”，“数据”为“介于”，“最小值”为“0”，“最大值”为“100”，如图 4-31 所示。这样就限定用户输入的数据只能是 0 到 100 之间的整数，输入错误会有提示。

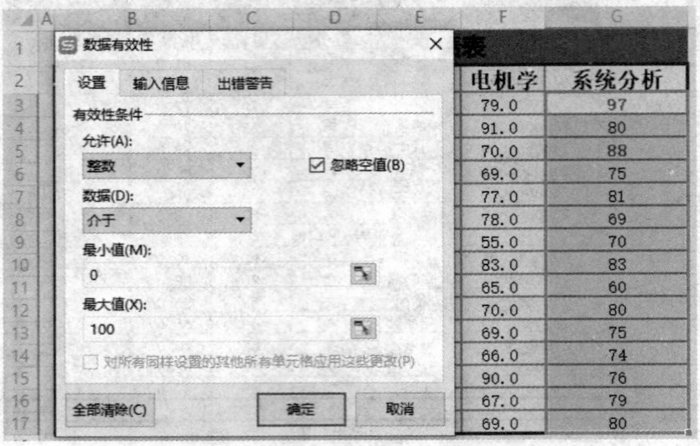

图 4-31 “数据有效性”整数规则设置

3）选中性别区域 D3:D17→单击“数据”选项卡→单击“有效性”下拉按钮→选择“有效性”命令→打开“数据有效性”对话框→设置“允许”为“序列”，“来源”为“男，女”（注意，用半角逗号）。这样就限定用户输入的数据只能是男和女，如图 4-32 所示，输入错误会有提示。

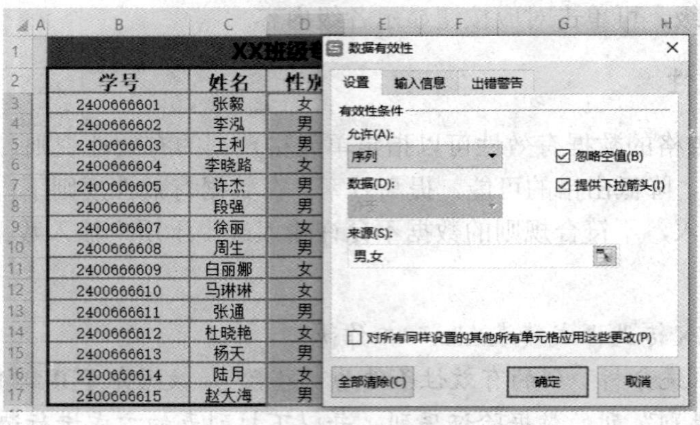

图 4-32 “数据有效性”序列规则设置

4）设置违反规则的出错警告信息。选择性别区域 D3:D17→打开“数据有效性”对话框→单击“出错警告”选项卡→在“标题”处输入“性别输入错误”，在“错误信息”处输入“只能选择男或女”→单击“确定”按钮。G3:G17 单元格区域的出错警告信息，请学生自行完成。

5）单击“保存”按钮保存文件。

### 4.5.6 数据透视表

数据透视表是一种可以从源数据清单中快速批量汇总信息的报表，能够使数据更加直观、清晰地显示出来。数据透视表支持按多列进行分类，而分类汇总只支持按单列分类。数据透视表能够帮助用户快速批量分析、显示数据。

**【任务要求】**

1）新建“XX 公司图书销售情况表.xlsx”工作簿文件。

2）创建数据透视表。

3）保存文件。

**【操作步骤】**

1）新建工作簿文件“XX 公司图书销售情况表.xlsx”，工作表数据如图 4-33 所示。

2）单击“插入”选项卡→单击“数据透视表”按钮→打开“创建数据透视表”对话框。

3）在“请选择单元格区域”单选按钮的下方，选择区域 A2:D44→选中“现有工作表”单选按钮→选择单元格 F2，如图 4-34 所示→单击“确定”按钮。也可选中“新工作表”单选按钮，建立一个新工作表存放数据透视表。

| | A | B | C | D |
|---|---|---|---|---|
| 1 | XX公司图书销售情况表 | | | |
| 2 | 销售部门 | 图书类别 | 季度 | 数量 |
| 3 | 销售部三 | 计算机类 | 3 | 201 |
| 4 | 销售部三 | 数学类 | 2 | 302 |
| 5 | 销售部四 | 外语类 | 2 | 519 |
| 6 | 销售部二 | 计算机类 | 2 | 318 |
| 7 | 销售部二 | 外语类 | 1 | 190 |
| 8 | 销售部三 | 计算机类 | 4 | 320 |
| 9 | 销售部一 | 计算机类 | 4 | 300 |
| 10 | 销售部三 | 外语类 | 4 | 400 |
| 11 | 销售部四 | 计算机类 | 4 | 298 |
| 12 | 销售部二 | 外语类 | 4 | 222 |
| 13 | 销售部二 | 计算机类 | 3 | 410 |
| 14 | 销售部二 | 计算机类 | 1 | 300 |
| 15 | 销售部二 | 外语类 | 2 | 345 |
| 16 | 销售部三 | 外语类 | 3 | 540 |
| 17 | 销售部二 | 数学类 | 1 | 459 |
| 18 | 销售部三 | 数学类 | 4 | 321 |
| 19 | 销售部一 | 计算机类 | 3 | 320 |
| 20 | 销售部一 | 外语类 | 3 | 231 |
| 21 | 销售部一 | 数学类 | 4 | 230 |
| 22 | 销售部四 | 数学类 | 2 | 335 |
| 23 | 销售部三 | 外语类 | 3 | 135 |
| 24 | 销售部一 | 外语类 | 4 | 240 |
| 25 | 销售部二 | 外语类 | 3 | 450 |
| 26 | 销售部三 | 外语类 | 1 | 410 |
| 27 | 销售部三 | 数学类 | 1 | 520 |
| 28 | 销售部三 | 计算机类 | 2 | 326 |
| 29 | 销售部二 | 数学类 | 2 | 210 |
| 30 | 销售部三 | 计算机类 | 1 | 400 |
| 31 | 销售部一 | 计算机类 | 1 | 300 |
| 32 | 销售部一 | 数学类 | 3 | 299 |
| 33 | 销售部四 | 计算机类 | 2 | 298 |
| 34 | 销售部二 | 数学类 | 4 | 346 |
| 35 | 销售部二 | 数学类 | 3 | 429 |
| 36 | 销售部一 | 外语类 | 1 | 432 |
| 37 | 销售部一 | 数学类 | 2 | 199 |
| 38 | 销售部一 | 数学类 | 1 | 420 |
| 39 | 销售部三 | 计算机类 | 3 | 397 |
| 40 | 销售部三 | 数学类 | 3 | 430 |
| 41 | 销售部三 | 计算机类 | 4 | 347 |
| 42 | 销售部一 | 计算机类 | 4 | 295 |
| 43 | 销售部二 | 外语类 | 1 | 346 |
| 44 | 销售部二 | 计算机类 | 4 | 390 |

图 4-33　XX 公司图书销售情况表

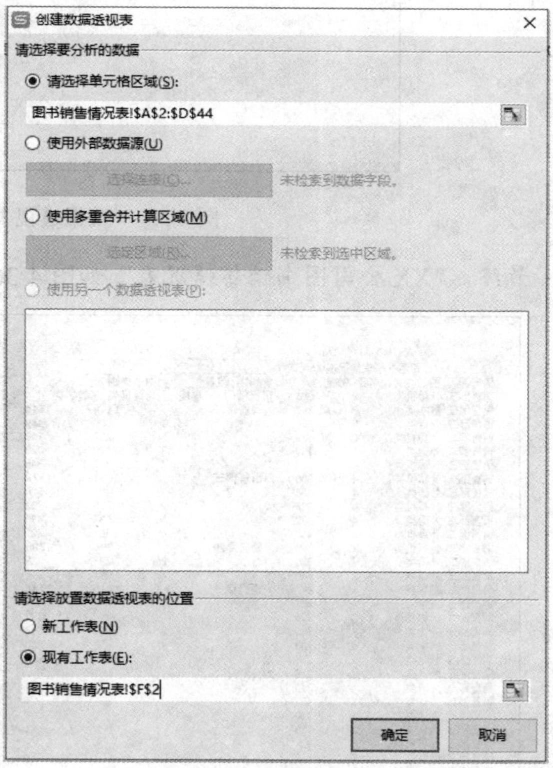


图 4-34　“数据透视表”对话框

4）数据透视表创建后，其右侧会出现“数据透视表”窗格。如果“数据透视表”窗格被隐藏，可在刚刚插入的数据透视表上右击→选择“显示字段列表”命令。

5）拖动“销售部门”和“季度”字段到行区，“图书类别”字段到列区，“数量”字段到值区，如图 4-35 所示。

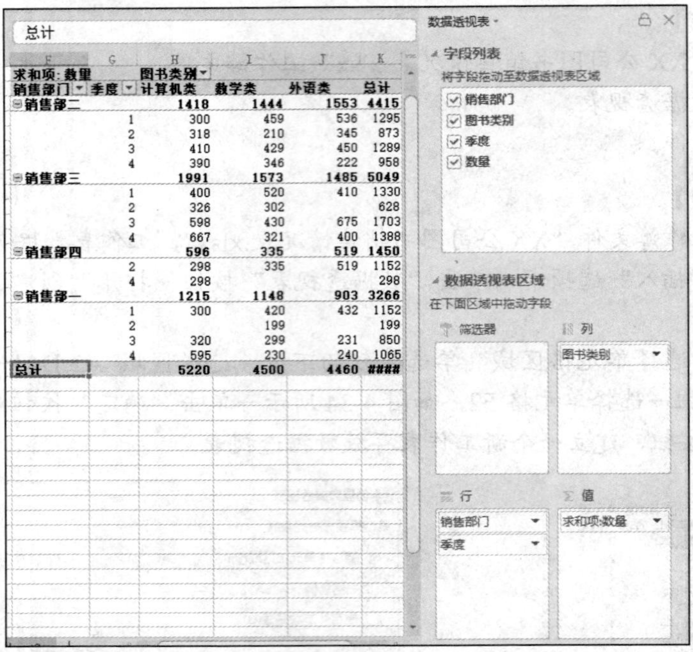

图 4-35 “数据透视表”效果图

最终，“XX 公司图书销售情况表”如图 4-36 所示。

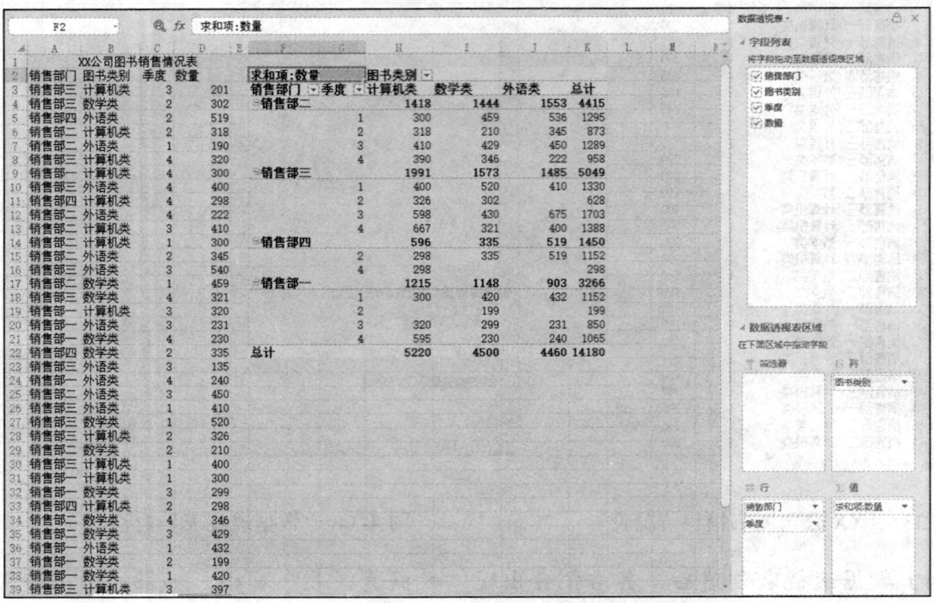

图 4-36 XX 公司图书销售情况表

### 4.5.7　项目训练

**【训练目标】**

1）利用 WPS 电子表格提供的数据管理功能处理数据清单。

2）练习排序、筛选和分类汇总功能的使用。

3）练习数据透视表的使用。

**【操作步骤】**

1）打开工作簿“XX 公司 2024 年工资表.xlsx”。

2）将工作表“XX 公司 2024 年工资表”复制三份，分别重命名为“排序与筛选”“分类汇总”“数据透视表”。

3）排序。单击“排序与筛选”工作表数据清单内的任一单元格→单击“数据”选项卡→单击“排序”按钮→打开“排序”对话框→将“排序与筛选”工作表中的数据按“编号”为第一关键字升序排序。注意，进行排序设置时，需选中“数据包含标题”复选框。

4）自动筛选。选中 B3:G19 单元格区域→利用自动筛选功能从“排序与筛选”工作表中筛选出学历为“本科”、职称为“高工”的记录。

5）高级筛选。利用高级筛选功能从“排序与筛选”工作表中筛选出学历为“本科”、职称为“工程师”的记录。在“高级筛选”对话框中，选中“将筛选结果复制到其它位置”单选按钮，列表区域选择 B2:G19，条件区域选择 E21:F22。高级筛选效果如图 4-37 所示。

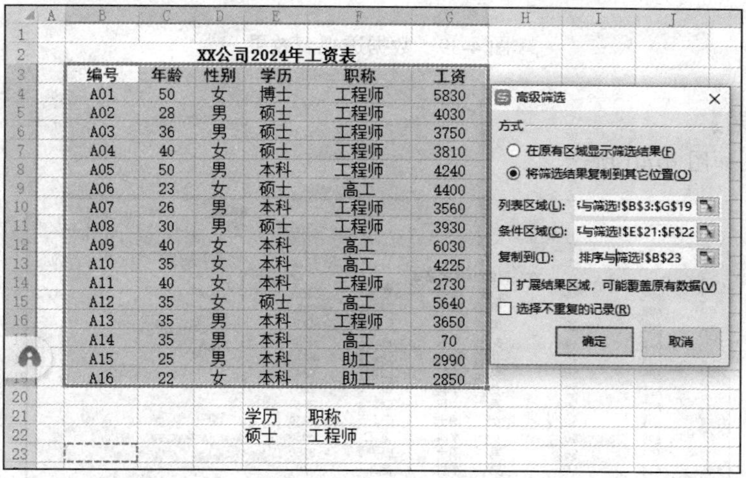


图 4-37　高级筛选效果

6）分类汇总。首先将“分类汇总”工作表中的数据以“学历”为第一关键字升序排序。接下来进行分类汇总。按照“学历”汇总工资的平均值。在“分类汇总”对话框中，可选中“替换当前分类汇总”和“汇总结果显示在数据下方”复选框。分类汇总效果如图 4-38 所示。

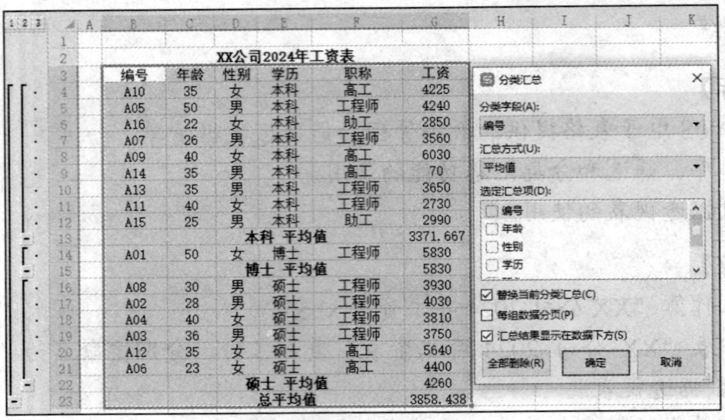


图 4-38　分类汇总效果

7）建立数据透视表。切换到“数据透视表”工作表→单击单元格 B21→插入一个数据透视表。数据透视表创建后，右侧会出现“数据透视表”窗格。如果“数据透视表”窗格被隐藏，可在插入的数据透视表上右击→选择“显示字段列表”命令。拖动“职称”字段到行区，“工资”字段到值区→双击值区的“求和项:工资”字段→修改“值汇总方式”为“平均值”。数据透视表效果如图 4-39 所示。

| | 职称 | 平均值项:工资 |
|---|---|---|
| 21 | 职称 | 平均值项:工资 |
| 22 | 高工 | 4073 |
| 23 | 工程师 | 3947.777778 |
| 24 | 助工 | 2920 |
| 25 | 总计 | 3858.4375 |

图 4-39　数据透视表效果

【训练结果】

训练结果如图 4-40 所示。

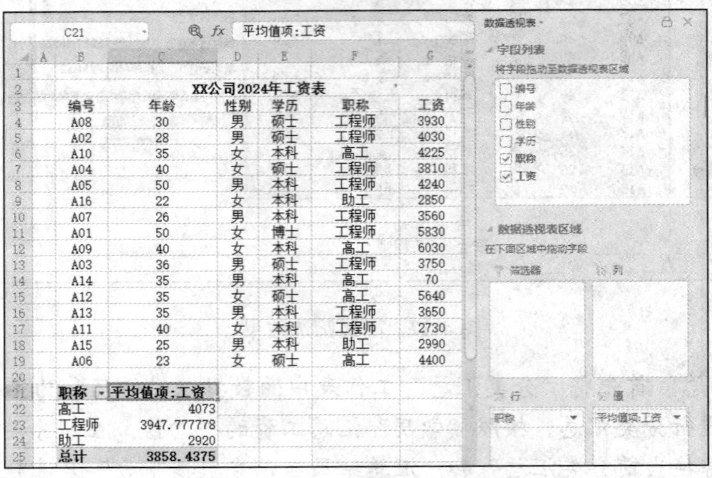


图 4-40　训练结果

# 4.6　WPS 电子表格图表设计

图表通过图的形式来显示表格的内容。使用图表可以使数据更加清晰、直观地显示。工作表数据发生变化时，图表中的数据会自动更新。通过实际案例学习，学生能够熟练生成图表，设置图表类型、图表标题等，添加或删除图表数据。

## 4.6.1　图表的创建

**【任务要求】**

利用现有的数据，建立簇状柱形图。

**【操作步骤】**

1）打开“XX 专业课成绩表.xlsx”工作簿。

2）选中“姓名”“电路”“电机学”和“系统分析”4 列→单击“插入”选项卡→单击“全部图表”按钮→选择“柱形图”中的“簇状柱形图”→单击“插入”按钮。建立的图表如图 4-41 所示。

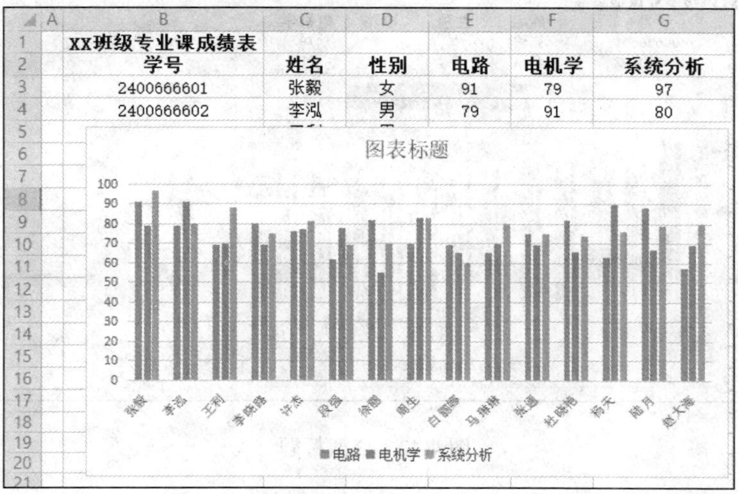


图 4-41　建立的簇状柱形图

## 4.6.2　图表的编辑

图表建立后，可通过“图表工具”选项卡修改图表标题、图例、数据源、类型等内容。

**【任务要求】**

编辑图表，修改图表标题、图例、数据源、类型等内容。

【操作步骤】

（1）修改图表的位置和大小

1）将鼠标指针移动到图表上，当变为✥形状时，拖动鼠标左键即可调整图表的位置。

2）单击图表任一位置，图表上会出现 6 个小圆点，这是图表的控制点。将鼠标指针移动到图表四周边框中点间或四角的控制点上时，鼠标指针变为双箭头形状，这时拖动即可调整图表大小。

（2）修改图表标题

1）单击“图表工具”选项卡→选择“图表标题”选项，修改图表标题为“XX 班级专业课成绩表”。

2）单击图表标题，单击“图表工具”选项卡中的“设置格式”按钮→在右侧窗格的“标题选项”下的“填充”下方选择“纯色填充”单选按钮→在“颜色”后的列表框中选择浅蓝色。也可在“标题选项”中修改标题的其他选项，如图 4-42 所示。

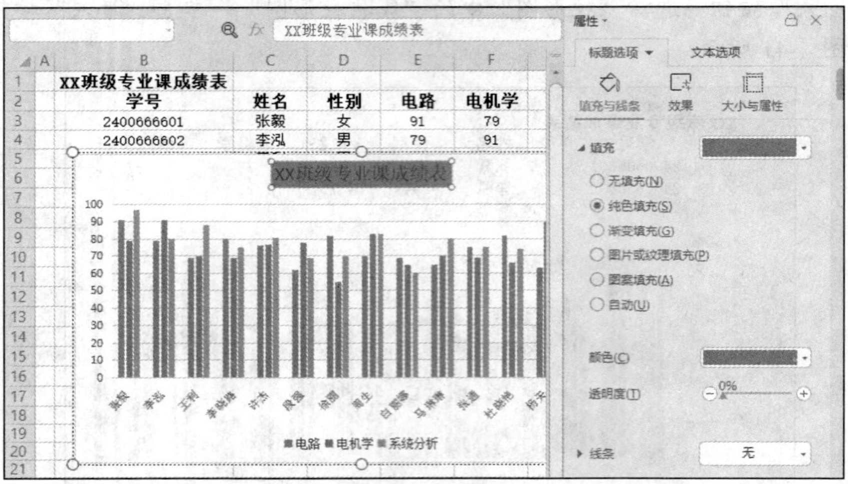


图 4-42 修改标题

（3）修改图例

选择“图表工具”→“图例”，修改图例的格式及位置。这里可修改图例在右边显示。

（4）修改数据源

选择“图表工具”→“选择数据”，修改图表的数据源。这里可以删除“电机学”列。

（5）修改图表类型

选择“图表工具”→“更改类型”，修改图表的数据源类型。这里修改图表的类型为“带数据标记的堆积折线图”，可对折线添加数据标签，如图 4-43 所示。

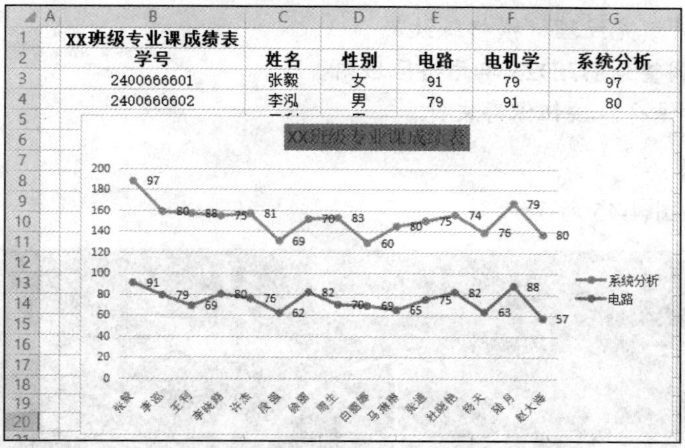


图 4-43 “带数据标记的堆积折线图”效果

### 4.6.3　项目训练

**【训练目标】**

1）掌握 WPS 电子表格单元格格式的设置。

2）掌握 WPS 电子表格中公式的复制。

3）掌握单元格相对引用和绝对引用的使用。

4）掌握图表的创建。

5）掌握图表属性的修改。

**【操作步骤】**

1）新建一个 WPS 电子表格文件，输入图 4-44 所示的文字内容，以文件名“实训-图表练习.et”或“实训-图表练习.xlsx”保存文件。

| | A | B | C | D |
|---|---|---|---|---|
| 2 | | XX公司产品售后服务情况表 | | |
| 3 | | 产品名称 | 维修件数 | 比例 |
| 4 | | 变压器 | 198 | 35.7% |
| 5 | | 路由器 | 151 | 27.2% |
| 6 | | 电流表 | 118 | 21.3% |
| 7 | | 继电器 | 88 | 15.8% |

图 4-44　XX 公司产品售后服务情况表

2）计算所占比例。单击 D4 单元格→输入“=C4/($C$4+$C$5+$C$6+$C$7)”，完成所占比例的计算→拖动填充柄完成单元格区域 D5:D7 公式的复制。

3）设置单元格格式。设置单元格区域 D4:D7 数字格式为“百分比”，保留 1 位小数。

4）利用单元格区域 B3:B7 及 D3:D7 的数据创建饼形图。

5）修改图表标题为“服务情况”，红色，加粗，16 号字，图例靠右显示。

6）设置数据标签格式，显示数据标签的值，标签包括系列名称和值。

7）修改“变压器”数据系列格式，纯色填充，颜色为黑色。

8）图表背景填充纹理“横格纸纹”。

9）将图表调整到 B7:D23 单元格区域内。

10）单击“保存”按钮保存文件。

**【训练结果】**

训练结果如图 4-45 所示。

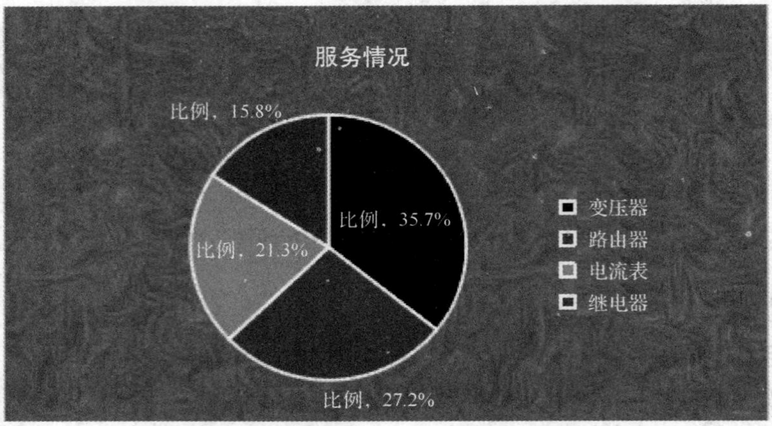


图 4-45 训练结果

# 第 5 章　WPS 演示文稿处理软件

【技能目标】

1）熟悉 WPS 演示 2019 的操作界面，理解演示文稿的基本概念。

2）能使用多种方法新建演示文稿，熟练掌握幻灯片的添加、复制、移动、删除等操作。

3）能使用不同的视图方式浏览演示文稿，会播放幻灯片，会选择播放时鼠标指针呈现的效果。

4）能熟练地添加文字，设置文字格式和复制文字格式。能熟练地向幻灯片中插入图形、形状、艺术字等对象并设置对象格式。

5）能在幻灯片中插入图片、音频、视频等外部对象。能在幻灯片中建立表格与图表。能合并形状。

6）能设置幻灯片背景、应用文档主题、使用幻灯片母版。

7）能熟练地更换和添加幻灯片版式。

8）能熟练地进行超链接设置。能熟练地设置幻灯片对象的动画效果。能熟练地设置并合理地选择幻灯片之间的切换效果。

【思政育人目标】

1）熟练掌握幻灯片的制作方法，锻炼利用幻灯片中的不同形式和内容展示自己的想法，理解演示文稿为演示而生的宗旨，培养良好的学习能力与表达能力，养成自主学习的习惯，发展终身学习的能力。

2）通过对演示文稿的学习，培养学生发散式和举一反三的思维，充分调动学生的创造力和想象力，在模仿中不断地提高自己的创新意识。

3）提高学生对演示文稿创作的整体认识，培养学生细心谨慎的学习态度，追求完美的进取精神，以及大局观的处理方法。

人们通常把用 WPS 演示制作的各种演示材料统称为“演示文稿”。它是指演讲者在介绍组织情况、阐述计划及实施方案时，向大家展示的一系列材料。这些材料集文字、表格、图像、动画及声音于一体，并以页面的形式组织起来，在进行编排后向观众播放。由于演示文稿的播放形式类似放映幻灯，所以习惯上将这样的页面称为“幻灯片”，每页幻灯片都是演示文稿中既相互独立又相互联系的内容。

## 5.1 WPS 演示的基本操作

一个好的幻灯片制作不是简单的文本或图片罗列，而是一个有主题、有风格的舞台剧。要借助丰富的媒体展示手段来辅助演讲者对观众进行冲击，以达到演讲的目的。掌握创建、保存、打开、关闭演示文稿的操作，是使用 WPS 演示的基础。

### 5.1.1 认识 WPS 演示 2019 工作界面

打开“开始”菜单→选择“所有程序”命令→选择“WPS Office 2019”命令→选择“WPS Office 教育考试专用版”命令→单击“新建”按钮→单击“演示”按钮→新建空白演示文稿→进入图 5-1 所示的 WPS 演示工作界面。

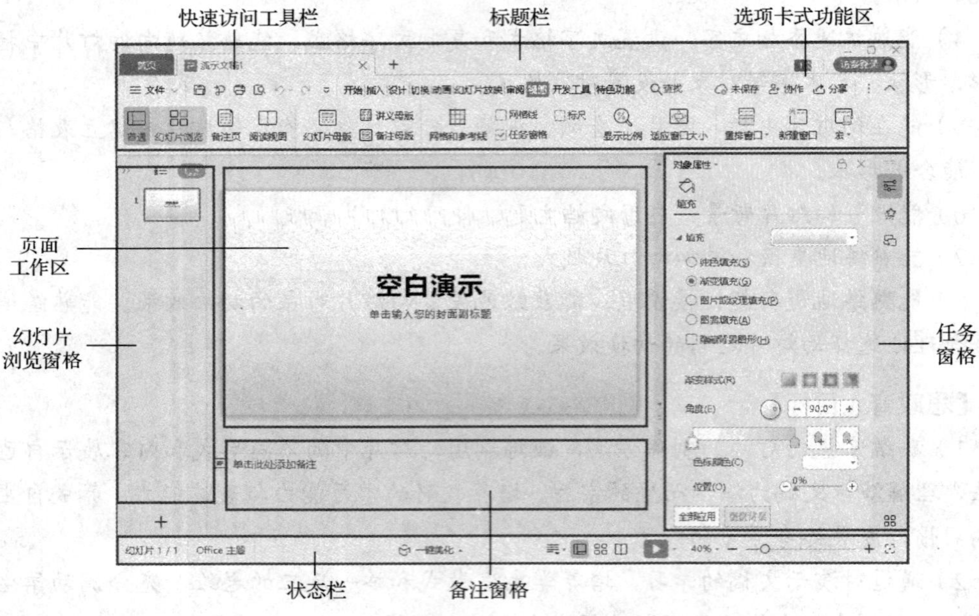


图 5-1 WPS 演示工作界面

从图 5-1 中可以看出，WPS 演示工作界面顶部是标题栏、快速访问工具栏、选项卡式功能区，中间主要由幻灯片浏览窗格、页面工作区、备注窗格组成，其中页面工作区一般包含若干个占位符，可放置文字、图片、图表、多媒体等元素。此外，WPS 演示工作界面还包括任务窗格、状态栏等。

1. 标题栏

标题栏用于显示当前制作或正在使用的文稿的标题，由 WPS 演示文档“首页”按钮、稻壳模板、打开的文档名、“最小化”按钮、“最大化”按钮（或“还原”按钮）、“关闭”按钮、“访客登录”按钮组成。

### 2. 选项卡式功能区

选项卡式功能区相当于早期版本中“菜单栏”和“工具栏”的组合，主要由“文件”“开始”“插入”“设计”“切换”“动画”“幻灯片放映”“审阅”“视图”“开发工具”“特色功能”11个选项卡组成，也称为功能区。每个选项卡均与一种活动类型相关。例如，“插入”选项卡，用于向幻灯片中插入各种媒体与对象；“动画”选项卡，用于设置页面内对象的动画。选项卡下功能相近的命令被集中组织在逻辑组中，用户可以快速找到完成某个任务所需的命令。

### 3. 页面工作区

WPS演示的页面工作区位于工作界面的中间部分，用于显示和设置幻灯片。

页面工作区是编辑幻灯片内容的场所。在此可以为当前幻灯片添加文本、图片、表格、智能图形、图表、图形对象、文本框、电影、声音、超链接和动画效果等。

页面工作区中的虚线框称为占位符，绝大部分幻灯片中都有占位符。在占位符内可以放置标题、正文、图表、表格和图片等。还可以移动、删除占位符或调整占位符的大小。

单击占位符边框，可选中该占位符。按Delete键可删除已选中的占位符。

### 4. 幻灯片浏览窗格

WPS演示工作界面左侧的幻灯片浏览窗格默认显示的是每个完整幻灯片的缩略图。用户借助缩略图可以方便地查看演示文稿，观看设计、更改的效果。

这里也是幻灯片的编辑场所，可以对幻灯片页面进行添加、复制、移动或删除操作。

### 5. 状态栏

状态栏位于在WPS演示工作界面的底部，用于显示与当前演示文稿有关的一些信息，如幻灯片编号、主题名称、输入法状态、显示比例及视图切换按钮等。

### 6. 视图

WPS演示工作界面底部有一个视图方式切换组合按钮组，从左到右依次为“隐藏或显示备注面板”按钮、“普通视图”按钮、“幻灯片浏览”按钮、“阅读视图”按钮和“幻灯片放映”按钮。

可以通过“视图”选项卡“演示文稿视图”选项组中的相应按钮来实现不同视图方式之间的切换。

（1）普通视图

普通视图是主要的编辑视图，用于撰写和设计演示文稿。普通视图将页面工作区、幻灯片浏览窗格、任务窗格、备注窗格集成到一个视图中，既可以输入、编辑和排版文本，也可以输入备注信息。

（2）幻灯片浏览视图

在幻灯片浏览视图下，以缩略图的形式显示整个演示文稿的幻灯片。在此视图下，用户可以通过鼠标操作完成添加、移动、复制和删除幻灯片等基本操作。

（3）阅读视图

阅读视图用于向观众放映演示文稿。在阅读视图下，幻灯片会占据整个计算机屏幕，这与观众观看演示文稿时的效果一致。用户可以看到图形、图像、视频、动画效果和切换效果在实际演示中的具体效果。

1）在放映幻灯片时，每单击一次鼠标，即可更换一个显示画面，直至显示下一张幻灯片。

2）当所有的幻灯片放映结束时，再次单击鼠标，则返回到普通视图。如果在放映过程中，要返回首张幻灯片，可以右击幻灯片，在弹出的快捷菜单中选择相应的命令。

3）若要退出幻灯片阅读视图，按 Esc 键即可。

（4）幻灯片放映视图

在幻灯片放映视图下，会以全屏方式播放幻灯片，就像实际演示一样。在此视图下看到的演示文稿就是观众将要看到的效果。用户可以看到在实际演示中，图形、计时、影片、动画效果和切换效果的状态。

单击“幻灯片放映”按钮，将从当前幻灯片开始放映。若要退出幻灯片放映视图，按 Esc 键即可。

除了以上 4 种常用视图外，WPS 演示还提供了如下 3 种视图。

（1）备注页视图

在备注页视图下，备注窗格位于窗口的下方，用户可以在此输入要用于当前幻灯片的演讲者备注，当然用户也可以在普通视图下输入备注文字。幻灯片备注可以打印出来并在放映演示文稿时进行参考，还可以将打印好的备注分发给观众。

（2）母版视图

母版视图包括幻灯片母版视图、讲义母版视图和备注母版视图。它们存储了有关演示文稿信息的主要格式信息，以版式为载体，包括主题、效果、背景、颜色、字体、占位符的大小和位置。在幻灯片母版、备注母版或讲义母版视图下，可以对与演示文稿关联的每个幻灯片版式的备注页或讲义样式进行全局定义，这是母版视图的主要功能。

（3）演示者视图

演示者视图是一种高级的视图使用方式，这是一种区分前后台不同模式放映的视图。在该视图下，借助多台监视器，用户可以向观众展示前台的演示，而在后台运行其他程序、查看演示者备注。要使用演示者视图，应确保放映的计算机支持多路显示，并有效接驳多个输出监视器。

方法：单击“幻灯片放映”选项卡→单击“设置放映方式”按钮→打开“设置放映方式”对话框→指定“幻灯片放映显示于”某台监视器。

### 5.1.2 创建演示文稿

创建演示文稿的一般过程如下。

1）确定主题。确定主题和要表达的内容，打好腹稿，使演示文稿内容能够真正表达主题。

2）收集内容。大致安排每张幻灯片的内容，如文字、表格、图片、动画，以及各幻灯片之间的链接关系。

3）创建文稿。进入 WPS 演示环境，创建演示文稿，根据幻灯片的主题和内容选择背景或主题。

4）组织页面。按照主题及规划的内容制作演示文稿中的每张幻灯片。

创建新的演示文稿有多种方法。例如，使用已安装的主题创建演示文稿，根据已安装的样本模板创建新演示文稿；在空白幻灯片上创建演示文稿。

### 1. 创建空白演示文稿

空白演示文稿是 WPS 演示中最简单、可自由发挥的模板。首次使用 WPS 演示时，空白演示文稿是一种很好的模板，因为它比较简单且适用于多种演示文稿类型。在默认情况下，WPS 演示空白演示文稿的幻灯片大小为宽屏，宽度为 33.87 厘米，高度为 19.05 厘米。

**【任务要求】**

创建一个空白演示文稿，以“blank.pptx”为文件名保存到文件夹“D:\PPT\任务 2”中。

**【操作步骤】**

1）单击“文件”选项卡→选择“新建”命令→打开“新建演示文稿”窗口→选择“新建空白文档”选项；即创建一个空白演示文稿。

2）保存新建的演示文稿。单击“文件”选项卡→选择“另存为”命令→打开“另存为”窗口→将该演示文稿以“blank.pptx”为文件名保存到文件夹“D:\PPT\任务 2”。

### 2. 使用“模板”创建演示文稿

模板（.dpt 文件）是包含一组演示文稿的主题、版式和其他元素信息的文件，由 WPS 演示的专业人员设计出来供用户使用。模板中包括预先定义好的页面结构、标题格式、配色方案、图形元素、效果、样式及版式。

在制作演示文稿时，设计和美化演示文稿往往会花费用户大量的时间。WPS 演示提供了海量模板库，在联网的情况下，用户可以在新建页面选择合适的模板轻松创建出精美且风格统一的演示文稿，大大减少了用户设计和美化演示文稿所花费的时间和精力。

用户可以使用 WPS 演示的内置模板、自己创建并保存到计算机中的模板、从互联网的“稻壳商城”下载的模板。另外，WPS 演示提供了良好的兼容性，可以完美兼容 Microsoft Office PowerPoint 模板文件（.potx）、Microsoft Office PowerPoint 97-2003 模板文件（.pot）。

**注意**：模板是一个文件，其包含的结构和工具构成了完整的文件样式和页面布局。可将模板作为起点，快速而轻松地创建演示文稿。

**【任务要求】**

利用 WPS 演示的模板创建演示文稿，按要求完成如下操作。

1）利用“模板”中的“培训”创建一个新的演示文稿，以“培训.pptx”为文件名保存文件到文件夹“D:\PPT\任务 2”。

2）利用“D:\PPT\任务”中的“plan.potx”创建一个新的演示文稿，以“plan.pptx”为文件名保存文件到文件夹“D:\PPT\任务 2”。

**【操作步骤】**

1）利用“本地模板”中的“培训”创建演示文稿。启动 WPS 演示→单击“文件”选项卡→选择“新建”命令→选择“本机上的模板”命令→在“模板”对话框中选择“通用”选择卡下的“培训”选项→单击“确定”按钮，就可以利用模板创建一个新的演示文稿。

2）单击“保存”按钮→打开“另存文件”窗口→以“培训.pptx”为文件名保存文件到文件夹“D:\PPT\任务 2”。

3）利用文件夹中的“plan.potx”创建演示文稿。新建一个空白演示文稿→单击“设计”选项卡→单击“导入模板”按钮→打开“应用设计模板”窗口→选择要应用的“plan.potx”模板→单击“打开”按钮，就运用“plan.potx”创建或更新了演示文稿。

4）单击“保存”按钮→打开“另存文件”窗口→以“plan.pptx”为文件名保存文件到文件夹“D:\PPT\任务 2”。

3. 使用 WPS 文字文档创建演示文稿

用户在使用 WPS 文字组件编写好文案后，可以通过 WPS 文字组件中的“输出为PPTX(X)”命令将文字文档转换为演示文稿。

**【任务要求】**

利用“D:\PPT\任务 2”中的“WPS 文字导出.docx”文档导入幻灯片，完成演示文稿的创建，并保存文档。其中“WPS 文字导出.docx”已经设置好了大纲。

**【操作步骤】**

1）先要在转换之前对文字内容设置好大纲级别，这样导入的演示文稿条理清晰。

2）单击“文件”选项卡→选择“输出为 PPTX(X)”命令→打开“输出为 pptx”对话框→设置“输出至”路径→单击“开始转换”按钮，如图 5-2 所示。

3）单击“保存”按钮，保存演示文稿。

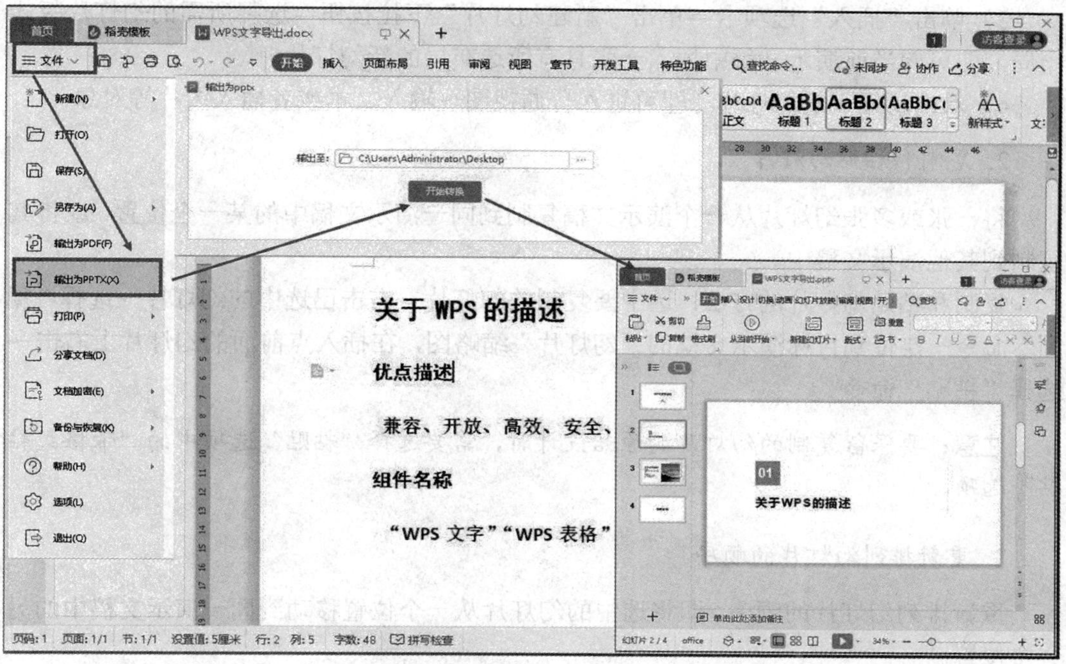

图 5-2　设置输出为 PPTX(X)

### 5.1.3　编辑幻灯片

一个演示文稿通常由多张幻灯片组成，在制作演示文稿的过程中，可以随时添加新幻灯片，也可以将一些不需要的幻灯片删除，还可以复制一张幻灯片或改变原有幻灯片的排列顺序。这些操作都需要先选中幻灯片才能进行。

选中幻灯片可以通过如下几种方法实现。

方法一：选中单张幻灯片。在幻灯片浏览视图下，单击该幻灯片即可。

方法二：选定连续多张幻灯片。在幻灯片浏览视图下，可以先单击第一张幻灯片的缩略图，使该幻灯片的周围出现橙色的边框，然后按住 Shift 键，再单击最后一张幻灯片的缩略图。

方法三：选中非连续多张幻灯片。在幻灯片浏览视图下，可以先单击第一张幻灯片的缩略图，然后按住 Ctrl 键，再分别单击要选定的幻灯片缩略图。

#### 1．添加新幻灯片

在制作演示文稿的过程中，可以随时添加新的幻灯片。添加新幻灯片的方法如下。

1）单击“视图”选项卡→单击“幻灯片浏览”按钮→进入幻灯片浏览视图。

2）选定要插入新幻灯片的位置，可以先选定一张幻灯片，则新的幻灯片将插入到该幻灯片的后面；也可以单击幻灯片之间的空白位置，则新的幻灯片插入到这两张幻灯片之间。

3）单击“插入”选项卡→单击“新建幻灯片”下拉按钮→选择所需的幻灯片版式布局，即可向当前演示文稿中插入一张具有所选布局的新幻灯片。

4）双击新插入的幻灯片，即可进入普通视图→输入文本或者插入图片等对象。

2. 复制和粘贴幻灯片

将一张或多张幻灯片从一个演示文稿复制到同一演示文稿中的某一个位置，或将其复制到其他演示文稿中。

复制和粘贴幻灯片的方法：选中要复制的幻灯片→右击已选中的幻灯片→选择“复制”命令→定位到目标演示文稿的“幻灯片”缩略图，在插入点前面的幻灯片上右击→选择“粘贴”命令。

**注意**：要保留复制的幻灯片的原始设计时，需要选择“粘贴”选项中的“带格式粘贴”选项。

3. 重新排列幻灯片的顺序

重新排列幻灯片的顺序，即将选中的幻灯片从一个位置移动到同一演示文稿中的另一个位置。

重新排列幻灯片顺序的方法：选中要移动的幻灯片→将它们拖动到新位置。

**注意**：先剪切幻灯片，再定位幻灯片移动的位置，最后粘贴幻灯片，也可实现重新排列幻灯片的操作。

4. 删除幻灯片

删除幻灯片是将一张或多张幻灯片从演示文稿中删除。

删除幻灯片的方法：右击要删除的幻灯片→选择“删除幻灯片”命令。

5. 为幻灯片设置节

当幻灯片页面较多时，为了方便编辑内容、处理文档，WPS 演示提供了以节分组的功能。通过设置节、节的折叠与节的展开，可以将文档页面划分到若干组。节只是一种标记，可以定义节的名称。节的使用不影响正常的放映顺序。为幻灯片设置节的方法如下。

1）切换到“普通视图”→右击两张幻灯片页面的中间位置→选择“新增节”命令，如图 5-3 所示。

2）在刚添加的节名称上右击→选择“重命名节”命令→打开“重命名”对话框→在“名称”文本框中输入新的名称→单击“重命名”按钮。“重命名”对话框，如图 5-4 所示。

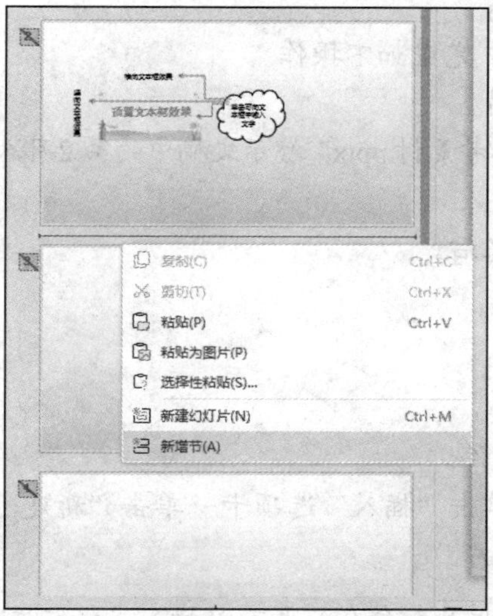


图 5-3　新增节

图 5-4　“重命名”对话框

6. 隐藏或显示幻灯片

如果需要将某一张幻灯片放在演示文稿中，但不希望它在幻灯片放映中出现，则可以隐藏该幻灯片。例如，某位观众可能要求更详细地解释一个项目。在这种情况下，可以显示包含相关详细信息的幻灯片。但是，如果时间有限并且观众能够领会演讲者所讲述的概念，可以将包含这些辅助信息的幻灯片隐藏起来，以便继续演示而不让观众看到演讲者跳过了这些幻灯片。

幻灯片被隐藏后仍然保留在文件中，只不过放映该演示文稿时它是隐藏的。隐藏或显示幻灯片的方法相同：选中幻灯片浏览窗格中要隐藏或显示的幻灯片页面并右击→选择“隐藏幻灯片”命令。

幻灯片页面被隐藏后，该页面编号将被标记，如图 5-5 所示。

图 5-5　隐藏的幻灯片页面

【任务要求】

打开“D:\PPT\任务\个人简历.pptx”文件，完成如下操作。

1）在第3张幻灯片后插入一张空白幻灯片。

2）在第4张幻灯片后插入“D:\PPT\任务\参考素材.pptx”演示文稿中的第2张幻灯片，并保留源格式。

3）将第8张幻灯片移动到第9张幻灯片之后。

4）将第3张幻灯片复制到最后。

5）删除第10张和第11张幻灯片。

【操作步骤】

1）打开“D:\PPT\任务\个人简历.pptx”文件。

2）插入新幻灯片。选中第3张幻灯片→单击“插入”选项卡→单击“新建幻灯片”按钮，即在第3张幻灯片后插入一张空白幻灯片。

**注意**：右击第3张幻灯片→选择“新建幻灯片”命令，也可以插入一张与选中幻灯片具有相同布局的空白幻灯片。

插入指定版式的新幻灯片。选中插入位置如第3张幻灯片→单击“插入”选项卡→单击“新建幻灯片”按钮→打开幻灯片版式库→选择一个版式（如“空白”版式），即在第3张幻灯片后插入一张空白幻灯片，如图5-6所示。

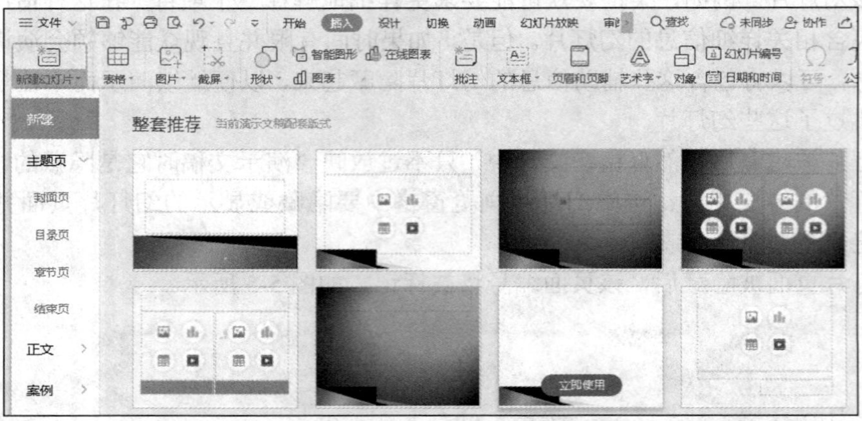


图5-6 插入指定版式的幻灯片

3）插入来自其他演示文稿的幻灯片。新建一个窗口→打开“D:\PPT\任务\参考素材.pptx”演示文稿→在左侧幻灯片浏览窗格中选中第2张幻灯片并复制→切换回“D:\PPT\任务\个人简历.pptx”窗口→选中第4张幻灯片→单击“粘贴”按钮，即将其插入第4张幻灯片之后（成为第5张幻灯片）。

4）移动幻灯片。在幻灯片浏览窗格中选中要移动的第8张幻灯片→将其拖到第9张幻灯片之后。

5）复制幻灯片。右击要复制的第 3 张幻灯片（源幻灯片）→选择“复制”命令→选中第 11 张幻灯片（目标位置，最后一张幻灯片）→选择“粘贴”命令，即将第 3 张幻灯片复制到最后，使其成为第 12 张幻灯片。

6）删除幻灯片。选中要删除的第 10 张幻灯片和第 11 张幻灯片→按 Delete 键。选中要删除的幻灯片→选择“删除幻灯片”命令，也可完成删除操作。

7）单击“保存”按钮保存文件→单击“关闭”按钮，退出 WPS 演示。

**注意**：利用“剪切”按钮，也可以删除已选中的幻灯片。删除幻灯片后，其后的幻灯片将自动向前排列。

### 5.1.4 幻灯片放映

幻灯片放映是向观众放映演示文稿。幻灯片放映视图会占据整个计算机屏幕，这与观众观看演示文稿的效果完全一致。此时，可以看到图形、电影、动画效果、切换效果等在实际演示中的具体效果。

用户在“幻灯片放映”选项卡中，可以根据实际播放需要选择“从头开始”播放、“从当前开始”播放或“自定义放映”。

**【任务要求】**

打开“D:\PPT\任务\播放示例.pptx”文件，完成如下操作。

1）自定义播放演示文稿中的第 3～6 张幻灯片，修改放映名称为“自定义播放3456”。

2）使用“显示演示者视图”进行播放，完成幻灯片放映。

3）改变鼠标指针为“红色笔”。

4）结束播放。

**【操作步骤】**

1）打开演示文稿“播放示例.pptx”→单击“幻灯片放映”选项卡→单击“自定义放映”按钮→打开“自定义放映”对话框→单击“新建”按钮，如图 5-7 所示。

打开图 5-8 所示的“定义自定义放映”对话框→将“幻灯片放映名称”设置为“自定义播放 3456”→在“在演示文稿中的幻灯片”列表框中选中第 3～6 张幻灯片→单击“添加”按钮，被选中的 4 张幻灯片即添加到右侧的“在自定义放映中的幻灯片”列表框中→单击“确定”按钮，即创建一个自定义放映。

2）使用“显示演示者视图”进行播放。单击“幻灯片放映”选项卡→单击“设置放映方式”按钮→打开“设置放映方式”对话框→设置放映的幻灯片范围为“自定义放映”中的“自定义播放 3456”，如图 5-9 所示。

若有多个显示设备，可以选中“显示演示者视图”复选框。这样在计算机上既能够看到并控制幻灯片，又能够看到讲义；而观众看到的只有幻灯片。

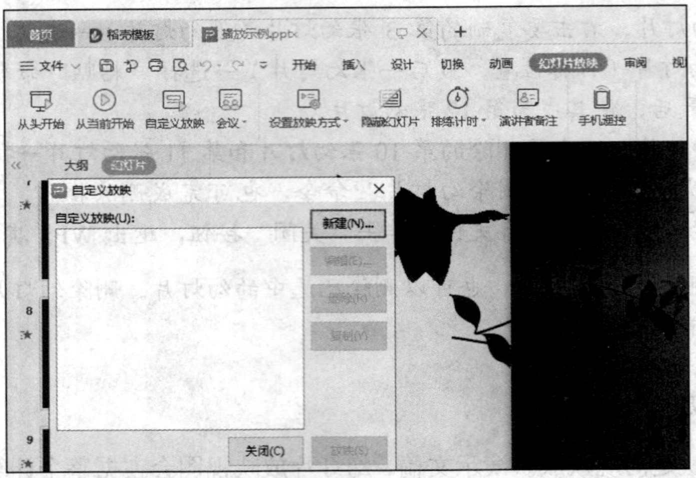


图 5-7 新建自定义放映

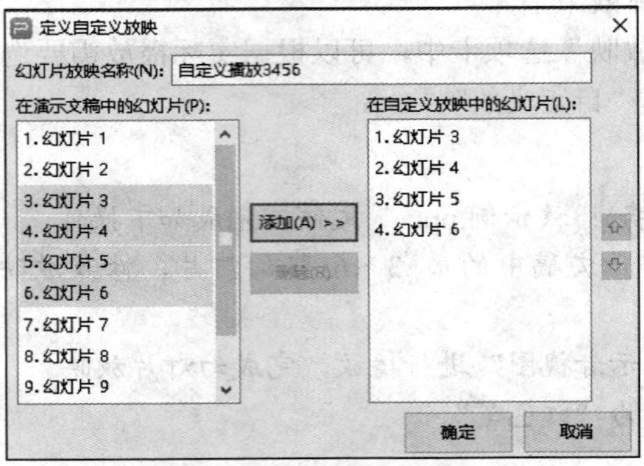


图 5-8 创建自定义放映

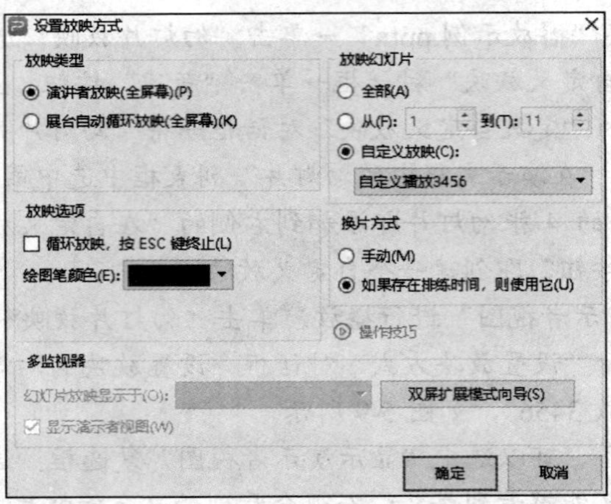


图 5-9 设置放映方式

3）改变鼠标指针。在幻灯片播放时，右击播放画面→选择“指针选项”命令→选择“圆珠笔”命令，即将鼠标指针设置为“圆珠笔”。右击播放画面→选择“指针选项”命令→选择“墨迹颜色”命令→单击“红色”颜色块，将指针笔迹颜色设置为红色。

**注意**：设置鼠标指针为“圆珠笔”“水彩笔”和“荧光笔”后，可以使用鼠标左键在放映的幻灯片上涂画，此时只能用键盘或鼠标右键播放幻灯片。

4）结束放映。在幻灯片播放时，按 Esc 键会退出放映状态，返回到幻灯片编辑界面。在幻灯片播放时，在播放画面上右击→选择“结束放映”命令，也可结束放映。

**注意**：结束放映时，系统将提示用户“是否保留墨迹注释？”，若选择保留，则系统将保存该墨迹所形成的图形。

### 5.1.5 项目训练

**【训练目标】**

打开“D:\PPT\项目训练\LX61-01.pptx”文件，完成如下操作。

1）在最后一张幻灯片后插入“D:\PPT\项目训练\LX61-02.pptx”中的所有幻灯片，且保留源格式。

2）在第 2 张幻灯片后插入一张“标题和内容”幻灯片。

3）删除第 4 张和第 5 张幻灯片。

4）复制第 1 张幻灯片，并将其副本放置于最后。

5）将第 8 张幻灯片移动到第 7 张幻灯片之前。

6）在放映期间练习转到下一张幻灯片、转到上一张幻灯片、转到指定的幻灯片的操作。

7）切换到白屏。

8）改变鼠标指针“墨迹颜色”为蓝色。

9）结束播放时保存“墨迹注释”。

## 5.2 修饰幻灯片

学生应掌握幻灯片中对象的添加与设置，如图片、剪贴画、图表、智能图形、音频与视频、日期与编号等，并对其进行格式设置。

熟练进行幻灯片内容的添加和格式设置，是制作演示文稿的必备技能。

### 5.2.1 添加文本

在幻灯片中插入文本，需要将其添加到幻灯片的占位符、形状、文本框等区域中。

1. 添加文本框

文本框是一种可移动、可调大小的文字或图形容器。使用文本框可以在页面上使文字按与文档中其他文字不同的方向排列。使用文本框可将文本放置于幻灯片的任何位置。例如，可以将文本框置于图片旁为其添加标题等。

（1）添加文本框

要在幻灯片中添加文本框，可执行以下操作。

1）单击“插入”选项卡→单击“文本框”下拉按钮→选择“横向文本框”或“竖向文本框”命令。

2）在幻灯片中拖动鼠标指针以绘制文本框。

3）单击文本框内容，待文本框中出现插入点后，就可以在文本框中直接输入或粘贴文本了，也可以编辑文本。

（2）选中文本框

如果要删除、移动或复制文本框，需要先选中文本框。选中文本框的方法如下。

选中单个文本框：单击文本框的任一边框，当文本框四周出现句柄时，即表示选中了该文本框。

选中多个文本框：按住 Ctrl 键不放，单击多个文本框，可以同时选中多个文本框。

**注意**：文本框及文本的编辑、格式设置方法与 WPS 文字中的相关操作相同。

2. 在占位符中添加正文或标题文本

幻灯片版式中包含以各种形式组合的文本或对象（表、图表、图等）占位符，用户可以在占位符中输入标题、副标题和正文文本等。

要在幻灯片的占位符中添加正文或标题文本，需要单击文本占位符，然后输入或粘贴文本。

**注意**：输入文本时，WPS 演示会自动将超出占位符宽度的部分换到下一行，而按 Enter 键则开始新段落文本的输入。如果文本的大小超过占位符的大小，WPS 演示就会在用户输入文本时以递减方式减小文字大小和行间距，以使文本适应占位符的大小。

3. 在形状中添加文本

除了在文本框中添加文本，也可以在矩形、基本形状、标注和线条等形状中添加文本。在形状中添加文本时，文本会附着在形状上并随形状一起移动和旋转。

方法：插入形状→选中形状→输入文字。

**【任务要求】**

打开“D:\PPT\任务\RE62-01.pptx”文件，完成如下操作。

1）设置第 1 张幻灯片的标题为“微软雅黑”、115 号字，文字的文本填充为浅绿色、文本轮廓为黄色、文本效果为“阴影—外部—居中偏移”。

2）设置第 1 张幻灯片的标题占位符边框为浅绿色，文本轮廓的线型宽度为 4.5 磅、虚线线型为“短划线”，填充色为“主题颜色—白色，背景 2，深色 25%”。适当调整标题占位符的大小，将文本设置为“中部对齐”。

3）删除第 1 张幻灯片的“副标题”占位符。

4）设置第 2 张幻灯片的内容占位符中的文字为“楷体”、32 号字。

5）设置第 2 张幻灯片的内容占位符中的正文段落首行缩进 2 字符，段前间距 10 磅，1.5 倍行距，最后落款的对齐方式为“右对齐”。

**【操作步骤】**

1）打开演示文稿“D:\PPT\任务\RE62-01.pptx”，选中第 1 张幻灯片。

2）设置字体。在页面工作区选中标题占位符→单击“开始”选项卡→单击“字体”下拉按钮→选择“微软雅黑”命令→在“字号”编辑框中输入“115”→单击“文本工具”选项卡→单击“文本填充”下拉按钮→选择“标准色”下的浅绿色。

3）设置文本轮廓和文本效果。选中标题占位符→单击“文本工具”选项卡→单击“文本轮廓”下拉按钮→选择“标准色”下的黄色→单击“文本效果”下拉按钮→选择“阴影—外部—居中偏移”效果，如图 5-10 所示。

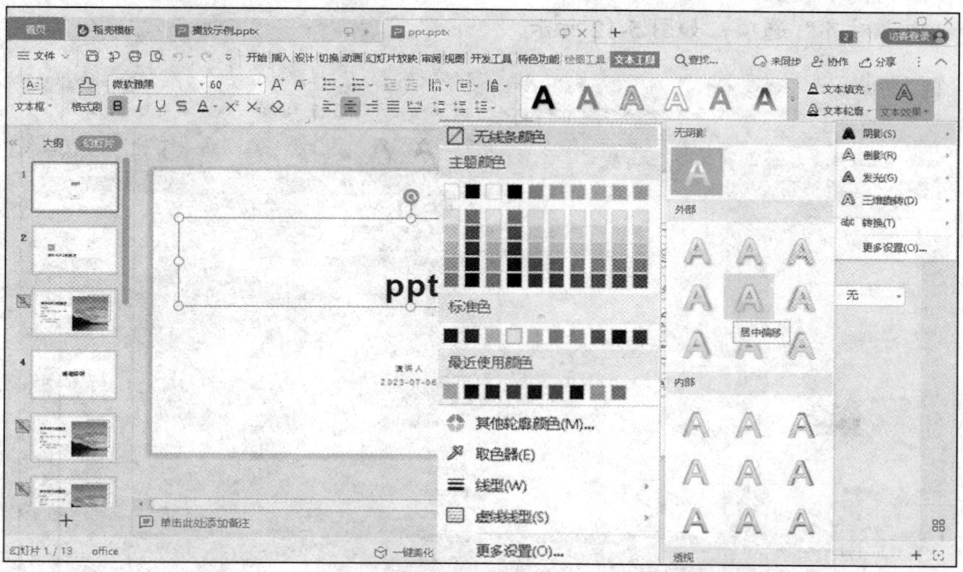


图 5-10　设置文本轮廓和文本效果

4）设置标题占位符样式。选中标题外框→单击“文本工具”选项卡→单击“文本轮廓”下拉按钮→选择“标准色”下的浅绿色→单击“文本轮廓”下拉按钮→设置线型为“4.5 磅”→单击“文本轮廓”下拉按钮→虚线线型为“短划线”→单击“文本轮廓”下拉按钮→选择“主题颜色”下的“白色，背景 2，深色 25%”，如图 5-11 所示。

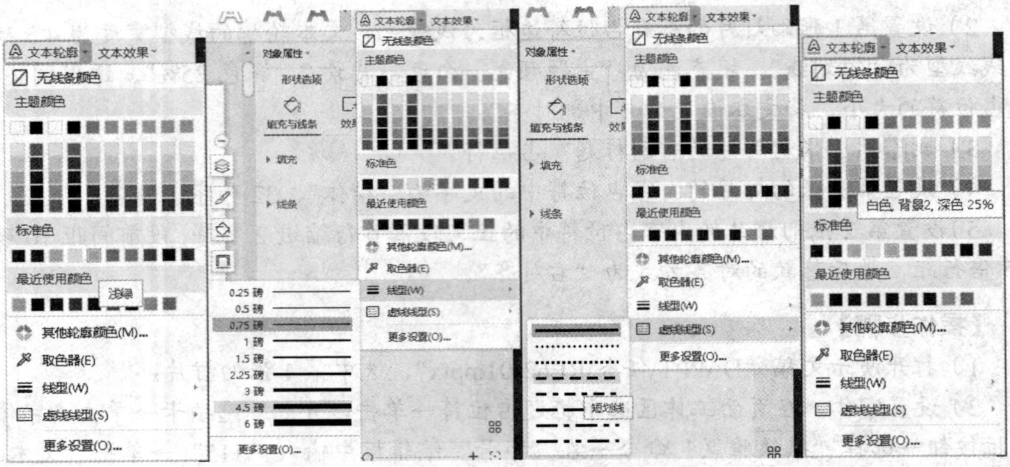


图 5-11　设置标题占位符样式

5）选中第 1 张幻灯片的标题占位符，拖动框线柄调整至合适的位置→右击标题占位符→选择“设置对象格式”命令→打开“对象属性”窗格→单击“形状选项”选项卡→单击“大小与属性”标签→展开“文本框”选项→在“垂直对齐方式”下拉列表中选择“中部对齐”选项，如图 5-12 所示。

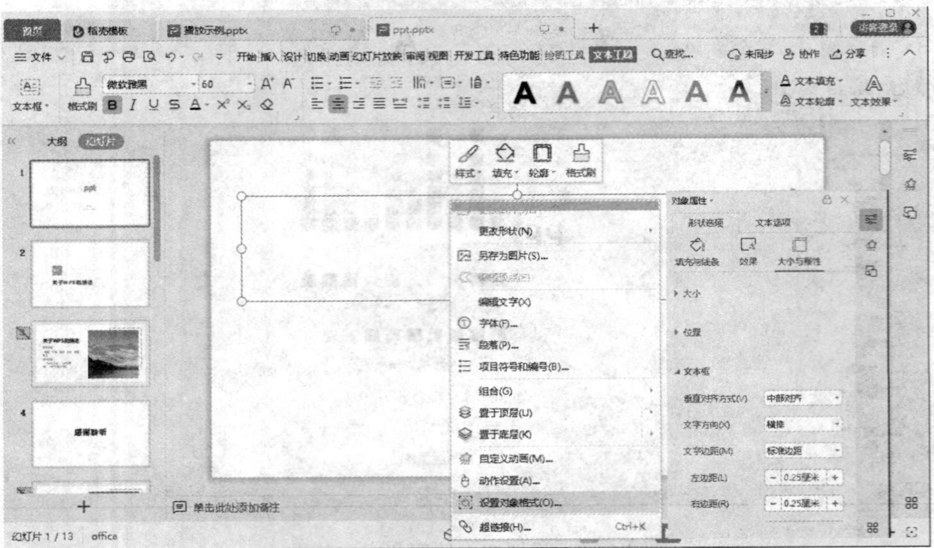


图 5-12　设置形状格式

6）删除占位符。选中第 1 张幻灯片的“副标题”占位符→按 Delete 键。

7）设置字体。切换到第 2 张幻灯片→选中内容占位符→单击“开始”选项卡→设置“字体”为“楷体”，在“字号”编辑框中输入“32”。

8）设置段落格式。在第 2 张幻灯片中，选中内容占位符中的文字并右击→选择“段落”命令→打开“段落”对话框→在“特殊格式”下拉列表中选择“首行缩进”选项，在“度量值”微调框中输入“2”，修改单位为“字符”→在“段前”微调框中输入“10 磅”，在“行距”下拉列表中选择“1.5 倍行距”→单击“确定”按钮，如图 5-13 所示。

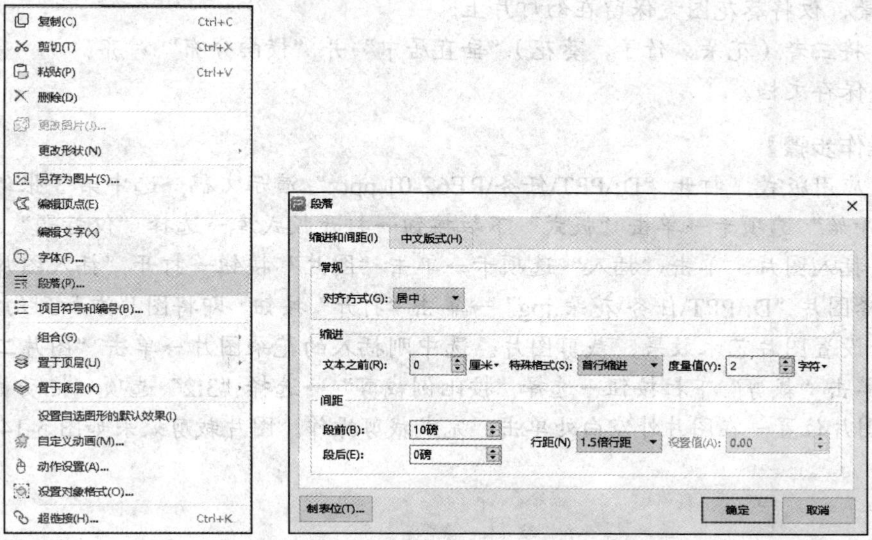

图 5-13　设置段落格式

选中落款行→单击“开始”选项卡→单击“右对齐”按钮。

9）单击“保存”按钮保存文件→单击“关闭”按钮退出 WPS 演示。

**注意：**通过激活的“文本工具”选项卡还可以对所选对象的大小、排列等进行设置。

### 5.2.2　添加图片

在幻灯片中插入图片可以使幻灯片内容更加形象生动。

单击“插入”选项卡中的“图片”按钮，可以在幻灯片中添加图片、相册等内容；单击“截屏”按钮，可以插入使用“截屏”工具选择的窗口截图。

选中图片后，可以激活“图片工具”选项卡，通过它的相应按钮可以对图片大小、对比度、样式等进行设置。

**【任务要求】**

打开“D:\PPT\任务\RE62-01.pptx”演示文稿，在第 3 张幻灯片中，完成如下操作。

1）将第 3 张幻灯片的版式设置为“仅标题”。

2）在第 3 张幻灯片下方空白处插入图片“D:\PPT\任务\花朵.jpg”，按纵横比 3:2 对图片进裁剪，设置图片宽度为 5.00 厘米、旋转角度为 10°，设置图片格式为锁定纵横比，设置图片效果为“倒影—倒影变体—半倒影，接触”“发光—发光变体—暗海洋绿，18pt 发光，着色 5”。

3）插入图片“D:\PPT\任务\竹子.jpg”，图片大小设置为高度与宽度均为 20%，设置图片线条为“实线”，颜色为“标准颜色—橙色”。

4）插入图片“D:\PPT\任务\葵花.jpg”，裁剪图片，只保留葵花花朵，使用压缩图片功能，选择应用于“选中的图片”并“删除图片的剪裁区域”，更改分辨率为“打印”，抠除背景，仅将葵花图案保留在幻灯片上。

5）将三者（花朵、竹子、葵花）“垂直居中”并“横向分布”对齐。

6）保存文档。

**【操作步骤】**

1）应用版式。打开“D:\PPT\任务\RE62-01.pptx”演示文稿→选中第 3 张幻灯片→单击“开始”选项卡→单击“版式”下拉按钮→打开版式库→选择“仅标题”选项。

2）插入图片。单击“插入”选项卡→单击“图片”按钮→打开“插入图片”对话框→选择图片“D:\PPT\任务\花朵.jpg”→单击“打开”按钮，即将图片添加到幻灯片中。

3）设置图片艺术效果、裁剪图片。选中刚插入的花朵图片→单击“图片工具”选项卡→单击“裁剪”下拉按钮→选择“按比例裁剪”→选择“3:2”选项→拖动裁剪框到想要的图片位置→在图片外空白处单击，完成裁剪操作。图片裁剪效果如图 5-14 所示。

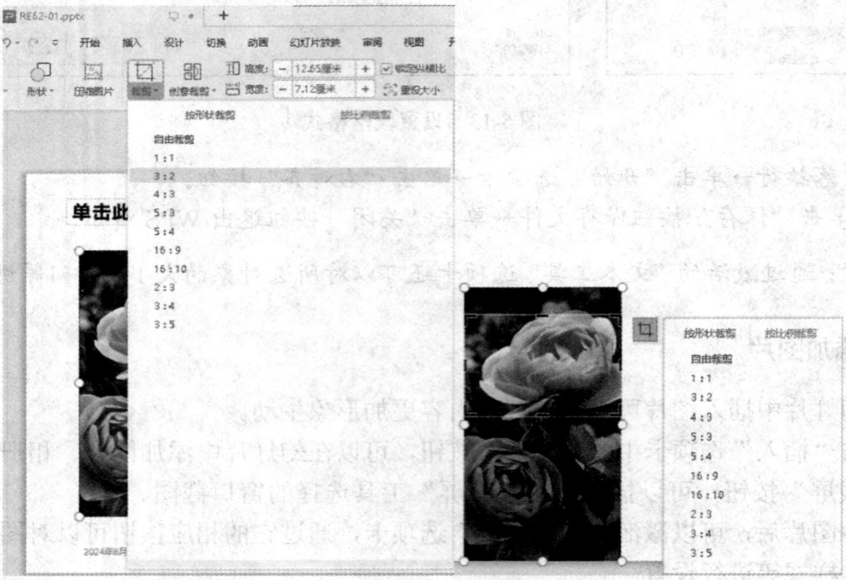


图 5-14　设置图片艺术效果、裁剪图片

4）设置图片大小。选中已裁剪的图片→切换任务窗格为“对象属性”→单击“大小与属性”标签→选中“锁定纵横比”复选框，在“宽度”输入框中输入“5.00 厘米”，在“旋转”输入框中输入“10°”，如图 5-15 所示。

5）设置图片样式和图片效果。选中图片→单击“图片工具”选项卡→单击“图片效果”下拉按钮→选择效果“倒影—倒影变体—半倒影，接触”→“发光—发光变体—暗海洋绿，18pt 发光，着色 5”，如图 5-16 所示→拖动图片到合适的位置。

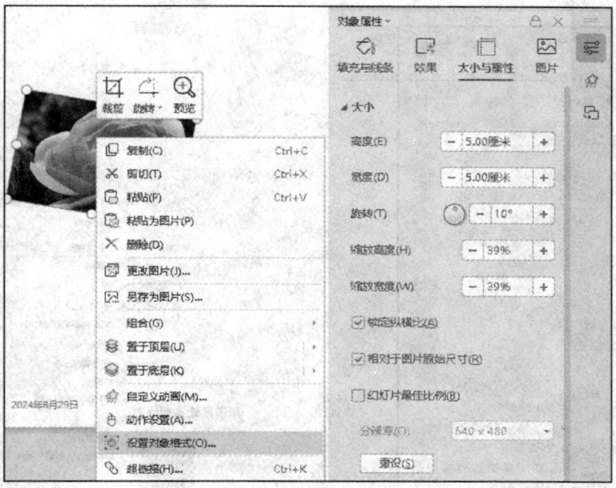

图 5-15　设置图片大小

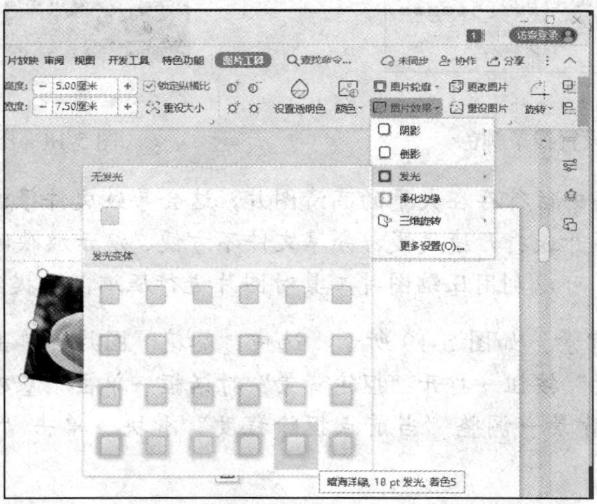

图 5-16　设置图片样式和图片效果

6）插入图片“D:\PPT\任务\竹子.jpg”→仿照步骤 4）和 5）的操作，在“对象属性”窗格中，单击“大小与属性”标签→设置“缩放宽度”和“缩放高度”均为 20%。

7）在“对象属性”窗格中单击“填充与线条”标签→选中图片→选择“线条”为“实线”，颜色为“标准颜色—橙色”，如图 5-17 所示。

8）裁剪图片。插入图片“D:\PPT\任务\葵花.jpg”→选中刚插入的图片→单击“图片工具”选项卡→单击“裁剪”按钮，激活图片的控制句柄→调整控制句柄确定裁剪大小，在图片外的空白处单击，完成操作。

9）压缩图片。如图 5-18 所示，选中“葵花”图片→单击“图片工具”选项卡→单击“压缩图片”按钮→打开“压缩图片”对话框→选择“选中的图片”单选按钮和“删除图片的剪裁区域”复选框，更改分辨率为“打印”→单击“确定”按钮完成操作。

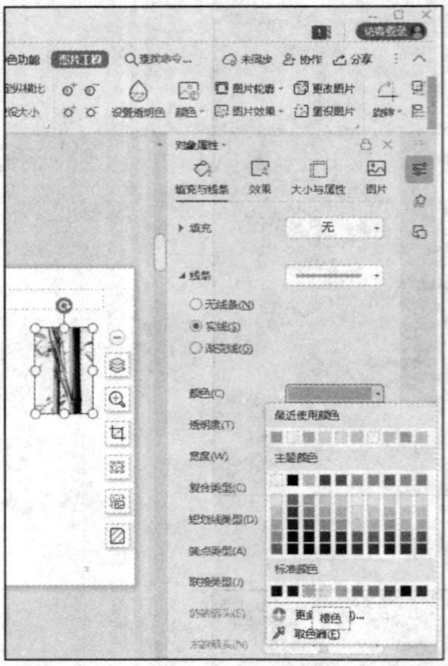

图 5-17 设置线条颜色

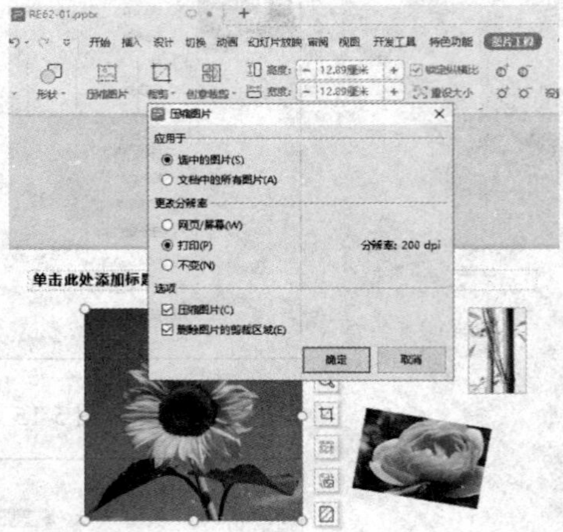

图 5-18 压缩图片

**注意：**演示文稿中往往存在大量的高清图片，这会导致文件很大，从而出现各种问题，如演示文稿打不开或打开速度慢、分享文件不方便、演示放映时影响流畅性、每次重新保存时间延长。可以利用压缩图片工具对图片进行压缩，以提高操作的流畅性。

10）删除图片背景。如图 5-19 所示，选中“葵花”图片→单击“图片工具”选项卡→单击“抠除背景”按钮→打开“抠除背景”对话框→单击“基础抠图”标签在图片中单击需要抠除的背景→调整“当前点抠除程度”滑块→单击“完成抠图”按钮完成操作。

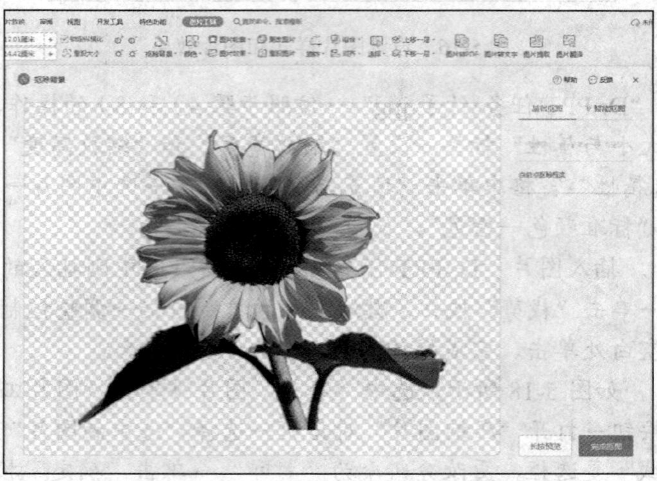

图 5-19 抠除图片背景

11）将三者（图片“花朵”“竹子”“葵花”）“垂直居中”并“横向分布”对齐。适当调整 3 张图片的位置→按住 Ctrl 键，分别单击这 3 张图片，即选中这 3 张图片→选择在页面工作区激活的快捷菜单中的“垂直居中”和“横向分布”命令。

在幻灯片中，多个选中对象有 8 种对齐方式。

12）单击“保存”按钮保存文件→单击“关闭”按钮退出 WPS 演示。

### 5.2.3　创建智能图形

智能图形是信息的视觉表示形式。在多种不同布局中，可以通过创建智能图形来快速、轻松、有效地传达信息，使信息表现得更有冲击力。

使用智能图形，可以有效地将散落的页面对象、元素通过图形化进行逻辑组织，可以更好地突出中心要点，更好地明晰对象、元素之间的关系，从而给观众以清晰的认识。使用智能图形，用户只需单击鼠标便可创建具有设计师水准的插图。智能图形共分八大类，包括列表、流程、循环、层次结构、关系、矩阵、棱锥图、图片，如表 5-1 所示。

表 5-1　智能图形分类

| 名称 | 功能 | 数量/个 |
|---|---|---|
| 列表 | 用于显示非有序信息块、分组的多个信息块或列表的内容 | 15 |
| 流程 | 用于显示组成一个总工作的几个流程的进程或一个步骤中的几个阶段 | 23 |
| 循环 | 用于以循环流程表示阶段、任务或事件的过程 | 6 |
| 层次结构 | 用于显示组织中各层的关系或上下级关系 | 8 |
| 关系 | 用于比较或显示若干个观点之间的关系，如对立关系 | 6 |
| 矩阵 | 用于显示部分与整体的关系 | 4 |
| 棱锥图 | 用于显示比例关系或层次关系 | 4 |
| 图片 | 包含上述含有图片的智能图形 | 11 |

**【任务要求】**

打开“D:\PPT\任务\RE62-01.pptx”演示文稿，在第 4 张幻灯片中完成如下操作。

1）在左边占位符中插入一个智能图形，样式选择“循环”类型中的“基本循环”，分别在每个形状中输入右边的文字内容，更改颜色为“彩色 1”。

2）在“春种”形状后面添加一个形状，输入文本“夏育”然后将该智能图形转换为图片。

3）保存文档。

**【操作步骤】**

1）打开演示文稿“D:\PPT\任务\RE62-01.pptx”→选中第 4 张幻灯片。

2）插入一个智能图形。如图 5-20 所示，单击“插入”选项卡→单击“智能图形”按钮→打开“选择智能图形”对话框→选择“循环”类型中的“基本循环”→单击“插入”按钮。

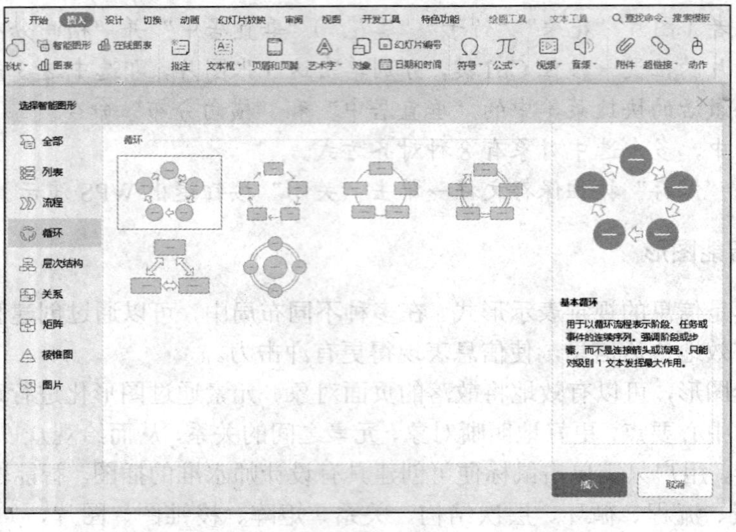


图 5-20 插入智能图形

3）输入文字。选中智能图形，可以直接在智能图形的文本框中输入文本。

4）设置智能图形颜色。选中智能图形→单击激活的“设计”选项卡→单击“更改颜色”下拉按钮→选择“彩色 1”选项，完成智能图形颜色的设置。

5）添加项目。如图 5-21 所示，选中“春种”文本所在的图形→单击激活的“设计”选项卡→单击“添加项目”下拉按钮→选择“在后面添加项目”命令，即在“春种”形状后面添加一个形状→在该形状中输入文本“夏育”，完成添加智能图形操作。

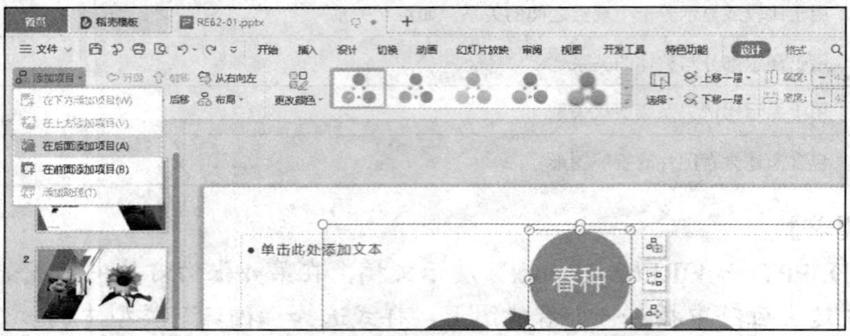


图 5-21 添加智能图形操作

6）将智能图形转换为图片。在智能图形上右击→选择“另存为图片”命令→在打开的窗口中进行相应设置后单击“保存”按钮。

**注意：**将智能图形转换为图片，以便进行移动、调整大小、设置格式或删除等操作。智能图形转换为图片的过程是不可逆的。

7）单击“保存”按钮保存文件→单击“关闭”按钮退出 WPS 演示。

### 5.2.4　添加表格和图表

在 WPS 演示中，可以插入表格和多种数据图表，如柱形图、折线图、饼图、条形图、面积图、XY 散点图、股价图、雷达图、组合图及智能图表等。

单击“插入”选项卡→单击“表格”下拉按钮，在其下拉列表中选择相应选项，可以在幻灯片中插入一张表格。

单击“插入”选项卡→单击“图表”下拉按钮，在其下拉列表中选择相应选项，可以在幻灯片中插入一个图表。

**【任务要求】**

打开“D:\PPT\任务\RE62-01.pptx”演示文稿，按要求调整第 15 张幻灯片中的表格，完成如下操作。

1）将表格的第 1 列的列宽设置为 2.5 厘米，将第 2 列的列宽设置为 4.5 厘米，将第 3 列的列宽设置为 20 厘米，设置所有行高为 1.5 厘米，合并第一行的 3 个单元格，删除多余的段落标记。

2）将表格中的文字设置为“仿宋”，14 号字，水平居中、垂直居中，整个表格相对幻灯片水平居中。

3）应用表格预设样式“浅色系—浅色样式 1-强调 3”，在表格样式填充中选择“首行填充”与“隔行填充”。

**【操作步骤】**

1）打开“D:\PPT\任务\RE62-01.pptx”演示文稿→选中第 15 张幻灯片。

2）设置列宽。如图 5-22 所示，选中表格第 1 列→在激活的“表格工具”选项卡中的“宽度”输入框中输入“2.5 厘米”，即将第 1 列的列宽设置为 2.5 厘米。

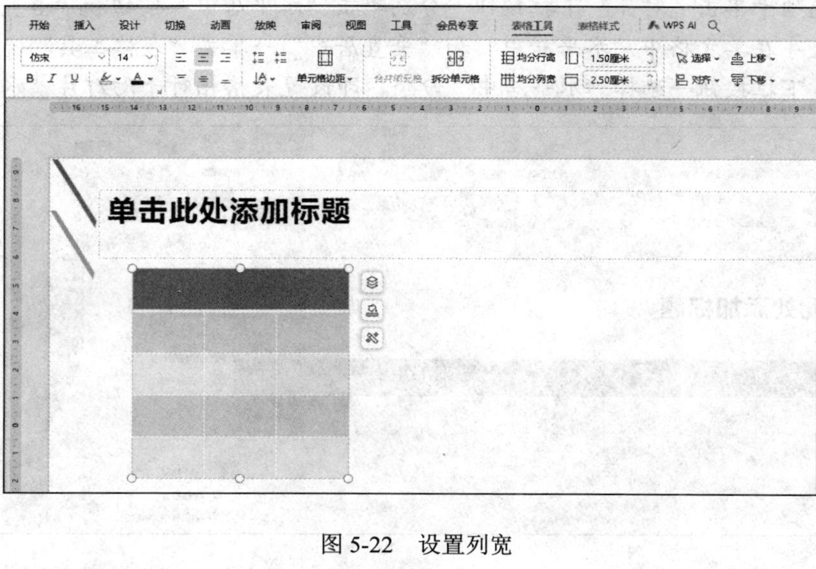


图 5-22　设置列宽

用同样的方法，分别将第 2 列的列宽设置为 4.5 厘米，将第 3 列的列宽设置为 20 厘米。

3）设置行高。如图 5-23 所示，选中整个表格→在激活的“表格工具”选项卡中的“高度”输入框中输入“1.5 厘米”，即设置所有行高为 1.5 厘米。

图 5-23 设置行高

4）合并单元格。如图 5-24 所示，选中第 1 行→单击“表格工具”→单击“合并单元格”按钮，即将第 1 行的 3 个单元格合并成一个单元格。

图 5-24 合并单元格

5）设置字体。选中整个表格→将表格中的文字设置为“仿宋”，14 号。

6）设置文字对齐方式及表格对齐方式。如图 5-25 所示，选中整个表格→单击“表格工具”选项卡单击“对齐”下拉按钮→分别单击“水平居中”按钮和“垂直居中”按钮，设置文字在单元格中“水平居中”和“垂直居中”→单击“表格工具”选项卡→单击“对齐”下拉按钮→选择“水平居中”命令，即设置表格相对于幻灯片“水平居中”。

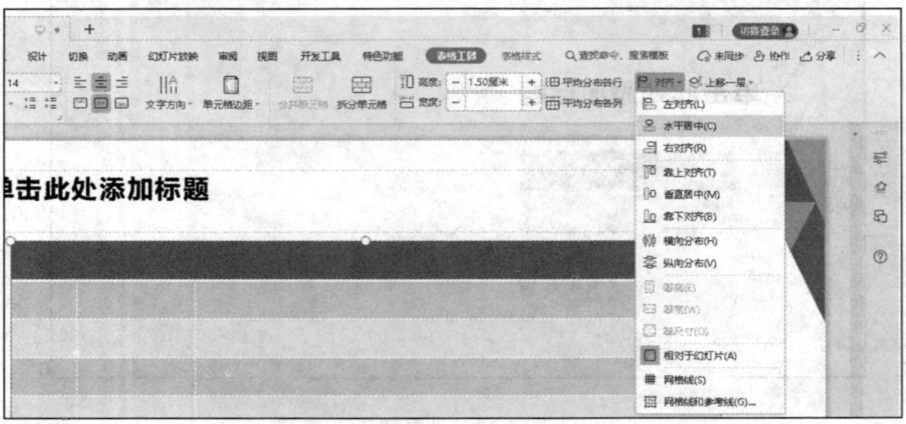


图 5-25 设置表格对齐方式

7）应用表格样式。选中整个表格→单击“表格样式”选项卡→单击“预设样式”下拉按钮→选择“浅色系—浅色样式 1-强调 3”预设样式→选中“标题行填充”和“隔行填充”复选框。

8）单击“保存”按钮保存文件→单击“关闭”按钮退出 WPS 演示。

### 5.2.5　添加媒体

为了增强演示文稿的效果，还可以在幻灯片中添加视频、音频等。WPS 演示支持几乎所有的媒体格式。

添加媒体是通过在“插入”选项卡中单击相应的命令按钮来实现的。

**【任务要求】**

打开“D:\PPT\任务\RE62-01.pptx”演示文稿，在第 6 张幻灯片中完成如下操作。

1）在内容占位符处插入视频“D:\PPT\任务\四季.mp4”。

2）将图片“D:\PPT\任务\封面图片.jpg”设置为视频封面，设置视频自动并全屏播放。

**【操作步骤】**

1）打开“D:\PPT\任务\RE62-01.pptx”演示文稿→选中第 6 张幻灯片。

2）添加视频文件。如图 5-26 所示，单击内容占位符中的“插入媒体”按钮→打开“插入视频文件”对话框→根据视频文件所在的位置选择路径“D:\PPT\任务”→选中文件“四季.mp4”→单击“打开”按钮→将视频文件添加到占位符处。单击“插入”选项卡→单击“视频”下拉按钮→选择“嵌入本地视频”命令，也可打开“插入视频”对话框，完成视频文件的添加。

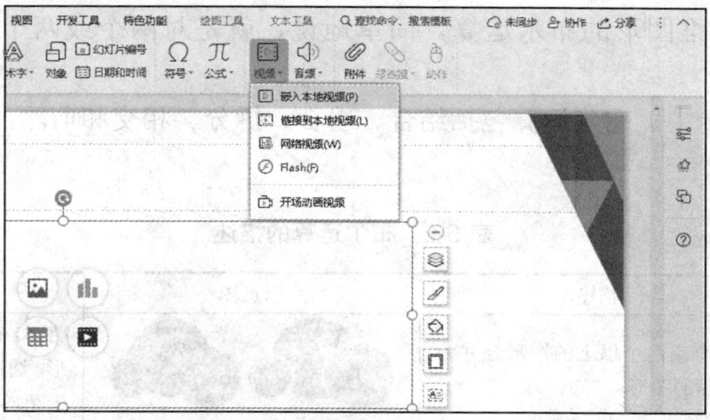


图 5-26　添加视频文件

3）设置视频封面。如图 5-27 所示，选中幻灯片中的视频→单击“视频工具”选项卡→单击“视频封面”下拉按钮→选择“来自文件”命令→打开“选择图片”对话框→找到“D:\PPT\任务\封面图片.jpg”→单击“打开”按钮，即将该图片设置为视频的封面图片。

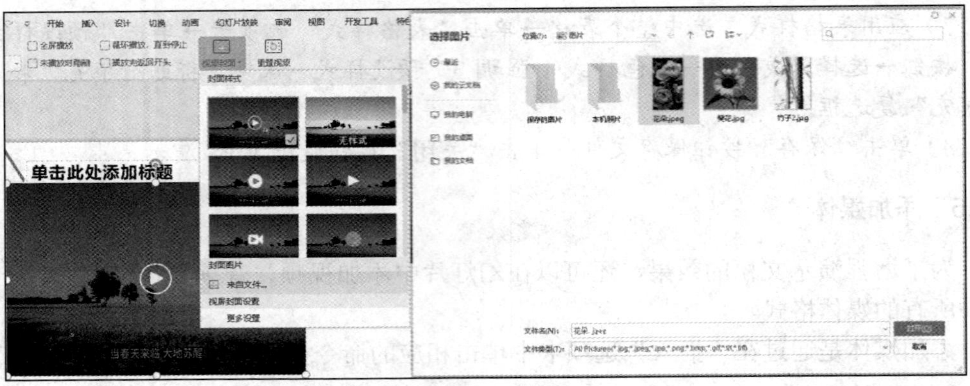


图 5-27 设置视频封面

4）设置视频自动并全屏播放。选中幻灯片中的视频→单击“视频工具”选项卡→设置开始为“自动”，选中“全屏播放”复选框。

5）单击“保存”按钮保存文件→单击“关闭”按钮退出 WPS 演示。

### 5.2.6 合并形状

WPS 演示中自带了 173 个形状，其中有线条 12 个、矩形 9 个、基本形状 43 个、箭头汇总 27 个、公式形状 6 个、流程图 28 个、星与旗帜 20 个、标注 16 个、动作按钮 12 个。如果找不到自己想要的形状，可以使用 WPS 演示提供的“合并形状”功能，通过布尔运算对这些形状进行合并，从而创造出更多的图形。

布尔运算指数字符号化的逻辑推演法，包括联合、相交、相减。在图形处理操作中引用这种逻辑运算方法，可使用简单的基本图形组合生成新的图形，并由二维图形的布尔运算发展到三维图形的布尔运算。简单地说，就是对两个或两个以上图形进行加减运算。

在 WPS 演示中，布尔运算包括结合、组合、拆分、相交和剪除。布尔运算的描述如表 5-2 所示。

表 5-2 布尔运算的描述

| 布尔运算 | 描述 | 示意图 | 方法 |
|---|---|---|---|
| 结合 | 将两个或两个以上的图形合并为一个新的图形 | 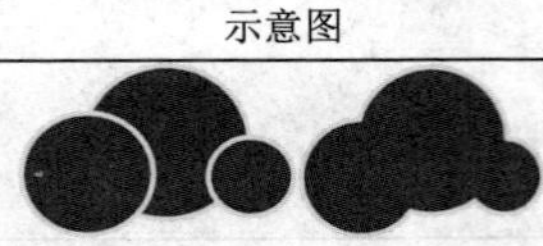 | 将 3 个独立的大小不等的圆形，通过结合运算合并为一个云朵形状 |
| 组合 | 将两个或两个以上的图形合并为一个新的图形，并去除相交的部分 | 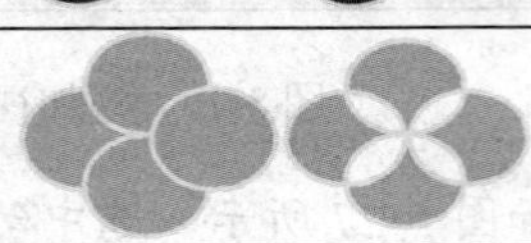 | 将 4 个均有相交的圆，通过组合运算合并为一个整体 |
| 拆分 | 将两个或两个以上的图形沿边界分割为若干个新图形 |  | 将文本框中的文字用矩形做重叠，然后执行，拆分运算矩形重叠下的文字将按边界进行笔画分解 |

续表

| 布尔运算 | 描述 | 示意图 | 方法 |
|---|---|---|---|
| 相交 | 将两个或两个以上的图形相交处保留，去除其他的部分 |  | 将重叠在一起的两个圆，经过相交运算合并为花瓣形状 |
| 剪除 | 从第一个选中的图形中去除第二个选中的图形与其相交的部分 |  | 裁剪掉不需要的边角，得到理想的形状 |

**注意：**任何东西都有先后顺序。布尔运算也是如此。要记住，想保留什么，就先选什么，布尔运算得到的图形格式与选择的第一个图形格式一样，如颜色、框线等。

**【任务要求】**

打开“D:\PPT\任务\RE62-01.pptx”演示文稿，参照第8张幻灯片，在第7张幻灯片中利用形状合并，完成镂空文字效果。

**【操作步骤】**

1）打开“D:\PPT\任务\RE62-01.pptx”演示文稿→选中第7张幻灯片。

2）绘制矩形。单击“插入”选项卡→单击“形状”下拉按钮→单击“矩形”中的矩形按钮▭→拖动鼠标绘制一个矩形（矩形的大小以能够超过文本框为准）。

3）下移一层。选中矩形→单击“绘图工具”选项卡→单击“下移一层”按钮。将矩形下移一层的目的是让文本显示出来，方便选中。

4）组合图形。如图5-28所示，选中文本框→按住Ctrl键不放，单击矩形→单击“绘图工具”选项卡→单击“合并形状”下拉按钮→选择“组合”命令。

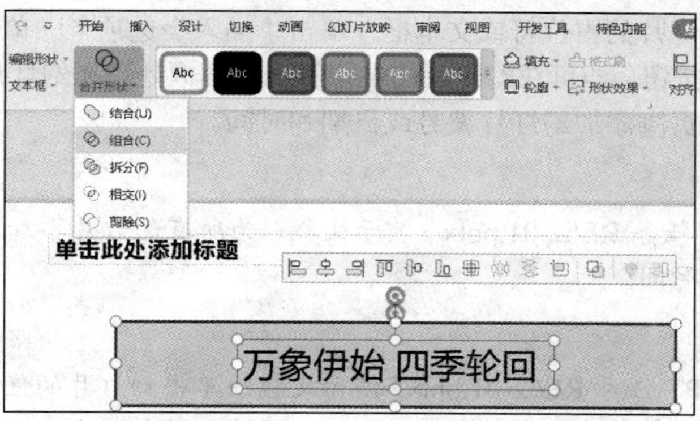


图5-28 组合图形

这样得到的文字呈镂空效果，且文本框随之变成图片，其中的文字内容无法进行更改。

5）插入并设置图文框，做进一步美化。如图5-29所示，单击“插入”选项卡→单击“形状”下拉按钮→单击“基本形状”中的“图文框”按钮→拖动鼠标绘制一个图文框（大小为可包含镂空文字图片）→分别使用“绘图工具”选项卡中的“填充”和“轮廓”按钮将图文框设置为与镂空文字图片具有相同的填充与轮廓色→选中镂空文字图片和图文框→单击“绘图工具”选项卡→单击“合并形状”下拉按钮→选择“结合”命令，即将二者合成为一张图片。

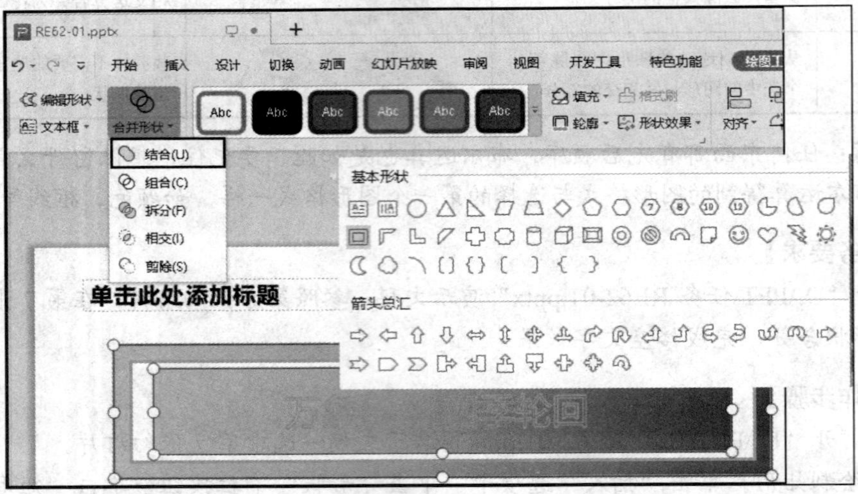

图 5-29 插入并设置图文框

6）单击“保存”按钮保存文件→单击“关闭”按钮退出 WPS 演示。

### 5.2.7 添加日期和编号

在演示文稿中可以添加幻灯片编号、备注页编号及日期和时间等。

方法：选中幻灯片的占位符或文本框→单击“插入”选项卡→单击“幻灯片编号”或“日期和时间”按钮，即可在幻灯片的占位符或文本框处添加幻灯片编号或日期和时间。也可以直接向页脚添加幻灯片编号或日期和时间。

**【任务要求】**

打开“D:\PPT\任务\RE62-01.pptx”演示文稿，为所有幻灯片添加日期和编号，并设置自动更新日期和时间。

**【操作步骤】**

1）打开“D:\PPT\任务\RE62-01.pptx”演示文稿→单击幻灯片的任意位置→单击“插入”选项卡→单击“页眉和页脚”按钮→打开“页眉和页脚”对话框→选中“日期和时间”复选框→选中“自动更新”单选按钮→选择当前日期格式（如选择“2024 年 6 月 29 日”）→选中“幻灯片编号”复选框→单击“全部应用”按钮，如图 5-30 所示。

这样便在所有幻灯片中插入了“日期和时间”及“幻灯片编号”，且“日期和时间”能够自动更新。此时在每张幻灯片的页脚处，均可看到日期与时间。

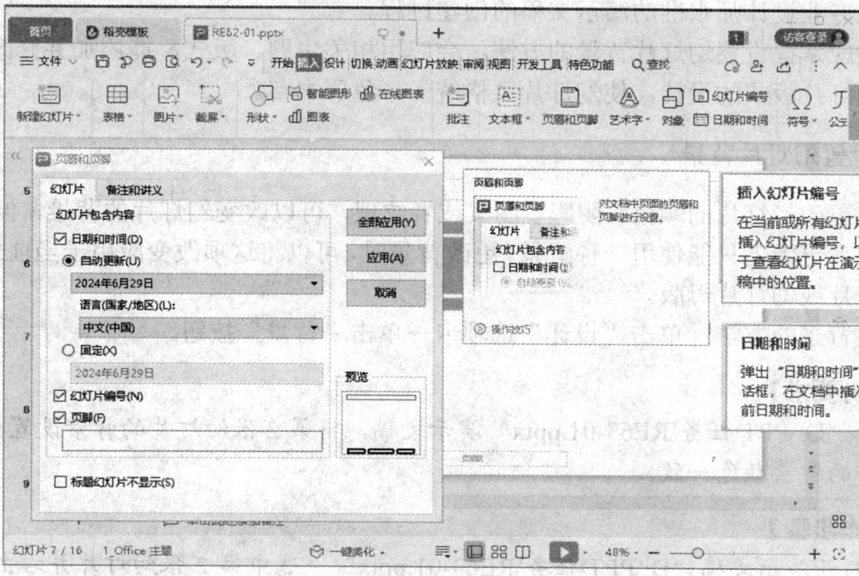


图 5-30　添加页眉和页脚

2）单击"保存"按钮保存文件→单击"关闭"按钮退出 WPS 演示。

### 5.2.8　项目训练

**【训练目标】**

打开"D:\PPT\项目训练\LX62-01.pptx"演示文稿，参看样张，完成如下操作。

1）在第 1 张幻灯片中插入图片"D:\PPT\项目训练\时钟.jpg"，等比例放大图片，使其铺满整个幻灯片，并将图片置于底层。

2）将第 1 张幻灯片的标题设置为"楷体"、88、白色；将副标题设置为"Arial"、96，白色，分散对齐。

3）在第 1 张幻灯片中插入音频"D:\PPT\项目训练\时间都去哪儿了.mp3"，设置为自动开始播放、放映时隐藏、跨幻灯片播放、循环播放直到停止。

4）将第 2 张幻灯片左侧的表格样式设置为"中色系一中度样式 1-强调 1"，在右侧添加饼图，按照左侧表中的数据进行设置，删除图表标题与图例，添加数据标注。

5）按照第 3 张幻灯片的文本内容，使用智能图形显示，并设置样式为梯形列表、颜色为"彩色 2"。

6）在所有幻灯片中插入编号，且设置标题幻灯片不显示编号。

## 5.3　设计幻灯片

WPS 演示提供了多种设计主题与模板，包含协调配色方案、背景、字体样式和占位符位置。使用预先设计的主题，可以轻松快捷地更改演示文稿的整体外观。使用主题可以简化专业设计师水准的演示文稿的创建过程。

学生应掌握设置幻灯片背景的方法，会应用相关主题、版式，能添加并修改母版，能完成幻灯片版式的设计，使幻灯片风格统一、色彩丰富。

### 5.3.1 设置幻灯片背景

通过更改幻灯片的颜色、阴影、图案或者纹理，可以改变幻灯片的背景，但是每张幻灯片或者母版上只能使用一种背景。更改背景时，可以将这项改变应用于当前幻灯片、所有幻灯片或幻灯片母版。

设置背景的方法：单击“设计”选项卡→单击“背景”按钮。

**【任务要求】**

打开“D:\PPT\任务\RE63-01.pptx”演示文稿，将第 2 张幻灯片的背景设置为纯色，与地图中的背景颜色一致。

**【操作步骤】**

1）打开演示文稿“D:\PPT\任务\RE63-01.pptx”→选中第 2 张幻灯片并右击→选择“设置背景格式”命令→打开“对象属性”窗格。

**注意：**单击“设计”选项卡中的“背景”按钮，也可以打开“对象属性”窗格。

2）设置幻灯片背景。如图 5-31 所示，在“对象属性”窗格中选中“纯色填充”单选按钮→单击“颜色”下拉按钮→选择“取色器”命令→选取幻灯片中图片的前景色“RGB（250，204，63）”→单击“全部应用”按钮，即将幻灯片的背景设置应用于所有幻灯片。

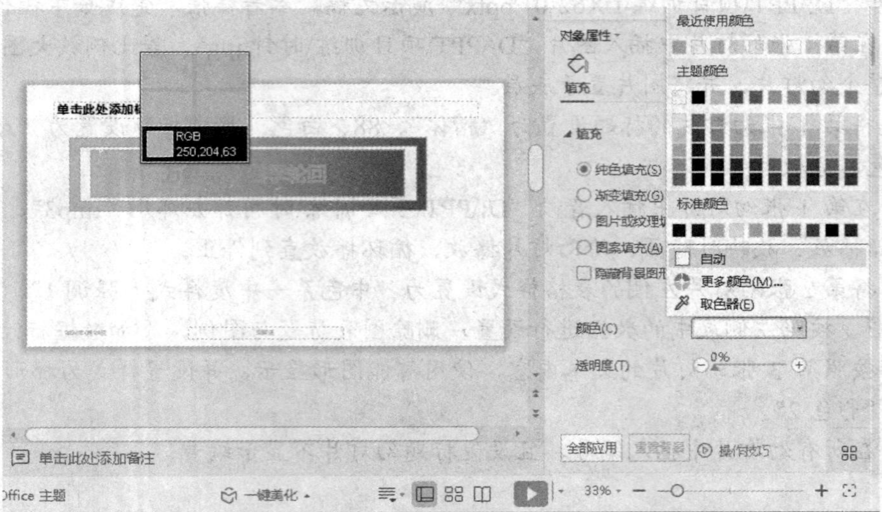


图 5-31 设置幻灯片背景

3）单击“保存”按钮保存文件→单击“关闭”按钮退出 WPS 演示。

**注意：**在“对象属性”窗格中，可以进行纯色填充、渐变填充、图片或纹理填充、图案填充等背景设置。

### 5.3.2　应用主题

一组统一的设计元素，通过使用颜色、字体和图形来设置文档的外观，在 WPS 演示母版编辑视图中被称为“主题”，它作用于版式，所有使用同一版式的页面将使用相同的主题；而在 WPS 演示文稿的普通视图下，这称为“配色方案”。利用文档主题，可以创建具有专业水准、设计精美、美观时尚的演示文稿。

应用主题操作是通过单击“设计”选项卡中的相关按钮来实现的。

**【任务要求】**

打开“D:\PPT\任务\RE63-01.pptx”演示文稿，完成如下操作。

1）对全部幻灯片应用“D:\PPT\任务 2\plan.potx”主题。

2）对全部幻灯片应用内置的“行云流水”配色方案。

3）保存文档。

**【操作步骤】**

1）打开演示文稿“D:\PPT\任务\RE63-01.pptx”。

2）对全部幻灯片应用主题。单击“设计”选项卡→单击“导入模板”按钮→打开“应用设计模板”对话框，如图 5-32 所示→通过模板文件的位置找到主题文件“plan.potx”→单击“打开”按钮，完成操作。

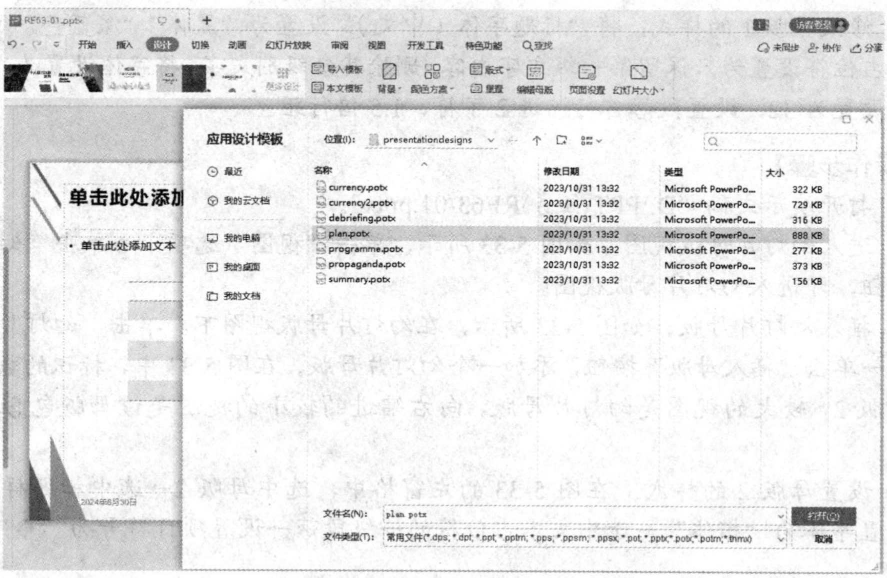


图 5-32　导入模板文件

3）应用内置“行云流水”配色方案。单击“设计”选项卡→单击“配色方案”下拉按钮→选择“行云流水”主题，即所有幻灯片应用“行云流水”主题。

4）单击“保存”按钮保存文件→单击“关闭”按钮退出 WPS 演示。

### 5.3.3 幻灯片母版

幻灯片母版控制了整个演示文稿的外观，由不同的版式组合而成。制作演示文稿时，可以通过母版整体规划每个页面版式，并由不同的页面版式全局控制每张具体的幻灯片版式页面。每个演示文稿至少包含一个幻灯片母版。修改和使用幻灯片母版的主要优点在于，可以对演示文稿中应用该母版的所有幻灯片（包括以后添加到演示文稿中的幻灯片）进行统一的样式更改。

WPS 演示中的母版包括 3 种类型：幻灯片母版、讲义母版和备注母版。讲义母版和备注母版经常用于打印演示文稿时调整格式，而使用幻灯片母版可以更少的时间批量快速地建立精美的幻灯片。

每个幻灯片母版都包含若干标准的版式集或自定义的版式集。

幻灯片母版影响着整个演示文稿的外观，因此在创建和编辑幻灯片母版或相应版式时，将在幻灯片母版视图下操作。

**【任务要求】**

打开“D:\PPT\任务\RE63-01.pptx”演示文稿，完成如下操作。

1）添加一组幻灯片母版。

2）设置母版 2 的样式，将“标题字体（中文）”设置为“楷体”，将文本占位符的一级项目符号设置为“◆”，将字号设置为 24。

3）修改母版 1 的样式，将“标题字体（中文）”设置为“黑体”“深蓝色”“加粗”，将文本占位符设置为只保留第一级文字内容，删除其余级别文字，将字体设置为“宋体”，将字号设置为 32，设置段落首行缩进 2 字符、1.5 倍行距。

**【操作步骤】**

1）打开演示文稿“D:\PPT\任务\RE63-01.pptx”。

2）进入幻灯片母版视图。如图 5-33 所示，单击“视图”选项卡→单击“幻灯片母版”按钮，即进入幻灯片母版视图。

3）插入幻灯片母版。如图 5-33 所示，在幻灯片母版视图下，单击“幻灯片母版”选项卡→单击“插入母版”按钮，添加一个幻灯片母版。在图 5-33 中，标识的数字“2”表示母版 2，较大的视图是幻灯片母版，向右缩进的较小的视图是该母版包含的若干版式。

4）设置母版 2 的样式。在图 5-33 的左窗格中，选中母版 2→选中标题样式占位符→设置字体为“楷体”→选中文本占位符的一级段落→设置项目符号为“◆”，字号为“24”。

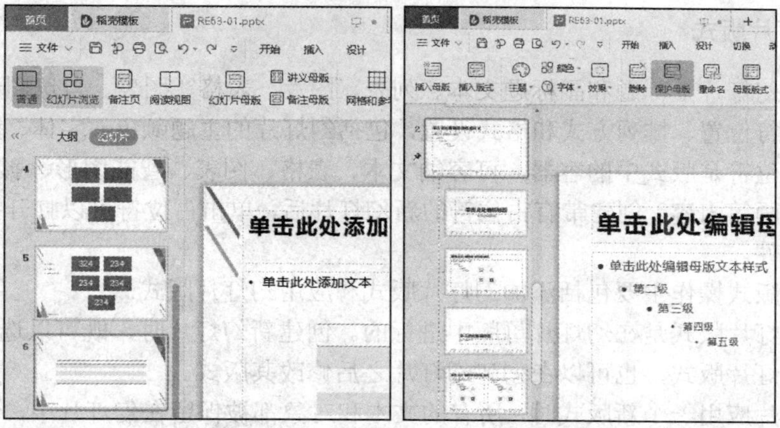


图 5-33　幻灯片母版视图并插入幻灯片母版

5）修改母版 1 的样式。选中母版 1→选中标题占位符→打开“字体”对话框→将“标题字体（中文）”设置为“黑体”“深蓝色”“加粗”→选中文本占位符→单击“开始”选项卡→单击“段落对话框启动器”按钮→打开“段落”对话框→设置段落首行缩进 2 字符、行距为 1.5 倍行距→单击“确定”按钮，完成设置，如图 5-34 所示。

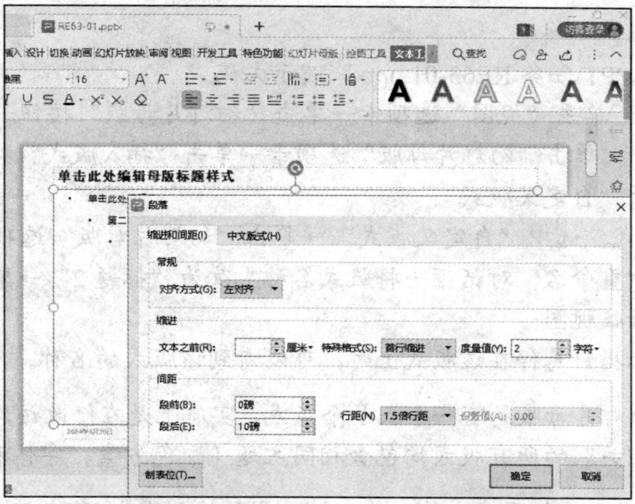


图 5-34　修改母版 1 的样式

6）关闭幻灯片母版视图。单击“幻灯片母版”选项卡中的“关闭”按钮，即可关闭幻灯片母版视图，返回普通视图。

7）单击“保存”按钮，保存文档。

**注意**：对母版的设置，仅影响应用该母版的幻灯片。

### 5.3.4 幻灯片版式

版式指幻灯片上标题和副标题文本、列表、图片、表格、图表、自选图形和视频等元素的占位符位置、排列方式和格式设置，包括幻灯片的主题颜色、字体、效果和背景等设置。占位符是版式中的容器，可容纳文本、表格、图表、智能图形、影片、声音、图片及剪贴画等内容。创建带有占位符的新幻灯片后，单击占位符可以打开插入该类对象所需的控件。

幻灯片版式操作主要包括添加幻灯片版式和应用幻灯片版式。

添加幻灯片版式是在幻灯片母版中进行的。创建新幻灯片时，既可以选用 WPS 演示预先的幻灯片版式，也可以在创建幻灯片之后修改其版式。

给幻灯片应用一个新版式时，所有的文本和对象都被保留在幻灯片中，但需要重新排列，以适应新的版式。

**【任务要求】**

打开“D:\PPT\任务\RE63-01.pptx”演示文稿，完成如下操作。

1）利用幻灯片母版添加一个版式。

2）将其命名为“标题 2”。

3）保存文档。

**【操作步骤】**

1）打开“D:\PPT\任务\RE63-01.pptx”演示文稿。

2）添加版式。单击“视图”选项卡→单击“幻灯片母版”按钮→进入幻灯片母版视图。在母版 1 中，单击“幻灯片母版”选项卡→单击“插入版式”按钮，即插入一个含有标题占位符的“自定义版式”。

3）重命名版式。选中“自定义版式”→单击“幻灯片母版”选项卡→单击“重命名”按钮→打开“重命名”对话框→将版式名称更改为“标题 2”→单击“重命名”按钮→关闭幻灯片母版视图。

此时，当鼠标指针悬停在该版式上时，可以看到该版式的名称。

**注意：**修改幻灯片母版的下一个或多个版式，实质上是在修改该幻灯片母版。与选中的幻灯片母版相关联的所有版式均包含相同主题（配色方案、字体和效果）。

4）单击“保存”按钮保存文件→单击“关闭”按钮退出 WPS 演示。

### 5.3.5 项目训练

**【训练目标】**

1. 打开“D:\PPT\项目训练\LX63-01.pptx”演示文稿，完成如下操作。

1）利用幻灯片母版，创建一种“横向标题且竖排文字内容”的版式，并重命名为“标题与竖排文本”。

2）在母版的“两栏内容”版式的左上角添加形状“云形”，设置形状轮廓为深红色，设置形状填充为黄色，具体位置为左上角水平 2 厘米、左上角垂直 1 厘米，关闭幻灯片母版视图。

3）在第 1 张幻灯片的副标题中输入文字“云”。

4）将第 2 张幻灯片的版式调整为“标题与竖排文本”。

2. 打开“D:\PPT\项目训练\LX63-02.pptx”演示文稿，完成如下操作。

1）应用配色方案“D:\PPT\项目训练\暗香扑面.thmx”。

2）关闭幻灯片母版视图，保存文档。

## 5.4　放映幻灯片

在 WPS 演示中，超链接可以是从一张幻灯片到同一演示文稿中的另一张幻灯片的链接，也可以是从一张幻灯片到网页或文件的链接。灵活地创建和使用超链接，能够达到比较好的演示效果。

动画可以给文本或对象添加特殊视觉或听觉效果。利用动画功能可以将演示文稿中的文本、图片、形状、表格、智能图形和其他对象制作成动画，赋予它们进入、退出、调整大小、颜色变化甚至移动等视觉效果。

掌握幻灯片动画效果设置，可以使幻灯片变得更加生动、形象、吸引人。一个幻灯片能不能动起来、动得好不好看，关键在于设计者的设计思路，以及对演示文稿制作工具的全面掌控能力。

幻灯片切换效果指在演示期间，从一张幻灯片切换到下一张幻灯片时，在幻灯片放映视图中呈现的动画效果，可以控制切换效果的速度、添加音频，还可以对切换效果的属性进行自定义。

创作演示文稿的最终目的是放映给观众看，而如何在放映幻灯片时实现知识点的链接、如何在演示文稿中设计出赏心悦目的动画效果，是本节要解决的主要问题。

### 5.4.1　超链接的创建

在 WPS 演示中，超链接功能可以在同一演示文稿中从一张幻灯片跳转到另一张幻灯片，也可以在不同的演示文稿中从一张幻灯片跳转到其他演示文稿中的另一张幻灯片，或者转到电子邮件地址、网页或文件的链接。超链接本身可能是文本或对象，如图片、图形、形状或艺术字等。链接的对象可以是幻灯片、文件、动作、网址等。

**注意：**只有在放映幻灯片时，才能进入链接的对象，如另一张幻灯片、网页、E-mail 地址或文件等。

单击“插入”选项卡→单击“超链接”按钮，可以创建超链接；利用动作按钮也可以创建超链接。

在超链接上右击→选择“超链接”命令→选择“取消超链接”命令，可以删除超链接。

在放映幻灯片时单击超链接，可以打开其链接对象。

**【任务要求】**

打开“D:\PPT\任务\RE64-01.pptx”演示文稿，完成如下操作。

1）分别在第 2 张幻灯片关于四大发明的文字处创建超链接，单击超链接时，跳转到相应标题的幻灯片。

2）在标题为“指南针”的幻灯片的图片上建立超链接，单击该图片时，将打开文件“D:\PPT\任务\指南针.docx”。

3）在标题为“印刷术”的幻灯片的空白处添加动作按钮“结束”，在鼠标指针悬停在其上时，链接到“结束放映”按钮。

4）在标题为“指南针”的幻灯片的空白处添加文本框，设置文字内容为“返回目录”，并设置文本框链接到第 2 张幻灯片。

5）在标题为“火药”的幻灯片的“学习强国 logo 图片”上设置超链接，单击该图片时，将跳转到“学习强国”网站。

6）保存文档。

**【操作步骤】**

1）打开“D:\PPT\任务\RE64-01.pptx”演示文稿。

2）插入超链接。如图 5-35 所示，选中第 2 张幻灯片→选中文字“造纸术”→单击“插入”选项卡→单击“超链接”按钮→打开“插入超链接”对话框→选择链接到“本文档中的位置”→在“请选择文档中的位置”列表框中选择“4.造纸术”幻灯片（此时，在右侧的“幻灯片预览”处可以看到即将链接到的那张幻灯片）→单击“确定”按钮，完成操作。

图 5-35　插入超链接

按同样的方法，依次为“印刷术”“指南针”“火药”3 个词组添加超链接，分别链接到“印刷术”幻灯片、“指南针”幻灯片和“火药”幻灯片。

3）为图片建立超链接。如图 5-36 所示，选中第 7 张“指南针”幻灯片并右击→选择“超链接”命令→打开“插入超链接”对话框→选择链接到“原有文件或网页”→在下拉列表中选择“D:\PPT\任务\”→选择文件“指南针.ppt”→单击“确定”按钮，完成操作。

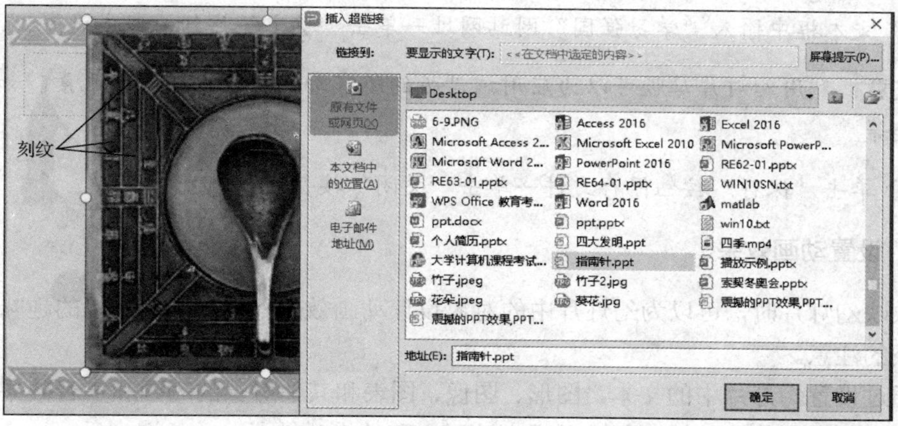


图 5-36　为图片建立超链接

4）添加动作按钮。如图 5-37 所示，选中第 6 张“印刷术”幻灯片→单击“插入”选项卡→单击“形状”下拉按钮→选择“动作按钮—动作按钮：结束”命令→待鼠标指针变成十字状时，在幻灯片合适的位置单击（如右下角）→打开“动作设置”对话框→单击“鼠标移过”选项卡→选择超链接到“结束放映”→单击“确定”按钮，完成设置。

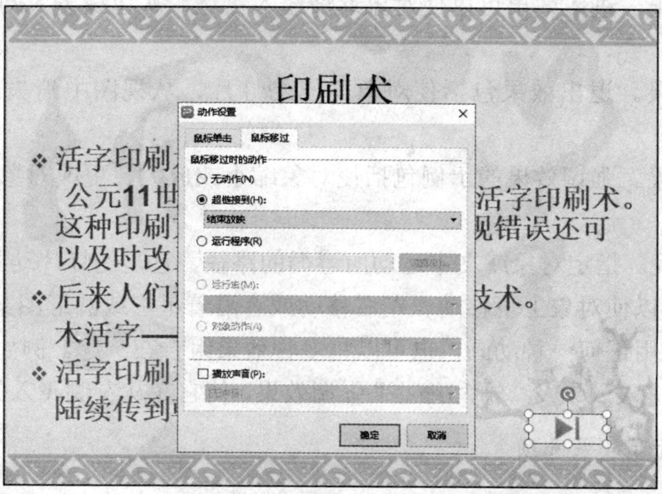


图 5-37　添加动作按钮

5）为文本框添加超链接。在第 7 张“指南针”幻灯片的空白处添加文字内容为“返回目录”的文本框→选中该文本框→单击“插入”选项卡→单击“超链接”按钮→打开“插入超链接”对话框→选择链接到“本文档中的位置”→“请选择文档中的位置”列表框中选中第 2 张幻灯片，单击“确定”按钮，完成设置。

6）为“学习强国 logo 图片”设置超链接。选中第 8 张“火药”幻灯片→单击图片“学习强国 logo 图片”→打开“插入超链接”对话框→链接到“原有文件或网页”→在“地址”文本框中输入“学习强国”网站网址→单击“确定”按钮，完成设置。

**注意：**利用幻灯片母版可以为应用该母版的所有幻灯片添加相同的元素，如图片、超链接等。

7）单击“保存”按钮保存文件→单击“关闭”按钮退出 WPS 演示。

### 5.4.2 设置动画效果

放映幻灯片时，可以为幻灯片中的对象设计动画效果，提高演示文稿的趣味性，吸引观众的注意。

通过设置幻灯片中的文本、图形、图像、图表和其他对象的动画和声音效果，可以突出重点、控制信息传播流程，并提高演示文稿的趣味性。

#### 1. 动画效果的类型

选中幻灯片中的对象后，如文本、图形、图像、图表等，可以在“动画”选项卡中选择所需要的动画选项来设置动画效果。

WPS 演示中有如下 4 种不同类型的动画效果。

1）进入效果。进入效果可以使对象逐渐淡入焦点、从边缘飞入幻灯片或者跳入视图中等。

2）退出效果。退出效果包括使对象飞出幻灯片、从视图中消失或者从幻灯片中旋出。

3）强调效果。强调效果的示例包括使对象缩小或放大、更改对象颜色或沿着其中心旋转。

4）动作路径。指定对象或文本运动所遵循的路径，它是幻灯片动画序列的一部分。使用这些效果可以使对象上下移动、左右移动或者沿着星形或圆形图案移动。

可以单独使用任何一种动画，也可以将多种效果组合在一起。例如，可以对一行文本应用“飞入”进入效果及“放大/缩小”强调效果，使它在从左侧飞入的同时逐渐放大。

#### 2. 为动画设置效果选项

若要为动画设置效果选项，需要在“自定义动画”窗格中选择所需的效果。

3. 对列表中的动画重新排序

若要改变动画的播放顺序，则需要对列表中的动画重新排序。

方法：在“自定义动画”窗格中选中要重新排序的动画→单击“重新排序”右侧的“向前移动”按钮，使动画在列表中另一动画之前发生，或者选择“向后移动”按钮，使动画在列表中另一动画之后发生。

**【任务要求】**

打开 D:\PPT\任务\RE64-01.pptx，完成如下操作。

1）设置第 1 张幻灯片的图片动画效果为“进入”的“飞入”，方向为“自底部”，设置开始为上一动画“之后”；设置标题文字动画效果为“进入”的“扇形展开”，设置速度为“快速”，设置开始为上一动画“之前”。

2）设置第 3 张幻灯片的文字动画效果为“强调”的“更改填充颜色”，填充颜色为“RGB 253，225，28”，组合文本为“作为一个对象”，声音为“风铃”，动画文本为“按字母”，速度为“非常快”，延迟 0.5 秒。

3）设置第 7 张幻灯片的“神火混元球”图片动画效果为“动作路径”中的“直线和曲线”组中的“向右”选项，调整路径，将结束点移动到幻灯片外侧，这样动画效果结束后图片会移出幻灯片。

4）保存文档。

**【操作步骤】**

1）打开“D:\PPT\任务\RE64-01.pptx”演示文稿。

2）设置图片进入动画。如图 5-38 所示，选中第 1 张幻灯片上的图片→单击“动画”选项卡中的“动画”下拉按钮→选择“进入”效果中的“飞入”效果→打开“自定义动画”窗格→选择方向为“自底部”选项→选择开始时间为上一动画“之后”选项。

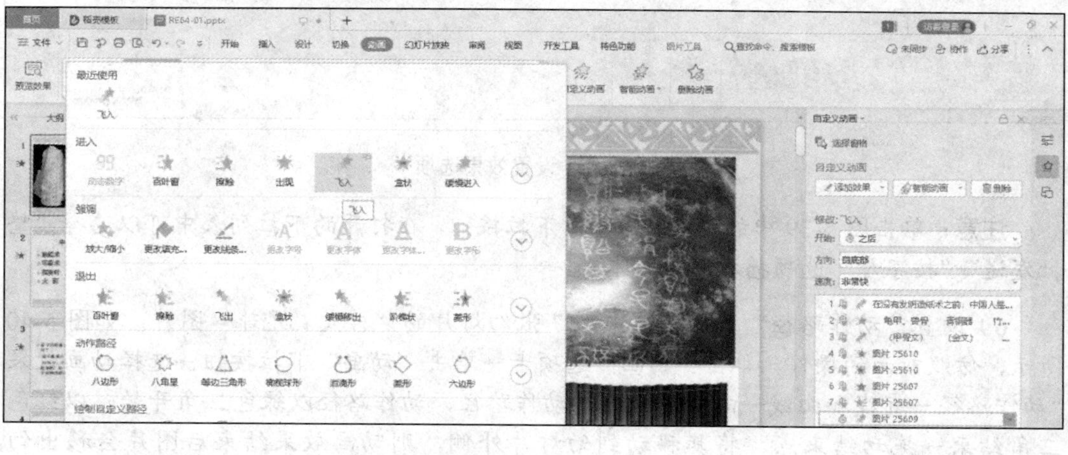

图 5-38 设置图片进入动画

3）设置文本进入动画。仿照步骤 2），选中标题框→单击“动画”选项卡中的“动画”下拉按钮→设置动画效果为“进入”效果中的“扇形展开”→在右侧“自定义动画”窗格中，设置速度为“快速”，开始时间为从上一动画开始“之前”。

4）设置文本强调效果。选中第 3 张幻灯片的文本框，仿照步骤 2），单击“动画”选项卡中的“动画”下拉按钮，打开动画下拉列表→选择“强调”的“更改填充颜色”选项→单击“自定义动画”窗格，设置字体颜色中的“颜色模式”为“RGB 253，225，28”。

5）设置效果选项。如图 5-39 所示，在右侧“自定义动画”窗格中，单击要设置动画项的下拉按钮→选择“效果选项”命令→打开效果选项对话框；在“效果”选项卡的“声音”列表中选择“风铃”选项；在“动画文本”列表中选择“按字母”选项；在“计时”选项卡的“延迟”微调框中选择或输入“0.5”→在“速度”下拉列表中选择“非常快（0.5 秒）”选项→单击“确定”按钮，完成设置。

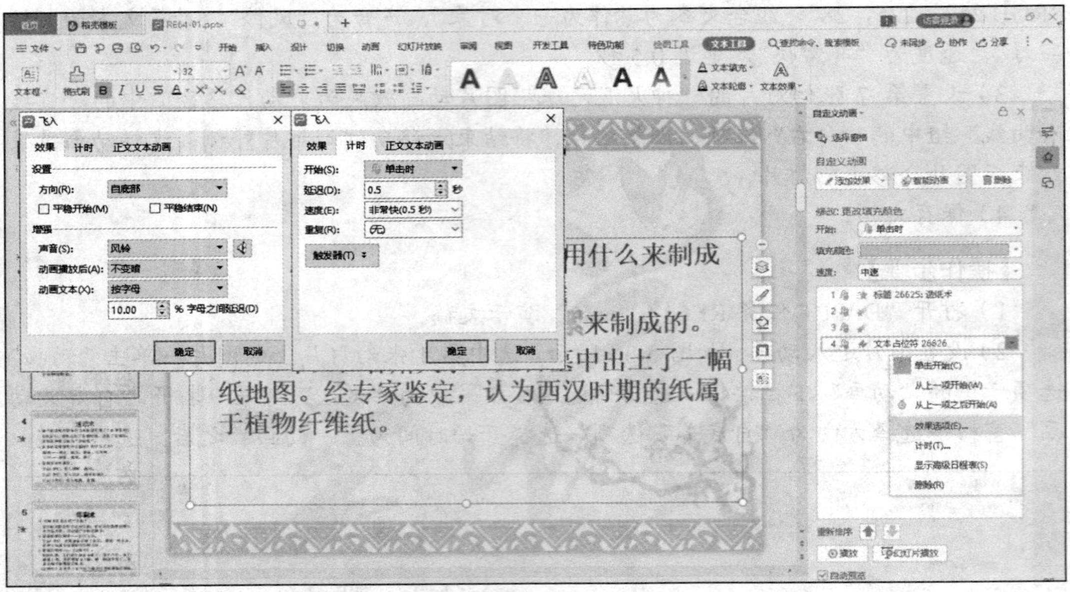

图 5-39 设置效果选项

**注意：**单击图 5-39 中的“动画文本”下拉按钮，在打开的下拉列表中可以选择“整批发送”“按字母”选项播放动画文本。

6）设置“动作路径”效果。选中第 7 张幻灯片的“神火混元球”图片。如图 5-40 所示，仿照前面的操作，单击“动画”选项卡→单击“动画”下拉按钮→选择动画效果“动作路径—直线和曲线—向右”→调整动作路径，动作路径以绿色三角开始，以红色三角结束→拖动结束点，将其移动到幻灯片外侧，则动画效果结束后图片会移出幻灯片。

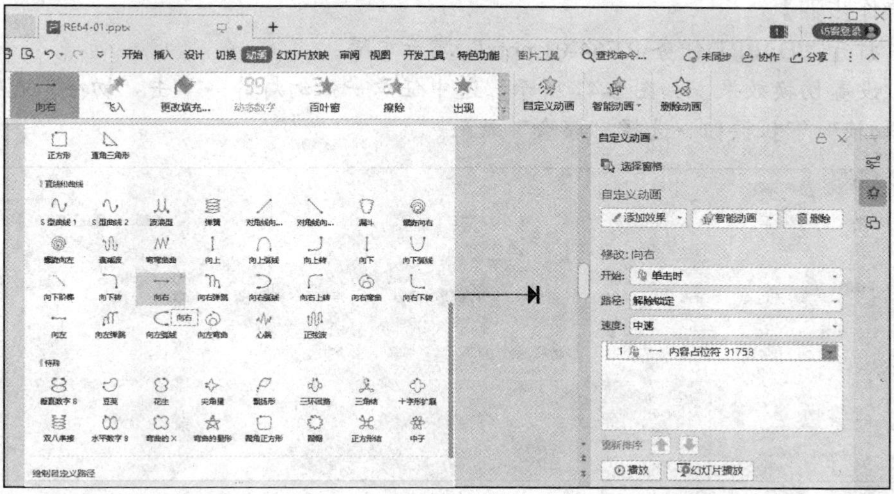

图 5-40　设置动作路径

7）单击“保存”按钮保存文件→单击“关闭”按钮退出 WPS 演示。

**注意**：使用“动画”选项卡中的“预览效果”按钮，可以测试动画效果，以便进行调整。

### 5.4.3　设置切换效果

WPS 演示文稿的页面切换效果指在幻灯片放映视图中，当从一个幻灯片页面切换到下一个幻灯片页面时出现的类似动画的效果。如果说每个 WPS 演示文稿页面是一个小小的舞台场景，那么页面的切换就是帷幕落下与开启的场景转换。在场景转换过程中，WPS 演示支持多种切换效果。将下一张幻灯片显示到屏幕上、淡入、擦除、渐隐或为其设置其他特殊效果，可以实现不错的播放效果。在 WPS 演示中，还可以控制每个幻灯片切换效果的速度、添加声音，以及对切换效果的属性进行自定义。

**注意**：切换效果指幻灯片之间类似舞台转场、帷幕切换时的效果；动画效果则是将 WPS 演示页面上的文字、表格、图像、声音甚至影片，都视为在这一页上的演员。使用动画功能，可赋予这些演员精彩的表演本领。

**【任务要求】**

打开“D:\PPT\任务\RE64-01.pptx”演示文稿，完成如下操作。

1）设置所有幻灯片的切换效果为“擦除”，设置效果选项为“向左”。

2）设置每张幻灯片放映时在屏幕上停留的自动换片时间间隔为 1 秒。

【操作步骤】

1）打开“D:\PPT\任务\RE64-01.pptx”演示文稿。

2）设置切换效果。如图 5-41 所示，选中任意一张幻灯片→单击“切换”选项卡→单击“切换”下拉按钮→选择“擦除”效果。

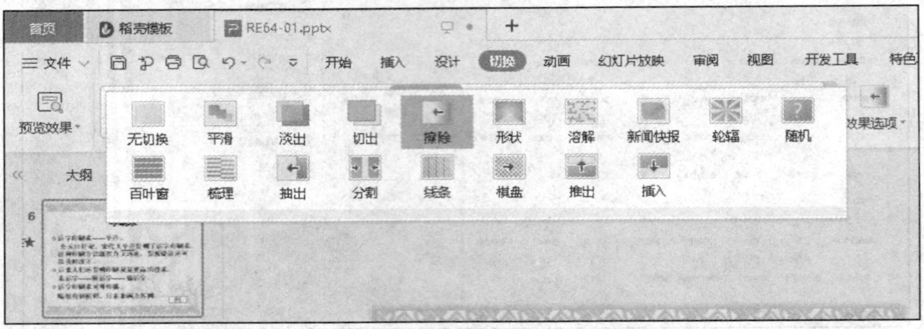


图 5-41　设置切换效果

3）设置效果选项。如图 5-42 所示，单击“切换”选项卡→单击“效果选项”下拉按钮→选择“向左”命令→选中“自动换片”复选框→在“自动换片”微调框中输入“01:00”→单击“应用到全部”按钮，完成设置。在左侧的预览视图中，幻灯片编号下方的五角星标志代表该幻灯片具有动态效果、动画效果或切换效果。

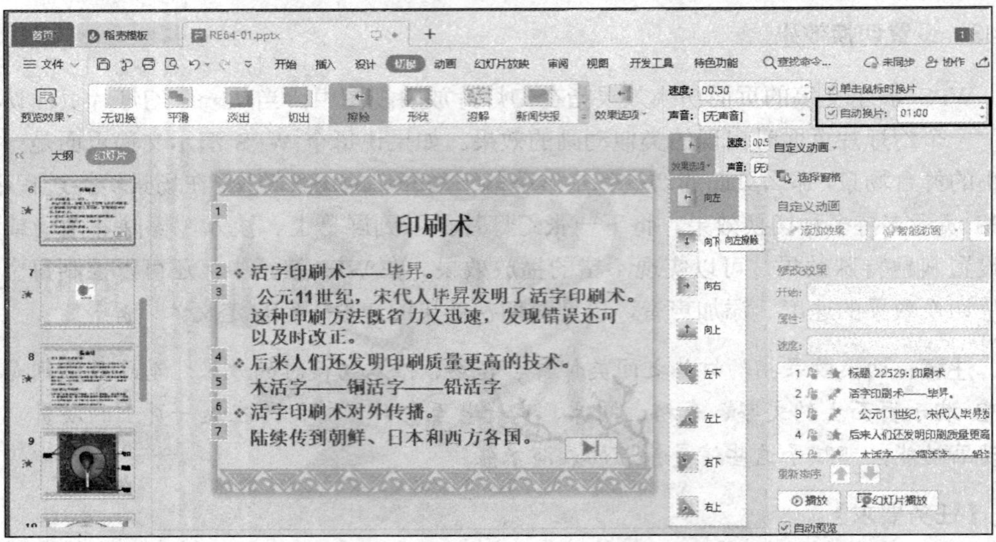


图 5-42　设置效果选项

4）单击“保存”按钮保存文件→单击“关闭”按钮退出 WPS 演示。

**注意**：幻灯片切换效果的当前设置，默认应用于当前幻灯片。若希望每张幻灯片切换效果不同，须逐张进行设置。

### 5.4.4 项目训练

【训练目标】

1. 打开“D:\PPT\项目训练\LX64-01.pptx”演示文稿，完成如下操作。

1）设置第2张幻灯片标题的动画效果为“进入—擦除”，开始时间为上一动画“之后”，方向为“自左侧”，速度为“慢速”，延迟为“2秒”。

2）设置第3张幻灯片的文本动画效果为单击鼠标时以“百叶窗”方式进入，方向为“水平”、速度为“快速”、播放时的声音为“风铃”、动画文本为“整批发送”。

3）为第4张幻灯片的图片添加动作路径，单击时图片“螺旋向右”移动，持续时间为3秒。

4）设置所有幻灯片的切换效果为“横向”“棋盘”，自动换片时间为2秒。

5）利用幻灯片母版，在幻灯片右下角插入一个横排文本框，内容为“退出”，并为其建立超链接，当单击“退出”文本框时，将结束放映幻灯片。

6）退出幻灯片母版，保存文档。

2. 打开“D:\PPT\项目训练\LX64-02.pptx”演示文稿，完成如下操作。

1）在最后一张幻灯片右下角插入“第一张”动作按钮，超链接到第一张幻灯片。

2）设置第8张幻灯片中图片的动画效果为“进入—轮子”，效果选项为“4轮辐图案（4）”、持续1秒、单击时开始；设置文本内容的动画效果为“进入—切入”，在上一动画结束之后开始。

3）将演示文稿所有幻灯片的切换方式设置为“溶解”。

4）设置幻灯片放映换片方式为手动换片，完成设置后保存文档。

# 第 6 章　网络安全和计算机网络应用

【技能目标】

1）理解网络安全的基本概念和原理。

2）掌握常见的网络攻击类型和防御策略。

3）学习如何保护数据和系统免受未授权访问和破坏。

4）理解计算机网络的基本原理和架构，掌握网络协议。

【思政育人目标】

1）增强国家安全意识：强调网络安全对国家安全的重要性，培养学生的国家安全意识。

2）弘扬法治精神：教育学生遵守网络安全法律法规，树立法治观念。

3）强化爱国主义教育：结合网络安全的国际形势，教育学生认识到维护国家网络安全的重要性，激发学生的爱国热情。

当今数字化时代，计算机网络已经成为人们生活中不可或缺的一部分，无论是在家庭、学校，还是在公共场所，人们都能感受到网络的巨大影响。人们享受到了前所未有的便利，可以与世界各地的人们交流互动、获取信息、分享经验，甚至开展全球性的合作与交流，但随之而来的网络安全也成了一个巨大的问题。通过本章的学习，学生能更深入地认识计算机网络，重视网络安全防范。

通过本章的介绍，当代大学生应对网络安全有更深入的认识，网络安全问题不容小觑，一旦网络信息安全出现漏洞，就会面临隐私被曝光、著作权乃至财产被侵犯的威胁。随着网络信息技术的发展，科技、文化和社会生活领域也发生了深刻变化。网络的开放性、传播的交互性和技术的渗透性影响着人们生活、工作、学习的各个方面。

## 6.1　网 络 安 全

网络安全是一门涉及计算机科学、网络技术、通信技术、密码技术、数学、信息论等多种学科的综合性学科。在最初的几十年，计算机网络主要被大学的研究人员简单地用于发送电子邮件，以及被公司的员工共享打印机，在这种环境下，网络安全问题没有得到足够的关注。但现在，随着计算机网络的迅速发展，成百上千的人都在利用计算机网络处理事务、交流互动，网络安全问题变得尤为重要。

### 6.1.1　网络安全案例

《中华人民共和国网络安全法》于 2017 年 6 月 1 日正式实施，这是我国首部网络空间管辖基本法，对建设国家网络安全体系、维护网络空间主权、发展网络强国战略、贯彻依法治国基本方针具有重大意义。

**案例一　“熊猫烧香”主犯获刑四年**

2006 年底，我国互联网上大规模暴发了“熊猫烧香”病毒及其变种，一个月内病毒变种数量就高达 90 多个，被病毒破坏、中毒的计算机达到了百万台以上，数百万用户深受其害。“熊猫烧香”病毒会删除扩展名为.gho 的文件，使用户无法使用 ghost 软件恢复操作系统。“熊猫烧香”病毒会感染系统的 EXE、COM、HTML、ASP 文件，并添加病毒网址，用户一旦打开这些文件，IE 浏览器就会自动链接到指定的病毒网址下载病毒，在硬盘各个分区下生成 autorun.inf 文件和 setup.exe 文件。除此之外，它还可以通过 U 盘和移动硬盘等方式进行传播，并且利用 Windows 操作系统的自动播放功能来运行，搜索硬盘中的 EXE 可执行文件并进行感染，感染后的文件图标变为“熊猫烧香”图案。“熊猫烧香”病毒还可以在感染它的所有网页文件尾部添加病毒代码，一旦网站编辑人员的计算机被感染，上传网页到网站后，就会导致用户浏览这些网站时也被病毒感染。该病毒传播速度极快，危害范围广，引起社会各界高度关注。

该病毒程序本身并不复杂，却造成严重的大面积感染，采用的传播方式包括漏洞攻击、感染文件、移动存储介质、局域网传播、网页浏览等。

2007 年 2 月，湖北省公安厅宣布，李某及其同伙共 8 人落网，并推出杀毒软件。2007 年 9 月，湖北省仙桃市法院以破坏计算机系统罪判处李某有期徒刑四年。

**案例二　泸州“2 · 25 侵犯公民个人信息案”**

2021 年 2 月 25 日，泸州合江县网络安全保卫大队接到受害人郑某报警，在某招聘网站投递简历后，接到多个骚扰电话，疑似个人信息已被泄露。警方经调查后发现一个专门从事倒卖某招聘网站简历的犯罪团伙，朱某明、刘某伟、刘某、王某显等人有重大嫌疑。通过警方的进一步调查发现该团伙非法获取、贩卖简历等数据的方式主要有两种：一是嫌疑人朱某明、刘某、刘某伟等人注册某文化传播有限公司，以人力资源招聘为由，在某招聘网站大量发布招聘信息，获取应聘者求职简历信息后以每条 3.5 ~ 5 元的价格出售给数据贩卖中介或者电信诈骗团伙，共非法获取并贩卖公民个人信息 150 余万条，获利 400 余万元；二是某招聘网站郑州分站兼职人员刘某星将内部员工账号以 4 万元的价格非法贩卖给嫌疑人王某显，王某显等人根据买家要求进入后台精准筛选求职者简历进行下载后，以每条信息 1 ~ 1.5 元的价格非法出售给数据贩卖中介或电信诈骗团伙，非法获取并贩卖公民个人信息 50 余万条，获利 70 余万元。

2021 年 3 月 16 日，警方在四川、河南等地进行集中收网，抓获某招聘网站郑州分站兼职人员刘某星，数据贩卖中介王某显、朱某明、刘某伟、刘某等犯罪嫌疑人 27 人，扣押计算机32台、手机45部、银行卡15张，查获某招聘网站简历数据200余万条，冻结资金200余万元。

目前，相关犯罪嫌疑人已被采取刑事强制措施。

**案例三　某犯罪团伙破坏计算机信息系统非法篡改打车数据被处罚**

2022年5月，广州警方在工作中发现，有人使用代理服务器代叫“网约车”。经深入侦查发现，犯罪嫌疑人通过非法破坏计算机信息系统篡改网络数据包，修改打车目的地坐标和订单号，通过下游中介进行“代打车”，修改打车金额为起步价，绕开打车平台因距离远、价钱高需提前支付预付款的限制，进而实施“代叫车”，打车结束后，以正常打车价的三折至五折向乘客收取费用，并弃用打车账号（即逃单），以此非法获利。

广州警方开展统一收网行动，成功抓获该涉案团伙，抓获犯罪嫌疑人共20人，扣押服务器、计算机、手机、银行卡、POS机、微信账号、服务端和手机客户端程序等涉案物品一批。经查，该团伙非法获利达28万余元。

这些网络安全案例为人们提供了多方面的启示，不仅包括个人层面的数据保护和安全意识提升，还包括社会和国家层面的法律法规完善、执法力度加大等。这些启示对于构建一个安全、健康的网络环境具有重要意义。

### 6.1.2　网络安全定义

在计算机网络产生之前，网络安全（network security）主要指通信安全，重点关注的是数据信息加密。计算机网络产生后，网络安全主要指计算机网络的安全，即保证一个网络不受任何威胁和侵害，保障计算机系统能够连续、可靠、正常地运行，保障网络服务不中断、能正常地实现资源共享功能。

想要使网络能正常实现资源共享功能，首先要保证网络的软硬件能够正常运行，保证数据信息交换的安全。网络安全在现代社会中扮演着非常重要的角色，保护网络系统、用户和数据免受未授权访问、破坏和窃取。无论个人、企业还是国家都需要加强网络安全意识，个人需要加强保护账号和密码的意识，不轻易泄露个人信息。企业需要建立完善的网络安全体系，包括安装安全防火墙、入侵检测系统，定期扫描安全漏洞并及时进行修复。国家需要加强相关法律法规的制定和执行，严抓网络犯罪活动。

### 6.1.3　信创背景下的网络安全

信创国产化指国内企业通过自主创新和研发，为国内市场提供符合中国特色和需求的科技产品和服务。这一概念的提出，是为了推动中国科技产业的发展，提高科技创新水平。在这一背景下，提高网络安全防护能力，加强网络安全意识的教育和普及，有利于加强网络安全监管和执法。

1）采用国产 CPU 处理器：选择海光、龙芯、飞腾等具有硬件级安全机制的国产CPU处理器。这些处理器依托先进的安全技术，能够实现底层构架的本质安全。

2）使用国产操作系统：采用麒麟等高安全等级的国产操作系统作为系统平台。结合自主 CPU 硬件、国产数据库、中间件和应用软件，构建安全可靠的系统环境。

3）实现软硬件全国产化：采用百分之百国产化设计，确保控制系统核心上下（即 CPU 芯片、操作系统、中间件和控制应用的软硬件）均为国产，从而解决核心控制系统的技术依赖问题。

4）强化系统安全性：利用灵活的网络架构、强大的远程维护能力和极高的环境适应性，进一步提高系统的整体安全性。

5）加强安全研究与创新：围绕国产 CPU 的安全模块，实现固件、操作系统、浏览器等各层面的安全加固，从整体上提高安全水平。

### 6.1.4　网络安全类型

网络安全由于不同的环境和应用而产生了不同的类型，主要有以下几种。

1）系统安全：运行系统安全，即保证信息处理和传输过程中系统的安全。其主要保证系统正常运行，避免由于系统的崩溃和损坏而造成对信息存储、传输和处理的破坏。

2）网络安全：网络上系统信息的安全。包括用户口令鉴别，用户存取权限控制，数据存取权限、方式控制，安全审计。

3）信息传播安全：网络上信息传播安全，即信息传播后果的安全，包括信息过滤等。它侧重于防止和控制由非法、有害的信息进行传播所产生的后果，避免公用网络上自由传播的信息失控。

4）信息内容安全：网络上信息内容的安全，主要侧重于信息的保密性、真实性和完整性。避免攻击者利用系统的安全漏洞进行窃听、冒充、诈骗等有损于合法用户的行为。本质是保护用户的利益和隐私。

### 6.1.5　项目训练

**【训练目标】**

1）提高网络安全意识。

2）保护计算机免受未授权访问。

**【训练要求】**

1）设置 PC 锁屏密码，保护个人隐私。

2）如何防范个人信息泄露。

**【操作步骤】**

1）打开“开始”菜单→单击“设置”图标→进入“设置”界面，如图 6-1 所示。

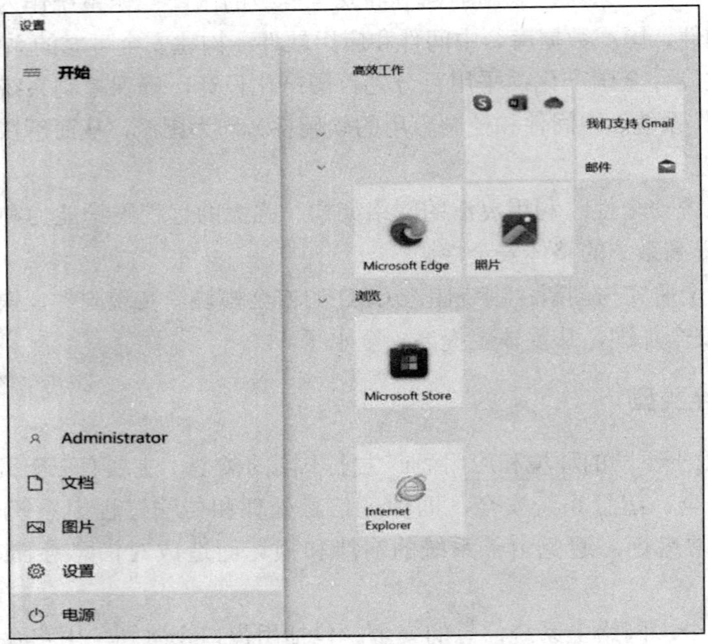


图 6-1 “设置”界面

2）在“设置”界面单击“帐户”超链接，进入账户设计界面，如图 6-2 所示。

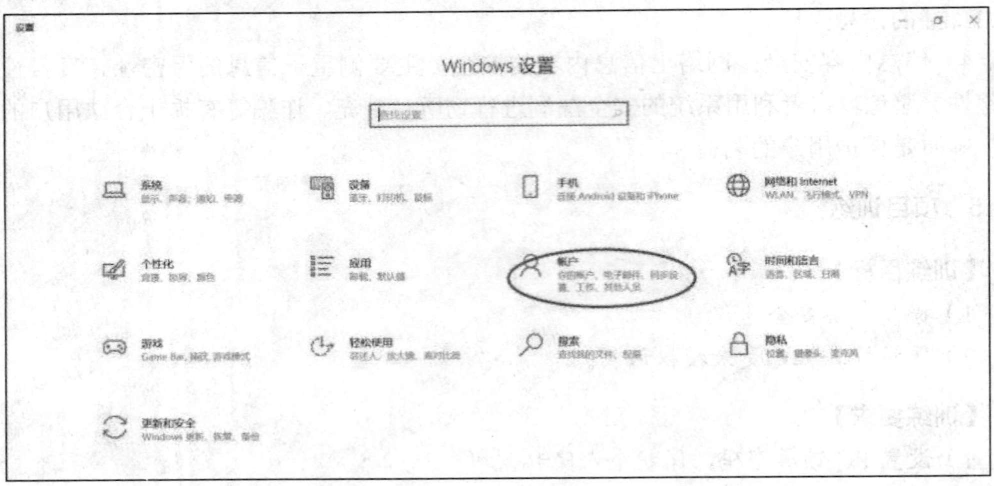


图 6-2 “帐户”超链接

3）单击“登录选项”按钮，创建或更改密码，如图 6-3 所示。

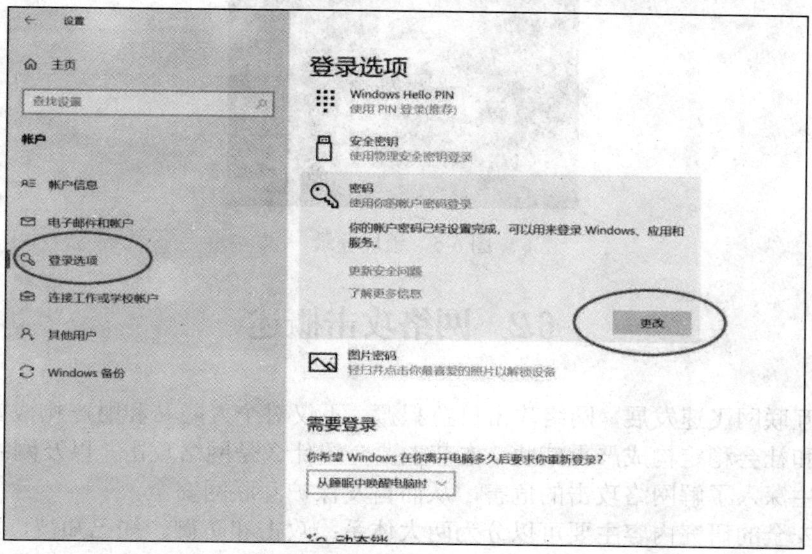

图 6-3　“登录选项”设置

4）在打开的“创建密码”对话框中输入新密码、确认密码、密码提示，单击“下一页”按钮，如图 6-4 所示。

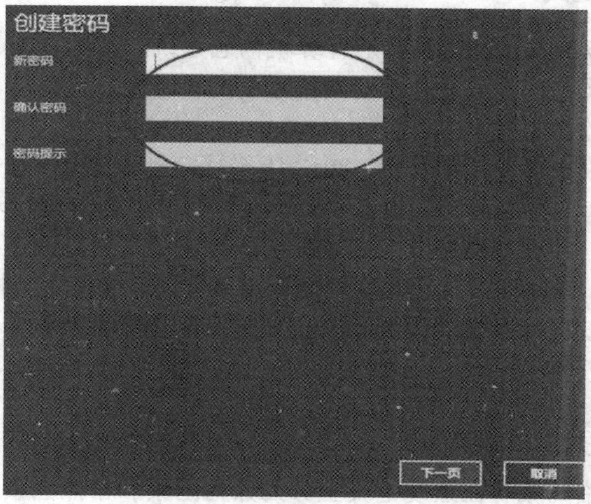

图 6-4　创建密码

5）创建密码后，单击“完成”按钮。按 Win+L 组合键锁屏验证是否创建成功，完成密码设置，如图 6-5 所示。

图 6-5 锁屏登录

# 6.2 网络攻击概述

随着互联网飞速发展，网络攻击日益猖獗，不仅对个人隐私和财产构成威胁，还对国家安全和社会稳定构成严重威胁。本节主要介绍什么是网络攻击，以及网络攻击的类型，使学生深入了解网络攻击的危害，从而自发保护互联网安全。

网络安全的研究内容主要可以分为两大体系：攻击和防御。知己知彼，百战百胜，要想掌握网络安全防御技术，首先要掌握各种攻击技术，了解其原理后对症下药，才能有效保障网络安全。目前主要的网络攻击技术包括隐藏 IP、网络扫描、木马攻击、网络隐身及计算机病毒攻击等。

## 6.2.1 网络攻击的定义

网络攻击（network attack）指针对计算机信息系统、基础设施、计算机网络或个人计算机设备的任何类型的进攻动作。对网络系统的机密性、完整性、可用性等产生危害的行为都属于网络攻击。

近年来，网络攻击事件频频发生。2017 年 5 月，全球范围内爆发了“永恒之蓝”勒索病毒的攻击事件，该病毒是一段通过 Windows 网络共享协议进行攻击并具有传播和勒索功能的恶意代码。经权威网络安全专家证实，攻击者是通过改造 NSA 网络攻击武器库中泄露的 Eternal Blue 程序发起此次网络攻击事件的。实际上，网络攻击就是黑客利用被攻击方网络系统自身存在的漏洞和安全缺陷，通过网络命令或专用软件侵入其网络系统实施的攻击。

## 6.2.2 网络攻击分类

计算机网络面临的威胁在宏观定义上分为人为因素和自然因素，自然因素是无目的的，一般因恶劣环境、网络设备老化引起，但依然会对网络通信系统造成损害，危及通信安全。人为因素是有意识的，在没有得到授权的情况下窃取或访问他人计算机的数据信息，通过寻找被攻击方的弱点、漏洞破坏计算机网络。X.800 和 RFC 2828（安全服务）对网络攻击进行了分类，将其分为主动攻击和被动攻击。

### 1. 主动攻击

主动攻击指恶意篡改数据流和伪造虚假数据流的行为，这类攻击一般又分为数据篡改、伪装攻击、重放攻击、拒绝服务 4 种类型。

1）数据篡改。数据篡改指攻击者对非法获取的合法数据中的某部分进行修改、删除、延迟传输，最终产生非授权的结果。

2）伪装攻击。伪装攻击指某个实体假扮成其他实体，以欺骗方式获取其他实体所拥有的特权。例如，攻击者捕获身份鉴别的序列，并在身份鉴别时做出有效回答，这样攻击者就有可能获取其他实体所拥有的访问权限。

3）重放攻击。重放攻击指非法捕获消息后，为了达到某种目的，将获取的信息再次发送，在非授权的情况下进行传输，最终产生非授权的结果。

4）拒绝服务。拒绝服务指阻止或者禁止人们正常使用网络服务或管理通信设备，一般是利用合理的服务请求占用大量服务资源，从而使合法的用户得不到服务响应，严重时还会导致网络瘫痪。

2. 被动攻击

被动攻击通过截取、窃听、监测，在未经用户授权认可的情况下，获取线路上所传输的信息，包括窃听攻击和流量分析等。

1）窃听攻击。窃听是比较常用的手段，攻击者通过窃听来捕获传输过程中的信息，这些数据可能包含一些敏感或秘密信息。如果没有采取相应的加密措施，通过协议分析，可以完全掌握通信的全部内容。

2）流量分析。流量分析指攻击者通过观察数据传输的频率和长度，确定双方的身份和所处的位置，从而获取敏感信息。虽然人们已经采取了某种加密措施来隐藏传输的信息，使攻击者即使捕获了消息也无法从中发现有价值的信息，但攻击者仍然可以通过流量分析来获取有用的信息。

被动攻击与主动攻击的主要区别在于，被动攻击不会对捕获的信息进行修改、删除，留下的痕迹较少，难以检测。虽然难以检测，但采取某些安全防护措施仍然可以有效阻止这种攻击。主动攻击虽易于检测，但难以阻止，因此应对主动攻击的重点工作是如何采取相应的应急响应措施，使系统恢复正常。

### 6.2.3　网络攻击技术

1. 网络扫描

网络扫描是一种重要的网络安全技术，利用程序去扫描目标计算机开放的端口等，目的是发现漏洞，为入侵该计算机做好准备。

网络扫描步骤大概分为 3 个阶段。

第一阶段：发现目标主机或网络。

第二阶段：发现目标后进一步搜集目标信息，包括操作系统类型、运行的服务及服务软件的版本等。如果目标是一个网络，还可以进一步发现该网络的拓扑结构、路由设备及各主机的信息。

第三阶段：根据收集的信息判断或者进一步测试系统是否存在安全漏洞。

常见的扫描技术主要包括主机扫描、端口扫描、操作系统与网络服务辨识、漏洞扫描等。这些技术常用于网络安全评估，用以发现网络中潜在的安全风险和漏洞，及时采取相应的安全措施。

2. 木马攻击

木马攻击是黑客常用的攻击手段。计算机木马病毒指隐藏在正常程序中的一段具有特殊功能的恶意代码。木马病毒具有强大的控制力和极强的破坏能力，一旦计算机被植入木马，攻击者就可以像操作自己的计算机一样控制这台计算机，远程监控这台计算机上的所有操作。常见的木马主要分为以下 8 类。

1）破坏型木马。破坏型木马功能简单，目的是删除目标计算机上的 DLL、EXE 文件。

2）密码发送型木马。密码发送型木马主要盗取被感染计算机上的密码，如果用户习惯将密码以文件的形式记录在计算机中，它就会找到隐藏密码，然后在被攻击者不知情的情况下发送到指定的邮箱。

3）远程访问型木马。远程访问型木马是目前最常见的木马，只要有人运行了服务器端，客户端通过扫描手段就可以确定服务器端 IP 地址，实现远程控制。

4）键盘记录木马。键盘记录木马记录受害者的键盘敲击情况，并在 LOG 文件里查找密码，经过分析很容易就可以得到一些有用的信息。

5）DOS 攻击木马。当攻击者入侵一台机器，并植入 DOS 攻击木马后，那么这台计算机就成为攻击者的“得力助手”。这类木马造成的危害不是单一地体现在这台被感染的计算机上，而是通过这台计算机造成一台又一台的计算机被感染，这会给网络带来严重的破坏。

6）FTP 木马。FTP 木马的原理是打开 21 号端口，等待用户连接。

7）代理木马。攻击者可以通过代理木马在入侵的同时掩盖自己的踪迹，从而达到对计算机进行破坏的目的。

8）程序杀手木马。程序杀手木马会关闭对方计算机上运行的防木马软件，让其他木马更容易入侵计算机。

### 6.2.4 项目训练

**【训练目标】**

1）做好个人信息安全防护。

2）了解网络攻击的危害。

**【训练要求】**

1）开启自动安装更新设置。

2）安装使用杀毒软件。

3）使用第三方软件的漏洞修复功能。

**【操作步骤】**

1）以 Windows 10 操作系统为例，打开“Windows 设置”窗口→选择“更新和安全”选项，检查更新，如图 6-6 和图 6-7 所示。

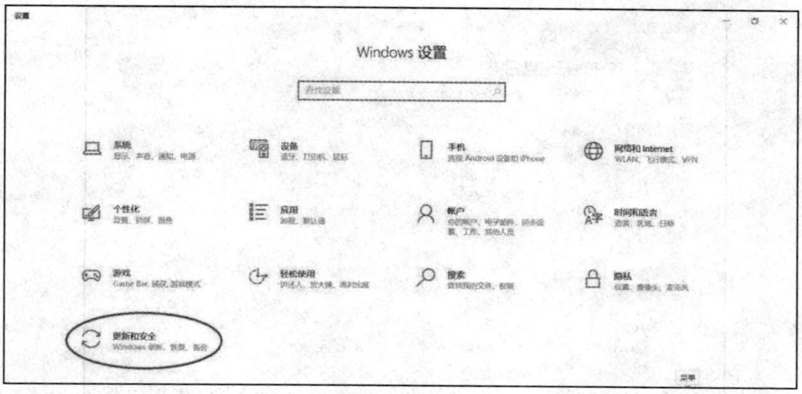


图 6-6 “更新和安全”选项

图 6-7 检查更新

2）安装杀毒软件，以“火绒安全”杀毒软件为例，查杀病毒、修复漏洞，如图 6-8 和图 6-9 所示。

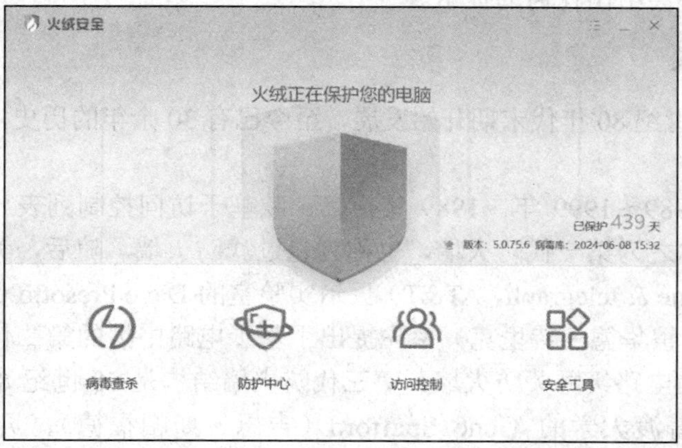


图 6-8 “火绒安全”杀毒软件

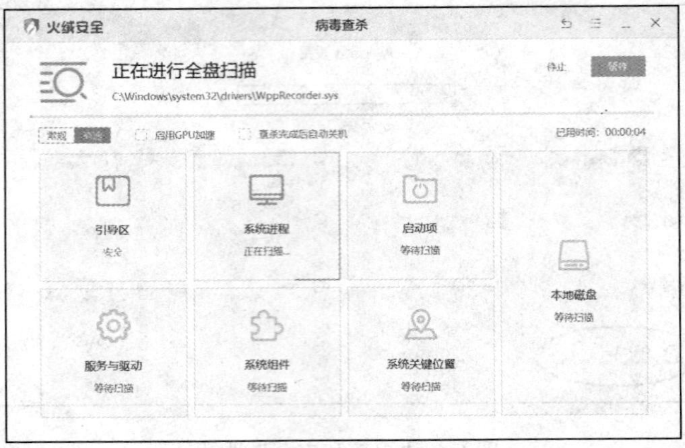


图 6-9 病毒查杀

## 6.3 网络安全防御技术

身份认证是网络安全中的第一道防线，是其他安全机制的基础。用户在访问系统前，先要经过身份认证系统进行身份识别，根据用户的身份和授权数据库，确定所访问系统资源的权限。本节将介绍几种身份认证技术。

### 6.3.1 防火墙技术

1. 防火墙概述

防火墙处在内部网络和外部网络之间，借助硬件和软件，作用于内外网间产生一种保护的屏障，从而实现对计算机不安全网络因素的阻断。防火墙会根据设置的访问控制规则，对数据流进行过滤。防火墙在处理数据流时分 3 种情况：允许，数据流可以顺利通过；拒绝，此时防火墙会给发送者发送数据流被拒绝的消息；丢弃，此时防火墙不会做任何处理，也不会给出任何的提示。

2. 防火墙发展

防火墙自 20 世纪 80 年代末期开始发展，至今已有 30 余年的历史，大致分为 3 个重要的阶段。

第一阶段：1989～1999 年。1989 年，第一款基于访问控制列表（包过滤）的防火墙被推出，业界称之为第一代防火墙，也称为包过滤防火墙。随后，美国电话电报公司（American telephone & telegraph，AT&T）贝尔实验室的 Dave Presotto（戴夫·普雷索托）和 Howard Trick（霍华德·特里克）率先提出了基于电路中继的第二代防火墙结构，此类防火墙也被称为电路级网关防火墙。第三代防火墙结构是 20 世纪 80 年代末和 20 世纪 90 年代初由普渡大学的 Gene Spafford（吉恩·斯帕福德）、贝尔实验室的 Bill Cheswick（比尔·切斯维克）和 Marcus Ranum（马库斯·拉努姆）分别研究和开发的。

这一代防火墙也被称为应用级网关防火墙。

第二阶段：2000～2004 年。在这一时期，人们针对状态化检测防火墙增加了许多增值性功能，如虚拟专用网络（virtual private network，VPN）、网络地址转换（network address translation，NAT）等。

第三阶段：2005 年至今。业界提出了统一威胁管理（unified threat management，UTM）的概念，将传统防火墙、入侵检测、防病毒、URL 过滤等功能融合到一台防火墙上，实现了全面防护。

3. 防火墙功能

防火墙就像一个过滤器，负责检查进出的每个数据包，通常只有符合网络管理员所定规则和条件的数据包才被允许通过，而那些不符合条件的数据包则被丢弃。

1）网络安全屏障。防火墙处于两个或两个以上网络之间，对经过它的数据包进行检查和过滤，只有被防火墙允许通过的数据包才可以正常传输，所以网络环境变得更加安全。

2）监控审计。由于所有访问都必须经过防火墙的过滤，防火墙能够记录这些访问并做出日志记录，当发生可疑事件时，防火墙能及时报警。

3）强化网络安全策略。采用以防火墙为中心的安全方案，能将所有安全软件（如口令、加密、身份认证、审计等）配置在防火墙上。与将网络安全问题分散到各个主机上相比，防火墙的集中安全管理更经济。

由于网络中存在大量的安全问题，防火墙即使配置再严格，也会有明显的局限性。例如，一个防火墙被配置为只允许接收某种特定网络的数据包，但攻击者可以在数据包上填上假的源地址，从而绕开防火墙的过滤机制，此时，防火墙无法提供保护。除此之外，80%的攻击事件来自防火墙外部，但是来自防火墙内部的攻击往往损害程度是最大的。对于已经被病毒感染的程序和文件的传输，防火墙无法再提供保护。

4. 防火墙技术分类

目前，在各种网络环境中应用的防火墙大多采用了两种基本技术：包过滤技术和代理服务器技术。

1）包过滤技术。防火墙的包过滤技术一般只应用于 OSI 七层模型中网络层的数据中，其能够完成对防火墙的状态检测，从而可以预先确定逻辑策略。它会根据过滤规则对数据包进行过滤，只允许满足过滤规则的数据包通过，不满足规则的数据包则被丢弃。

2）代理服务器技术。代理服务器位于内部网络和外部网络之间，处理其间的通信以替代相互直接的通信。例如，数据从内网向外网发送时，数据会携带正确的 IP，攻击者能够根据 IP 追踪将病毒植入内网，如果使用代理服务器，就能够实现数据 IP 的虚拟化，攻击者进行追踪时无法获取正确信息，实现了对计算机网络安全的保护。

### 6.3.2 入侵检测技术

1. 入侵检测系统概述

入侵检测系统（intrusion detection system，IDS）是一种自动监测信息系统内外入侵事件的安全设备，在发现可疑传输时发出警报或者采取主动反应措施。它与其他网络安全设备的不同之处在于，IDS 是一种积极主动的安全防护技术。

2. 入侵检测系统的发展

1970 年，入侵检测系统刚刚被发明时被用于检测和报告网络入侵事件，当时的技术有一定的局限，不能监测网络内部的入侵，也无法监测越权行为等。1980 年 4 月，入侵检测系统飞速发展，James P.Anderson 向美国空军提交了一份题为《计算机安全威胁监控与监视》（Computer Sercurity Threat Monitoring and Surveillance）的技术报告，第一次详细阐述了入侵检测的概念。1990 年是入侵检测系统发展的一个分水岭，随着恶意软件和网络攻击技术的不断发展，IDS 必须以更高效的方式监测更多类型的入侵行为，这一年，第二代入侵检测系统替代了第一代系统。

3. 入侵检测技术的分类

入侵检测系统按照技术可以分为两大类：异常检测技术和误用检测技术。

1）异常检测技术。异常检测技术是基于行为的入侵检测技术，主要识别主机和网络的异常行为。异常检测技术的原理是收集、分析过去积累的正常行为，建立正常行为模型，提取当前行为特征与正常行为模型进行匹配，匹配成功则认为是合法行为，否则即被判定为入侵行为。异常检测技术主要包括基于神经网络的检测、基于免疫的检测和基于概率统计的检测。

2）误用检测技术。误用检测技术是基于知识的检测技术，对过去各种已知入侵方法和系统缺陷知识进行积累、分析，然后建立异常行为特征库。它提取当前行为特征与异常行为特征进行匹配，匹配成功即判定为入侵行为。误用检测技术主要有基于专家系统的检测和基于模型推理的检测。

### 6.3.3 身份验证技术

1. 身份验证概述

身份证明是一个或一组证明自己身份的有效证件，包括居民的、政企的、各机构的等能够证明自己身份、权限的有效证件。在当前开放式的网络环境中，任何在网络上的通信都有可能遭受到不法分子的攻击。因此，在用户登录网络时保证其使用和交易“门户”的安全就需要身份验证。身份验证技术是为了在计算机网络中确认操作者身份而产生的有效解决方法。

2. 身份验证方式

在网络系统中，各用户以数字认证方式确定身份。目前，网络中常用的验证方法主要有静态密码、动态口令和短信邮件认证。

1）静态密码。静态密码验证是网络中最常用的认证系统，是一种以确定用户身份设定的固定字符串来进行认证的。当用户需要访问网络资源时，系统会要求用户输入账户名和密码，只有通过验证后，用户才可以访问所需要的资源。

用户在创建密码时，应考虑以下因素以提高安全性。

① 设置安全密码至少由大写字母、小写字母、数字、非字母数字的字符（如标点符号）中的三种组合而成。

② 密码长度应该达到 8 位及 8 位以上，密码长度越长安全性越高。

③ 尽量不使用普通的名字、昵称、个人信息（如生日信息、身份证号、手机号等）。

④ 密码中尽量不包含重复的数字或字母。

⑤ 对每个重要账户分别使用不同的密码。

⑥ 确保备份密码选项是最新的，并且安全（创建回答安全问题的选项，以便在忘记密码时使用）。

⑦ 不长期使用同一个密码，定期更换。

2）动态口令。为了提高安全性，出现了动态口令，即在登录的过程中加入不确定因素，使每次登录过程中传送的信息都不相同。作为最安全的身份认证技术之一，动态口令已经被越来越多的行业所使用。由于使用便捷且与平台无关，随着移动互联网的发展，动态口令技术已成为身份认证技术的主流，被广泛应用于网游、金融等领域。

3）短信邮件验证。短信邮件认证是以手机短信形式或者发送邮件的形式请求包含 6 位随机数的动态密码，身份验证系统以短信形式或邮件形式发送随机的 6 位密码到用户的手机或邮箱。用户在登录或者交易认证时输入此动态密码，从而确保系统身份验证的安全性。短信邮件认证也是目前比较常用的一种方法，由于手机与用户绑定比较紧密，短信密码的生成与使用场景是物理隔绝的，因此短信在通路上被截取的概率非常低，大大提高了安全性。短信邮件认证只要会接收短信即可使用，大大降低了短信密码技术的使用门槛，学习难度几乎为零，所以在市场接受度上不存在阻力。

### 6.3.4　项目训练

**【训练目标】**

1）了解防火墙的重要性。

2）会设置防火墙。

3）了解网络安全防御技术。

**【训练要求】**

根据需要设置 PC 防火墙。

**【操作步骤】**

1）打开“开始”菜单→单击“控制面板”图标→进入控制面板主页→在控制面板功能列表中，选择“Windows Defender 防火墙”选项，如图 6-10 所示。

2）为了进一步通过防火墙保护计算机，在控制面板主页下方，选择“允许应用或功能通过 Windows Defender 防火墙”选项，如图 6-11 所示。

图 6-10 “Windows Defender 防火墙”选项

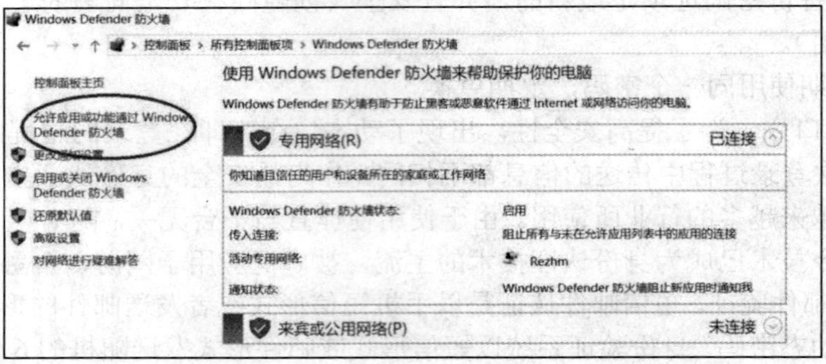


图 6-11 选择“允许应用或功能通过 Windows Defender 防火墙”选项

3）为了阻止可疑程序与计算机进行通信，可以取消选中应用程序前面的复选框→单击“确定”按钮，如图 6-12 所示。这样设置可以进一步避免计算机病毒利用计算机的高危漏洞来攻击计算机。

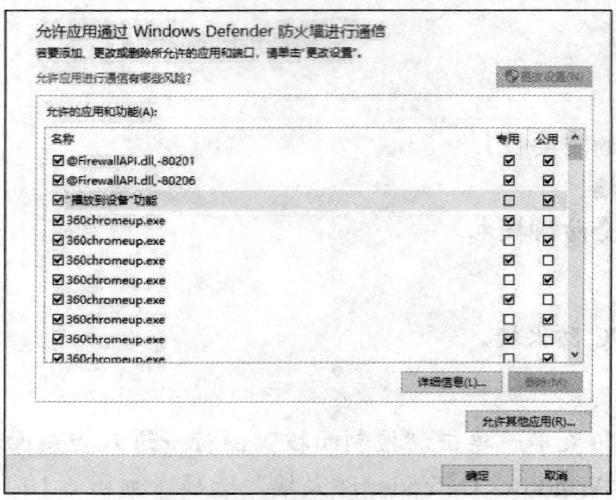


图 6-12 设置防火墙

4）在使用防火墙的过程中，可以根据自己的实际情况，在不影响个人正常使用计算机的情况下启用防火墙，如图 6-13 和图 6-14 所示。

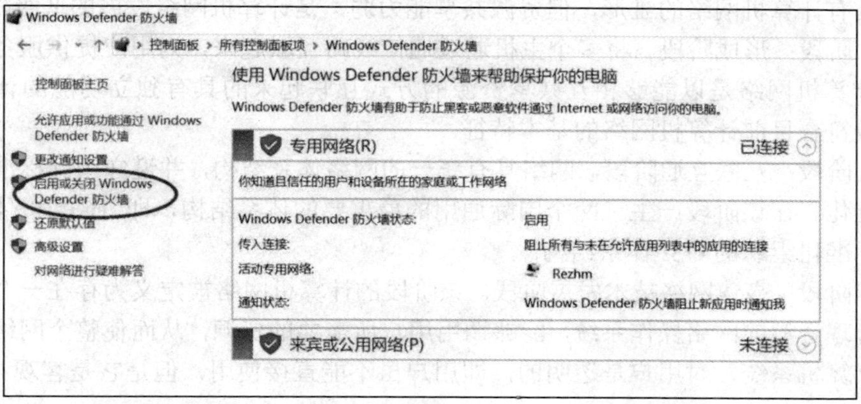


图 6-13　根据个人实际情况启用或关闭 Windows Defender 防火墙

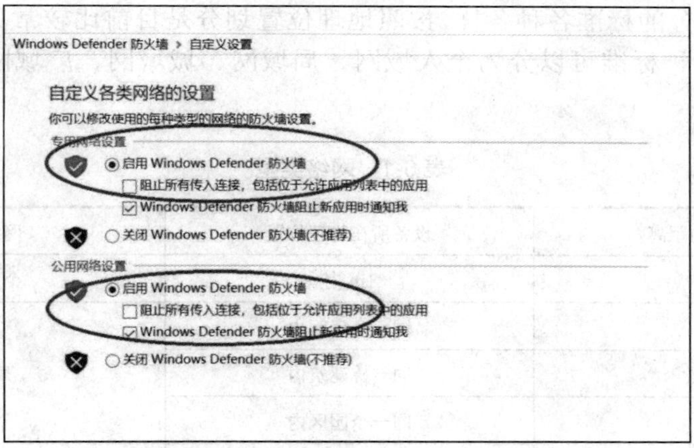


图 6-14　启用 Windows Defender 防火墙

## 6.4　计算机网络基础

计算机网络的用途非常广，既可以针对公司也可以针对个人。对于个人而言，最常见的就是网络提供了访问各种信息及娱乐资源的途径，同时通过网络还可以购买或者销售产品和服务。现在无线移动网络正在变得越来越受欢迎。

### 6.4.1　计算机网络概念

计算机网络是一个将分散的具有独立功能的计算机系统通过通信设备与线路连接起来，由功能完善的软件实现资源共享的系统。计算机网络自从出现后，发展速度十分惊人，大致分为如下 4 个阶段。

第一阶段：诞生阶段。主要是以单个计算机为中心的远程联机系统，当时认为只要能实现远程信息处理的系统或能进一步达到资源共享的系统，都是计算机网络，在物理结构上具有计算机网络的雏形，但资源共享能力弱，是计算机网络发展的低级阶段。

第二阶段：形成阶段。将多个主机通过通信线路互联起来，为用户提供服务。该阶段认为计算机网络是以能够相互共享资源的方式互联起来的具有独立功能的计算机集合，比较符合目前计算机网络的基本特征。

第三阶段：互联互通阶段。网络具有统一的网络体系结构，并遵守国际标准的开放式和标准化。在该阶段产生了两个国际通用的最重要的体系结构，即 TCP/IP 体系结构和国际标准化组织的 OSI 体系结构。

第四阶段：高速网络技术发展阶段。该阶段的计算机网络被定义为存在一个能为用户自动管理资源的网络操作系统，能够调用用户所需要的资源，从而使整个网络就像一个大的计算机系统，对用户是透明的，即用户虽不能直接使用，但是它是客观存在的。

### 6.4.2 网络作用范围

网络类型划分的标准各种各样，按照地理位置划分是目前比较常见的通用网络划分标准。按照这种标准可以分为个人域网、局域网、城域网、广域网和互联网，如表 6-1 所示。

表 6-1 网络类型

| 设备之间的距离 | 设备所在物理位置 | 网络类型 |
|---|---|---|
| 1m | 1m 内 | 个人域网 |
| 10m | 同一个房间内 | 局域网 |
| 100m | 同一栋建筑内 | |
| 1km | 同一个园区内 | |
| 10km | 同一座城市内 | 城域网 |
| 100km | 同一个国家内 | 广域网 |
| 1000km | 同一个大陆内 | |
| 10000km | 同一个行星内 | 互联网 |

1. 个人域网

个人域网（personal area network，PAN）指能在便携式消费电器与通信设备之间进行短距离通信的网络，其覆盖半径一般不超过 10m。允许设备围绕一个人进行通信，常见的是计算机通过无线网络与外部设备进行连接，如果不使用无线传输技术，那么这些外设需要通过电线、电缆等互相连接。PAN 的实现技术有多种，主要有蓝牙、红外数据组织（infrared data association，IrDA）、家庭射频（home radio frequency，HomeRF）及超宽带（ultra-wideband，UWB）无线电。

2. 局域网

局域网（local area network，LAN）一般为一个部门或者一个单位单独所有，建网及维护相对容易，灵活性高，特点是覆盖地理范围相对较小、数据传输速度快、通信延迟短、可靠性较高、支持多种传输介质。如按照传输介质划分，局域网可以分为有线网和无线网。局域网专用性比较强，具有比较稳定的网络拓扑结构，如星形、树形、总线型、环形等。

日常生活中家庭局域网是最常见的，很多设备都具有联网能力，如计算机、娱乐设备、电视、手机、扫地机器人等，这样人们的生活会越来越方便，越来越智能化。

3. 城域网

城域网（metropolitan area network，MAN）可覆盖一个城市，是在一个城市范围内建立起来的计算机网络。例如，许多城市都有的有线电视网，最初只是一个用于转发电视信号的自组织系统，但随着有线电视网络经营商开始参与商业化运作，开始提供双向的 Internet 服务，电视信号和 Internet 流量都先被送到一个集中式线缆前端，然后再被送到用户家中，如图 6-15 所示。

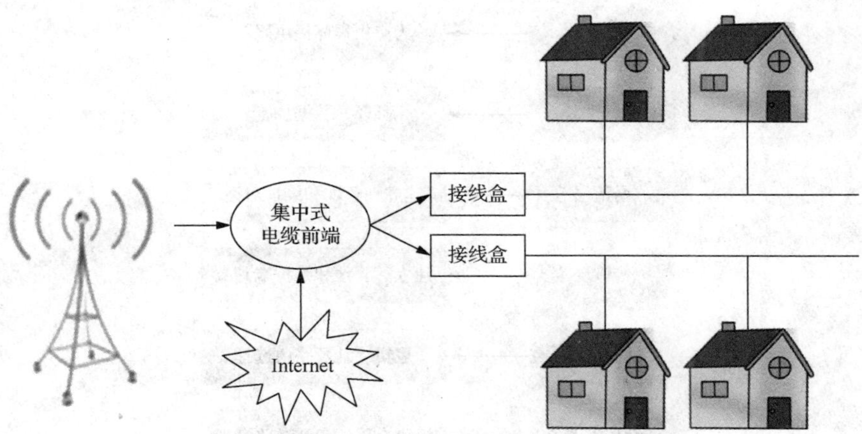


图 6-15　有线电视城域网

4. 广域网

广域网（wide area network，WAN）属于外网，其覆盖范围从几十千米到几千千米，通常覆盖一个国家、地区或者一个大陆。WAN 虽然覆盖范围比较广，可以实现远程传输，但传输速度较慢，成本高。WAN 比较复杂，网络服务商通常采用多重备份和冗余机制，这大大提高了网络的稳定性和可靠性。

5. 互联网

互联网（internet）又称国际网络，是一组以通用协议互相连接的网络。互联网将两台计算机或者两台以上的计算机客户端、服务端通过计算机技术手段互相联系起来，从而使人们可以与远在千里之外的朋友发送邮件、视频通话等。

### 6.4.3 参考模型

1. OSI 模型

网络体系结构（network architecture）是计算机之间相互通信的层次，以及各层中的协议和层次之间接口的集合。OSI 模型基于国际标准化组织（International Standards Organization，ISO）的提案，作为各层协议迈向国际标准化的第一步，于 1995 年修订。这个模型称为 ISO 的开放系统互联（open systems interconnection，OSI）参考模型，简称 OSI 模型。

OSI 模型将计算机网络划分为 7 层，如图 6-16 所示，由下至上依次是物理层、数据链路层、网络层、传输层、会话层、表示层和应用层。数据在 OSI 参考模型中传输的基本过程大致如下：首先以数据应用报的形式从源节点的应用层作为服务数据单元，在协议数据单元的控制下，向表示层传输，并以同样的原理，依次向下传输，分别经历会话层、传输层、网络层、数据链路层、物理层，最终以比特流形式通过传输介质达到目的节点的物理层，然后依次向上传递，完成整个传输过程。

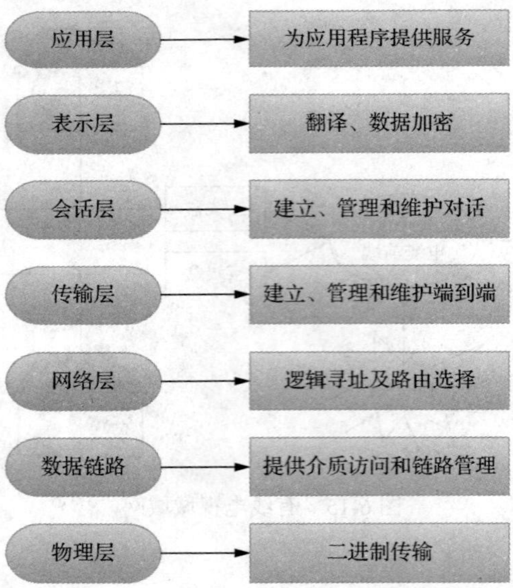


图 6-16 OSI 模型

（1）物理层

物理层（physical layer）是 OSI 模型的最底层，主要负责设备之间的实际物理连接，在一条通信信道上传输原始比特流，负责将比特流从一个节点传输到下一个节点。例如，集中器、中继器、调制解调器等都是物理层设备。

（2）数据链路层

数据链路层（data link layer）主要负责节点到节点的消息传递，将一个原始的传输设备转变为一条没有漏检传输错误的线路。数据链路层的传输数据单元是帧，因此，它提供差错控制机制，检测并重新传输损坏或丢失的帧。

（3）网络层

网络层（network layer）用于不同网络上主机的数据传输，主要功能是将数据包从源端路由到目的端。网络层协议确定了从源端到目的地的路由是合适的，并通过 IP 协议进行数据包的寻址。例如，当一个数据包必须从一个网络传输到另一个网络才能达到它的目的地时，可能会发生目的地网络无法接收大的数据包或者两个网络使用的协议不一致等问题，网络层就负责解决这类问题。

（4）传输层

传输层（transport layer）被称为 OSI 参考模型的核心，其基本功能是接收来自上一层的数据单元，然后将这些数据单元传递给网络层，并确保这些数据单元可靠、顺序、无误地到达，提高网络服务的质量。传输层中的数据单元称为数据段。

（5）会话层

会话层（session layer）允许不同机器上的用户建立会话。会话层通常会提供各种服务，包括对话控制、令牌管理及同步服务。该层负责会话的建立、维护、身份验证，同时保证安全性。

（6）表示层

表示层（presentation layer）也称翻译层，为上层用户提供数据或信息的语法、格式转换，实现对数据的压缩、恢复、加密和解密。

（7）应用层

应用层（application layer）位于 OSI 模型的顶端，是网络操作系统和网络应用程序之间的接口，向应用程序提供服务。该层包含了用户通常需要的各类协议，如浏览器需要一个 Web 页面时，会通过超文本传输协议（hyper text transfer protocol，HTTP）将所需页面的名称发送给服务器，服务器将页面再发回给浏览器。

2. TCP/IP 模型

TCP/IP 需参考模型（TCP/IP reference model）是 ARPANET 和其后继的因特网使用的参考模型。TCP/IP 协议不仅仅指 TCP 和 IP 两个协议，而是指一个由文件传送协议（file transfer protocol，FTP）、简单邮件传送协议（simple mail transfer protocol，SMTP）、TCP、用户数据报协议（user datagram protocol，UDP）、IP 等协议构成的协议族，只是因为在 TCP/IP 协议中 TCP 协议和 IP 协议最具代表性，才被称为 TCP/IP 协议。它是因特网采用的协议标准，也是目前全世界采用最广泛的工业标准。与 OSI 模型理念一样，TCP/IP 模型也采用了层次的概念，从上到下依次是应用层、传输层、互联网层和网络接口层，如表 6-2 所示。

表 6-2　TCP/IP 模型

<table>
<tr><th>OSI 模型</th><th>TCP/IP 模型</th><th>TCP/IP 协议</th></tr>
<tr><td>应用层</td><td rowspan="3">应用层</td><td rowspan="3">FTP、HTTP、SNMP、SMTP、DNS</td></tr>
<tr><td>表示层</td></tr>
<tr><td>会话层</td></tr>
<tr><td>传输层</td><td>传输层</td><td>TCP、UDP</td></tr>
<tr><td>网络层</td><td>互联网层</td><td>IP、ICMP、ARP、RARP</td></tr>
<tr><td>数据链路层</td><td rowspan="2">网络接口层</td><td rowspan="2">FDDI、SLIP、PPP</td></tr>
<tr><td>物理层</td></tr>
</table>

## 6.5　私有云盘的搭建

私有云盘系统的搭建项目是一个对计算机知识、技术综合练习的项目，内容接近实际应用，涉及 Linux 系统、Web 服务器、数据库及 PHP 网页制作相关知识，在实践过程中，还可能遇到许多意想不到的问题，这都是对学生综合能力、解决实际问题能力的考核。希望通过本项目的学习，学生的实际动手能力有所提升。

近年来，云盘系统已经成为用户经常使用的一种互联网服务。通过云盘系统，可实现基本的数据备份和分享，还可以与他人共享文件或文件夹，实现团队协作和文件传递。本项目通过搭建开源云盘系统 Nextcloud，了解基本的 Linux 系统命令及基于 Linux 的 Web 服务器的组成，掌握私有云盘系统的搭建流程，提升学生的实践动手能力。

### 6.5.1　了解云盘系统的组成

1. Ubuntu 操作系统

操作系统是一个软件系统运行的基础平台，本项目使用 Ubuntu 系统。Ubuntu 是一款基于 Debian 的开源 Linux 操作系统，因易用性、稳定性和丰富的社区支持而受到广泛欢迎。

在本项目中，Ubuntu 作为云盘系统运行的基本平台，为云盘系统提供了基本的操作系统支撑，其他组件，包括实现 Web 服务的 Apache 组件、实现数据库管理的 MySQL 组件等，都是在此基础上进行安装的。

2. Web 服务器

Web 服务器是一种在网络中运行的服务器程序，其主要功能是存储、处理和向客户端（通常是 Web 浏览器）发送网页和相关资源。

本项目使用的 Web 服务器程序是 Apache，即 Apache HTTP Server。在本项目中，它充当开源云盘系统的 Web 运行环境（主要是集成了解释 PHP 脚本的模块）。

3. 数据库服务器

数据库服务器是一种专门用于存储、管理和处理数据的服务器。它主要用于为应用程序或用户提供数据存储和检索服务，确保数据的安全性、完整性和一致性。

本项目中使用了 MySQL 服务器程序，主要完成云盘系统中用户、文件记录等相关数字的存储管理。

4. 云盘系统

本项目使用的是开源云盘系统 Nextcloud。Nextcloud 是一款功能强大、开源且自托管的云盘解决方案，采用 PHP 语言开发，客户端支持多平台，为用户提供了一个高度可定制、安全可靠的云盘解决方案，适合个人和组织对数据管理有特定需求的场景，目前被广泛用于用户个人自建云盘和小型公司。

### 6.5.2 Ubuntu 操作系统安装

本例会使用微软 Hyper-V 虚拟化软件创建一个虚拟机进行操作系统的安装，创建虚拟机过程本文不再详述，请读者自行查阅相关资料。

与常见的 Linux 发行版安装过程类似，按照安装向导进行安装语言选择、设置 IP 地址、设置更新源、硬盘分区、计算机命名、用户账号设置等步骤，这里特殊说明以下几点。

1）IP 地址设置为局域网中可以访问的地址，用于云盘安装完成后进行 Web 访问。另外要确保设置该 IP 地址后，服务器可以直接访问互联网，用于下载相关软件。IP 地址设置如图 6-17 所示。

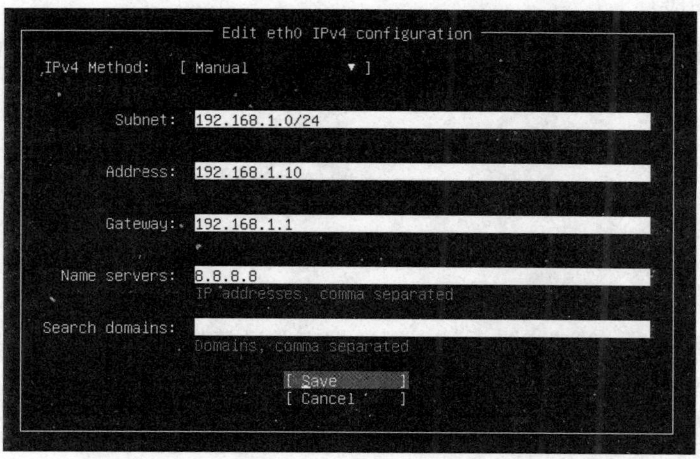


图 6-17 IP 地址设置

2）修改更新源。默认 Ubuntu 通过互联网下载资源访问的都是国外的服务器，受带宽等原因限制，速度和连接效果都不佳，因此需要更换更新源，这里按图 6-18 进行设置（更换为阿里云提供的更新源）。

图 6-18　设置更新源

3）分区情况。这里主要目的是学习，分区采用系统默认设置即可，如图 6-19 所示。

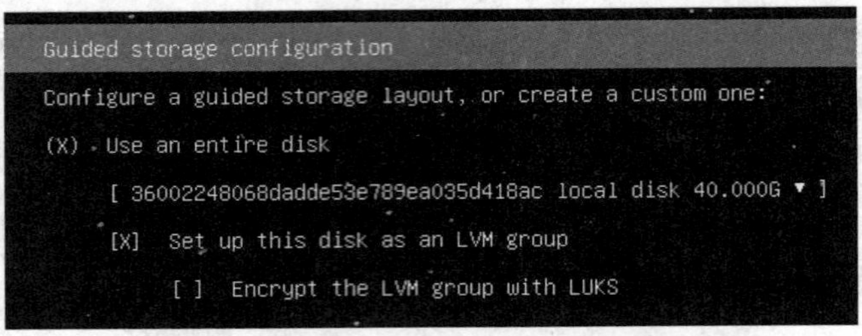


图 6-19　分区情况

4）在设置用户名、密码时，不要因为是学习用的系统，密码就设置得比较简单，建议长度超过 8 位，并且具有一定的复杂度。

按照安装向导，完成以上关键设置后，等待约 20min 即可完成 Ubuntu 的安装。

### 6.5.3　云盘系统支撑软件环境设置

1）启动 Ubuntu 服务器，使用安装时设置的用户名和密码登录系统，出现“$”提示符时表示启动成功。

2）输入“sudo -i”切换为 root（超级管理员账号），然后输入如下命令，安装相关软件环境，包括 Apache、MySQL、PHP 及相关扩展：

```
apt update && sudo apt upgrade
apt install apache2 mariadb-server libapache2-mod-php php-gd
php-mysql \
php-curl php-mbstring php-intl php-gmp php-bcmath php-xml php-imagick
php-zip
```

3）启动 MySQL，创建云盘系统专用数据库并进行相关设置：

```
mysql -uroot -p
CREATE USER 'nextcloud'@'localhost' IDENTIFIED BY 'nextcloud@5461';
CREATE DATABASE IF NOT EXISTS nextcloud CHARACTER SET utf8mb4 COLLATE
utf8mb4_general_ci;
GRANT ALL PRIVILEGES ON nextcloud.* TO 'nextcloud'@'localhost';
FLUSH PRIVILEGES;
quit;
```

至此，操作系统及云盘系统运行时的软件环境设置完毕，并做了相应数据库设置。下面安装云盘系统。

### 6.5.4　云盘系统安装

安装云盘系统的步骤如下。

1）下载 nextcloud 最新压缩包，并解压、放置到指定路径。下载地址为 https://download.nextcloud.com/server/releases/latest.zip。

2）解压缩。假设放置云盘系统代码的路径为/var/www/html，可以使用如下命令进行解压缩：

```
unzip nextcloud-20.0.7.zip
```

最终，在/var/www/html 下生成一个 nextcloud 云盘系统的文件夹。

3）配置 Apache。在 etc/apache2/sites-available 路径下，创建 nextcloud.conf 文件并配置如下内容：

```
<VirtualHost *: 80>
  DocumentRoot /var/www/nextcloud/
  ServerName  your.server.com
  <Directory /var/www/nextcloud/>
    Require all granted
    AllowOverride All
    Options FollowSymLinks MultiViews
    <IfModule mod_dav.c>
      Dav off
    </IfModule>
  </Directory>
</VirtualHost>
```

保存文件后，使用如下命令使其生效：

```
a2ensite nextcloud.conf
```

4）启用 Apache 其他相关配置，执行如下命令：

```
a2enmod rewrite
a2enmod headers
a2enmod env
a2enmod dir
a2enmod mime
a2enmod setenvif
```

最后，重启 Apache 服务，命令如下：

```
systemctl restart apache2
```

5）通过浏览器完成云盘系统的安装。先执行如下命令修改 nextcloud 文件夹权限：

```
chown -R www-data:www-data /var/www/nextcloud/
```

然后在局域网另一台计算机上通过浏览器访问云盘服务器地址 http://192.168.1.10，进行图形界面安装。云盘系统安装界面如图 6-20 所示。

图 6-20　云盘系统安装界面

按照界面上要求的信息进行填写，包括管理员账号名、管理员密码、用户数据保存路径（本项目为/var/www/html/data）、数据库名、数据库密码等→单击“安装”按钮，等待几分钟，若出现如图 6-21 所示画面，即表示安装成功。

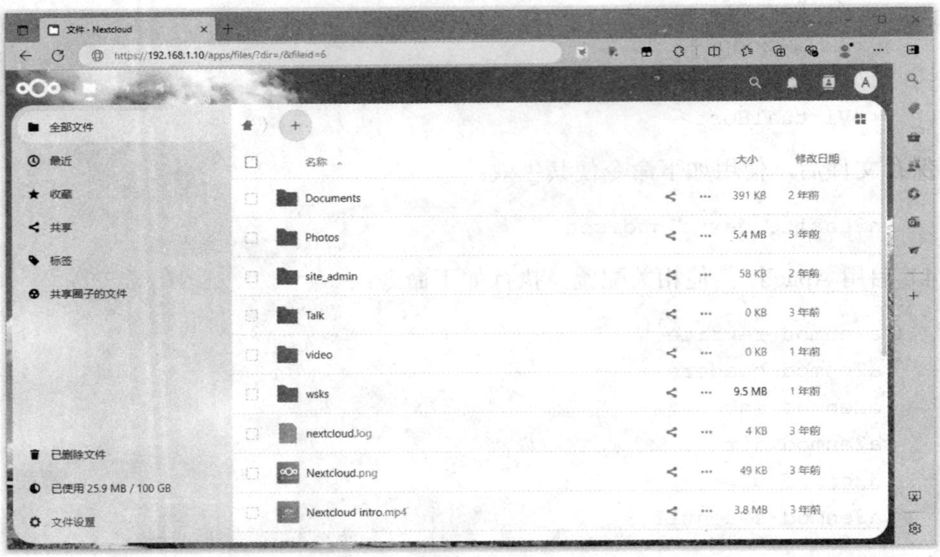


图 6-21　安装成功画面

# 6.6 综合实训

## 6.6.1 网络拓扑结构图的绘制

网络拓扑结构指用传输媒体互连各种设备的物理布局，即采用何种方式把网络中的计算机、服务器等网络设备连接起来。拓扑图给出网络服务器、工作站的网络配置和相互间的连接。它的结构主要有星形结构（图 6-22）、总线型结构（图 6-23）、环形结构（图 6-24）、分布式结构、树形结构、网状结构、蜂窝状结构等。

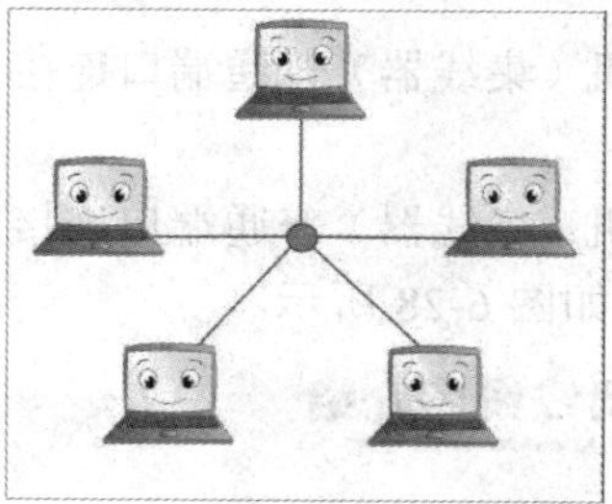

图 6-22 星形结构

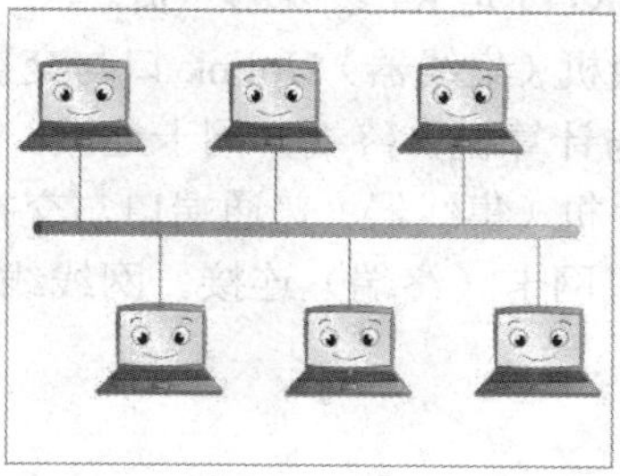

图 6-23 总线型结构

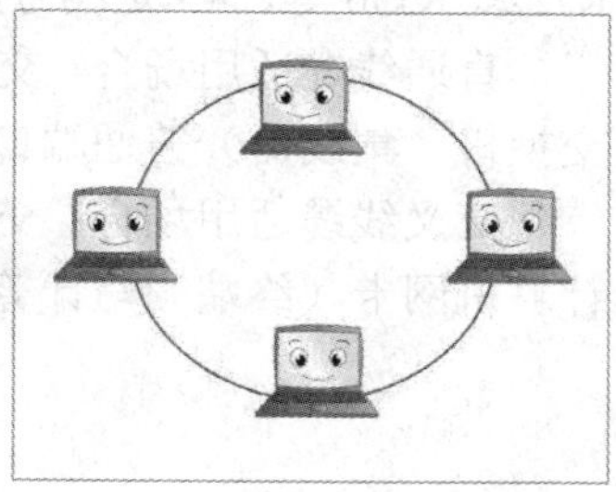

图 6-24 环形结构

【训练目标】

1）明确网络拓扑结构的概念。

2）掌握网络拓扑结构图的绘制方法。

3）了解选择网络拓扑结构时考虑的主要因素：可靠性、经济性和灵活性。

4）认识几种常见的网络拓扑结构。

【训练设备】

1）器材：计算机、笔、笔记本、制图处理程序。

2）网络：网络与计算中心三合班机房，如图 6-25 所示；单合班机房，如图 6-26 所示。

图 6-25 网络与计算中心三合班机房实景

图 6-26 单合班机房实景

【训练要求】

1）实地考察，确定实训选用的网络机房类型。

2）认真观察，仔细询问，得出初步草稿图。

3）细心琢磨，画出某机房的网络拓扑结构图。

### 6.6.2 制作双绞线

局域网中连接计算机或网络设备最常用的线缆是非屏蔽双绞线，双绞线两端需通过 RJ45 连接器（水晶头，图 6-27）插入网卡或其他设备上进行连接。通常，我们会看到双绞线的两种常用连接方法：直通连接和交叉连接。

RJ45 中的 RJ 是 Registered Jack 的缩写，它是一个家族，成员有 RJ11、RJ12、RJ21、RJ22、RJ50 等，45 是编号，RJ45 是 RJ 家族的一员。

直通线缆适用场合：交换机（集线器）Uplink 口与交换机（集线器）普通端口连接；交换机（集线器）普通端口与计算机（终端）网卡连接。

交叉线缆适用场合：交换机（集线器）普通端口与交换机（集线器）普通端口连接；计算机网卡（终端）与计算机网卡（终端）连接。网线线序如图 6-28 所示。

图 6-27 水晶头

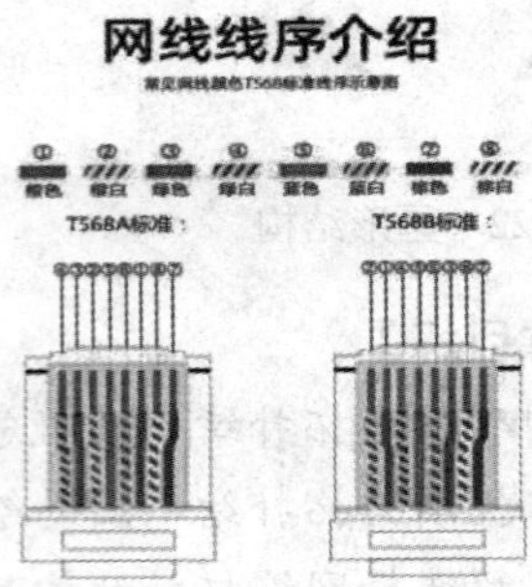


图 6-28 网线线序

【训练目标】

掌握双绞线的制作方法。

【训练设备】

1）六类非屏蔽双绞线（unshielded twisted pair，UTP）。

2）RJ45 连接器（水晶头）。

3）压线钳。

4）集线器。

【操作步骤】

1）剪线：利用压线钳剪取适当长度的双绞线，如图 6-29 所示。

2）剥线：利用双绞线网线钳（也可用其他工具）把双绞线的外层剥掉，使用适合的力度环绕双绞线转动一圈，注意不要将内部线缆破坏，如图 6-30 所示。

图6-29　剪线

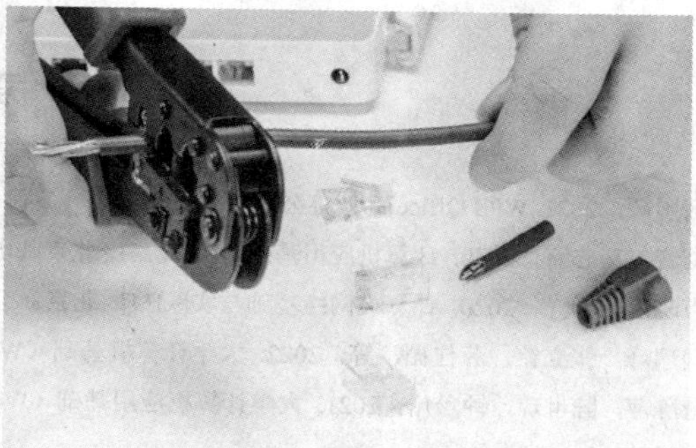

图6-30　剥线

3）排/剪线：将内部8根线按线序标准摆列整齐，使用网线钳将顶部剪齐，注意留出合适的长度，如图6-31和图6-32所示。

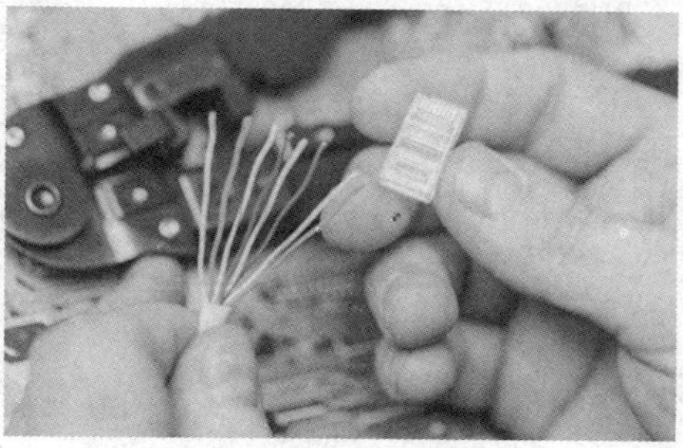

图6-31　排线

图6-32　剪线

4）插压线：将网线完整地插到水晶头的底部（水晶头的接口面向用户）。将插好线的水晶头轻轻放入网线钳对应的压线口中，使用压线钳压线，保证弹簧片嵌入到对应的线中，如图6-33所示。

图6-33　插压线

# 参 考 文 献

何国辉，2021. WPS Office 高效办公应用与技巧大全（案例・视频）[M]. 北京：中国水利水电出版社.

刘音，王志海，2020. 计算机应用基础[M]. 北京：北京邮电大学出版社.

卢晓丽，于洋，2020. 计算机网络基础与实践[M]. 北京：北京理工大学出版社.

闫瑞峰，张立铭，薛佳楣，等，2022. 大学计算机基础（Windows 10+Office 2016）[M]. 北京：清华大学出版社.

曾陈萍，陈世琼，钟黔川，2021. 大学计算机应用基础（Windows 10+WPS Office 2019）（微课版）[M]. 北京：人民邮电出版社.

张帆，赵莉，谭玲丽，2021. 计算机基础[M]. 北京：北京理工大学出版社.

张丕振，张朋，2020. 计算机应用基础[M]. 北京：电子工业出版社.